LES TEMPS DE LA VIE

Ladislas Robert

LES TEMPS DE LA VIE

FLAMMARION

Du même auteur
chez le même éditeur

Les Horloges biologiques, 1989.
Le Vieillissement, faits et théories, 1995.
Le Vieillissement du cerveau et les démences, 1998.

chez d'autres éditeurs

Les Mécanismes cellulaires et moléculaires du vieillissement, Masson, 1983.
Le Vieillissement, de l'homme à la cellule, CNRS éditions-Belin, 1994.

ISBN : 2-08211247-0.

REMERCIEMENTS

Je remercie ma femme, Jacqueline, collègue, conseillère, critique avisée et bienveillante. Ainsi que Gisèle Vergnes, qui a organisé une série de voyages en Égypte, sous l'égide du « Rayonnement du CNRS », avec un guide de grande culture, Cléopâtre el Guindy. De nombreux égyptologues m'ont aidé dans mes recherches : Charles Barbotin, conservateur au Louvre, les docteurs Allan Jeffrey Spencer et Richard Parkinson, « assistant keeper » du Département d'archéologie au British Museum. Nadine Guilhou, auteur d'une thèse remarquable sur le « Vieillissement des dieux », a notamment corrigé le chapitre concernant le temps en Égypte ancienne. Il comporte de nombreux passages copiés du Lexique allemand d'égyptologie cité dans la bibliographie. Les égyptologues professionnels et amateurs étant en désaccord concernant l'interprétation des « textes » de l'ancienne Égypte, le choix que j'ai dû faire pour rédiger ce chapitre reflète mon « goût » personnel, bien que fidèlement copié des textes cités en bibliographie. Le professeur Daniel Arnaud, de la Sorbonne et de l'École pratique des hautes études (V^{e} section, sciences religieuses), m'a communiqué le texte autobiographique d'une centenaire assyrienne, la dame Adda-guppi, dont il a assuré la traduction, insérée avec sa permission dans ce livre. Jean-Jacques Glassner, directeur de recherches au CNRS, spécialiste de l'écriture et de l'histoire sumérienne, m'a conseillé sur l'émergence du concept « temps » en Mésopotamie. Monsieur Kalinowski, de l'École polytechnique, sur le temps dans l'ancienne Chine. La lecture du livre remarquable (*La Clepsydre*) de Sylvie Anne Goldberg concernant le temps de la Bible et du judaïsme m'a été très profitable.

Les renseignements et recommandations de Brigitte Arnaud, journaliste à *Science et Avenir,* m'ont beaucoup aidé. Sur les frontières entre biologie, philosophie et histoire, sujets d'un prochain livre, mes discussions avec Nayla Farouki et François Fejtö m'ont ouvert des horizons que j'espère mieux exploiter dans un proche avenir.

Une séance de la Société de biologie sur le « Temps en biologie » (*Journal de la Société de biologie*, tome 193 : 1999, p. 385 à 422) a fourni la première matière de ce livre. Je remercie le professeur Jacques Picard, son président, les secrétaires de cette société, le professeur Jacques Polonovski et Françoise Dieterlien, ainsi qu'Étienne Klein du CEA, Michel Morange de l'École normale supérieure, Viviane Pouthas du CNRS-CHU Pitié-Salpêtrière et le professeur Daniel Laurent, ancien président de l'université Paris-XII. Mes propres travaux doivent beaucoup à mon frère et proche collègue depuis le début de nos études, le docteur Alexandre Michel Robert, ainsi qu'aux collaborateurs cités dans le livre. Je remercie également les docteurs Alvaro Macieira-Coelho, Léonard Hayflick et Yves Christen, président de la Fondation Ipsen. Un grand sage de la médecine française, le professeur Jean Bernard, m'a une fois encore permis de discuter de mes idées sur le temps en médecine, qu'il soit très chaleureusement remercié.

Depuis ma retraite du CNRS, organisme au sein duquel j'ai accompli quarante-cinq ans de ma carrière, la compréhension et gentillesse de quelques collègues m'a permis de continuer à maintenir une équipe et donc une expérimentation toujours active. Je remercie les professeurs et Madame Schaeverbeke (récemment décédés), fondateurs de l'enseignement universitaire de la gérontologie expérimentale ; les professeurs Robert Moulias, Gilles Renard et Jean-Marc Legeais, Catherine Robert – qui a géré notre laboratoire – et Nathalie Rennard, ma secrétaire.

Mes sincères remerciements vont aussi à Monique Labrune et à Maxime Catroux pour leur aide précieuse.

INTRODUCTION

L'homme a découvert le temps en regardant le ciel et, beaucoup plus tard, en creusant la terre. Concept concret si l'on regarde la montre ou si l'on consulte l'agenda, mais aussi abstrait si l'on réfléchit sur sa signification, le temps intrigue l'humanité depuis des millénaires. Peu de concepts ont autant inspiré les écrivains, les poètes et les philosophes. Un nombre considérable d'ouvrages lui ont été consacrés. Il s'est infiltré dans les cultures, les mythologies des civilisations successives avant d'être formalisé plus tard par les sciences. Pourtant, les ouvrages consacrés au temps en biologie sont rares. En effet, ce paramètre est souvent absent des réflexions des chercheurs. Cela ressortit parfois à la nature même des mesures que l'on effectue. Par exemple, l'activité d'un biocatalyseur ou enzyme* se mesure « dans le temps », le plus souvent pendant des durées courtes, et l'on est amené à « extrapoler » l'activité au temps « zéro » pour en obtenir la mesure. Ainsi, la description des processus métaboliques paraît souvent « intemporelle » dans les traités de biologie et de biochimie. Une autre cause probable de cet « oubli » du temps est la peur inconsciente de la mort, difficile à supprimer y compris dans les réflexions scientifiques. Comment expliquer autrement l'intérêt tardif de grands scientifiques pour le phénomène du vieillissement ? Plusieurs éminents médecins du XIXe siècle et au début du XXe siècle ont commencé à réfléchir sur le vieillissement sur le tard. Cela est d'autant plus surprenant que la découverte, relativement tardive aussi, de la grande ancienneté du monde vivant est avant tout l'œuvre de biologistes et de paléontologues.

C'est grâce aux paléontologues, géologues, archéologues, linguistes et historiens que nous avons des repères dans le temps de l'évolution de la vie et de celle de l'humanité. Mais ces repères sont relativement récents et ne permettent de remonter qu'au début des civilisations de la Mésopotamie et de l'Égypte, à partir de – 3 400 ans environ. Grâce aux progrès de la physique, de la géologie et surtout grâce à la découverte de la radioactivité, des débats anciens sur l'âge de la Terre, l'âge du monde, et l'âge de la vie sur Terre ont pu être sinon définitivement réglés (on en est loin !), du moins établis sur des bases solides. L'Ancien Testament estimait à 6 000 ans l'âge de la Terre, on s'accorde aujourd'hui sur 4,5 milliards* d'années pour la Terre et 15 milliards d'années pour l'univers. Son évolution cyclique – finissant peut-être dans un « *big crunch* » – ou linéaire et irréversible n'est pas encore décidable.

Les premières cellules sont apparues relativement « rapidement » après le refroidissement de notre planète. On estime « l'âge » des procaryotes* ou bactéries à au moins 3,5 milliards d'années. Les cellules à noyau, les eucaryotes* sont aussi plus anciennes que supposé précédemment (environ 2,7 milliards d'années). Des trouvailles récentes faites dans les rochers siliceux de l'Australie (les « chertes ») situent l'apparition des cyanobactéries, ancêtres des algues, à environ 1 milliard d'années après la formation de la terre. De nombreuses variétés de bactéries « anciennes » (archébactéries*) ont été découvertes dans des sites les plus invraisemblables, au fond des océans, dans des sources d'eau thermales d'une température de plus de 100 °C. Pouvant parfois se nourrir de soufre et d'oxyde de carbone, ces anciennes bactéries révèlent ainsi les extraordinaires capacités d'adaptation des cellules ancestrales à des milieux géologiques variés et inhospitaliers. Moins d'un milliard d'années après l'apparition des procaryotes, on note l'émergence des cellules à noyau, les eucaryotes. De nombreux millénaires devaient encore s'écouler avant que ces cellules à noyau « apprennent » à former des agrégats multicellulaires organisés. L'apparition des animaux et végétaux multicellulaires structurés et différenciés se situe aux environs de 700 millions d'années, lors de « l'explosion cambrienne ». Notons tout de suite qu'il ne s'agit pas (encore) de repères temporels définitifs et fixes. Les mesures et estimations les plus fiables laissent une marge d'incertitude confortable. Il s'agit néanmoins de repères relativement précis qui nous éloignent des temps mythologiques de la création. C'est précisément l'origine mythologique des « temps de création », présente dans la quasi-totalité des mythologies anciennes, qui explique la difficulté avec laquelle l'humanité, jusqu'au milieu du XIXe siècle, admet l'ordre de grandeur du « temps » de l'univers, de la Terre, de la vie. Révélations souvent payées cher par les scientifiques qui osèrent mettre en doute les temps des récits bibliques – au prix de leur vie ou de leur liberté. Ces faits historiques nous inciteront à nous interroger sur la façon dont les cellules apprivoisent le temps, en partant du métabolisme, du temps des divisions cellulaires, pour arriver finalement au « temps de la conscience » – la façon dont notre cerveau, nos sens appréhendent le temps –, pour finir avec le « temps de la vie », le vieillissement et la mort.

Il n'est pas déraisonnable de considérer que l'origine du concept du temps se trouve dans les variations de la luminosité et de la température entre le jour et la nuit. Ces alternances des paramètres physiques de l'environnement ont certainement « entraîné » les fonctions rythmiques des organismes, comme le suggère la chronobiologie*. Mais nous verrons aussi que de nombreux comportements rythmiques des cellules et des organismes sont indépendants des variations nycthémérales de l'environnement. Les sources profondes de ces rythmes sont ancrées dans l'organisation moléculaire des cellules. Un chapitre leur sera donc consacré.

À l'aube de la vie « sociale » des hommes, dès l'état de cueilleur-chasseur, une certaine appréhension du temps a dû s'imposer. Le comportement périodique des animaux de proie, le temps de maturation des fruits ont dû entraîner une périodicité dans les actes et attitudes de nos lointains ancêtres. Les ancêtres de l'homme moderne, l'*Homo ergaster* ou *Homo erectus*, ont réussi à quitter l'Afrique : on a retrouvé récemment leur trace en Géorgie, à 85 km au sud de la capitale, Tiblisi. Les crânes ont pu être datés d'il y a 1,7 million d'années environ. Même étalé sur des siècles, voire des millénaires, le parcours d'une telle distance suppose une capacité d'orientation spatio-temporelle déjà développée [1]. Un autre signe permettant de conclure à la présence d'un début de conceptualisation du temps est l'apparition précoce de l'enterrement des morts, selon un cérémonial stéréotypé, que l'on retrouve dans des régions géographiques éloignées les unes des autres et qui date d'une période très antérieure à l'apparition de l'homme moderne. Peut-être l'australopithèque, certainement l'homme de Neandertal – lequel coexiste pendant environ deux millénaires avec l'homme moderne, le « Cro-Magnon » – ont enterré leurs morts. Les squelettes exhumés ont une orientation et une position précises (recroquevillés nord-sud) et portent souvent la trace d'un pigment (de l'ocre). Beaucoup plus tard, lors de la « révolution néolithique », les saisons et leur alternance dicteront la périodicité que connaissent aujourd'hui encore les agriculteurs et les éleveurs. Ce « temps naturel » se superpose au « temps mythologique » dès la présence de rites funéraires, bien avant l'apparition de l'homme « moderne ». Certaines représentations symboliques du temps apparaissent tôt dans les peintures rupestres et plus tard sur des bas-reliefs et peintures murales. L'étude des « glissements de sens » dans l'interprétation de symboles est révélatrice des difficultés d'appréhension du temps que connurent les anciennes civilisations, et qui sont sensibles jusqu'à nos jours.

Cette « révolution néolithique » (situé entre 10 000 à 5 000 ans selon les régions) précède l'apparition de l'écriture cunéiforme (~ 3 400 ans) en Mésopotamie, suivie de peu par les hiéroglyphes égyptiens. À partir de cette période, nos hypothèses peuvent être confrontées aux travaux des archéologues. Cette même période – entre paléolithique et néolithique – a laissé d'autres preuves tangibles des préoccupations concernant le temps de nos ancêtres. Il s'agit de l'astronomie, accompagnée (sinon précédée) par l'astrologie. Très vite, l'homme a dû projeter dans le ciel des représentations mythiques des forces qui façonnaient et menaçaient sa vie quotidienne. Les preuves tangibles de l'émergence de cette nouvelle « science », la première à pouvoir compter le temps, sont les constructions mégalithiques, dont les plus connues sont « l'observatoire » de Stonehenge et les alignements de Carnac. Ces constructions peuvent êtres datées entre 2 500 et 1 000 ans et sont donc contemporaines des « textes » cunéiformes ou hiéroglyphiques qui confirment la divinisation systématique des corps célestes et l'élaboration conceptuelle d'une mythologie de plus en plus fine. Cette mythologie, qu'elle soit mésopotamienne ou égyptienne, systématise le chronométrage du cosmos en termes d'actions divines répétitives. Le lever et le coucher du soleil, personnifications du dieu suprême Rê pour les prêtres égyptiens, en est le prototype.

Les confusions les plus tenaces quant à la nature du temps proviennent probablement de la difficile distinction entre temps cyclique et temps continu ou sagittal. Le premier implique la réversibilité, le second est irréversible. Or la flèche irréversible du temps pointe inexorablement vers la mort et pourrait donc être à l'origine de sa sublimation. Voici l'origine probable de l'immortalité de « l'âme » des anciens Égyptiens, âme qui revient se nourrir la nuit, et habite le corps embaumé qu'elle a délaissé le jour de la mort. Les dieux détenaient ainsi le pouvoir sur la durée de la vie. Certains textes mésopotamiens ainsi que les bas-reliefs de Karnak et Louxor et des fresques des tombeaux des rois de l'ancienne Égypte en témoignent. En suivant ainsi l'histoire ancienne de l'humanité, nous ferons nécessairement halte dans l'ancienne Mésopotamie. L'Égypte et la Mésopotamie recèlent les preuves les plus anciennes d'une conceptualisation du temps : la vie des rois, des pharaons par exemple, et la « vie » du cosmos, les cycles solaires, lunaires, la naissance de l'astronomie et de l'astrologie. Les coïncidences entre ces cycles cosmiques et ceux de la nature (débordement du Nil, temps de la récolte…) ont dû confirmer la prégnance du discours des prêtres sur l'ordre du Monde.

Voici les origines lointaines du « temps mythologique ». C'est la naissance de la physique classique avec Newton, Galilée et leurs successeurs qui a permis d'insérer le temps dans des équations du mouvement. Entre les deux se situe l'essor de la philosophie grecque, à partir du VIe siècle avant notre ère. Le premier à proposer une définition physique du temps basée sur le mouvement paraît être Aristote.

Beaucoup plus tardive est la « découverte » du temps en biologie. La nature des comportements cycliques n'a été abordée qu'à partir du XVIIIe siècle. La découverte des hormones* au XIXe siècle a permis de proposer une explication rationnelle concernant des phénomènes périodiques aussi anciennement connus que les règles des femmes, les durées des grossesses et le temps du développement de l'embryon, de l'enfant jusqu'à l'âge adulte. Restaient encore à élucider les mécanismes « moléculaires » qui régissent ces phénomènes avec précision et régularité. La maturation, le déclin, le vieillissement ne sont étudiés sérieusement que depuis à peine un siècle. Pour accomplir des avancées sérieuses en biologie, l'élaboration de concepts doit s'accompagner de la mise au point de méthodes souvent coûteuses et difficilement accessibles. En médecine, le pouls, la respiration ont facilité un début prometteur, accéléré par la mise au point de méthodes d'enregistrement rapide – galvanomètres, tube cathodiques et autres. Toutefois, ces avancées récentes n'auraient pas vu le jour sans le lent cheminement des concepts que nous venons d'esquisser.

Bien entendu, ce rappel rapide des origines du concept du temps se doit d'accorder une attention particulière à l'origine de l'écriture. Dérivée probablement du dessin, dont les plus anciens remontent au paléolithique, son apparition en Mésopotamie, puis en Égypte, à partir d'environ 6 millénaires (environ 3 400 ans avant notre ère), a conditionné toute réflexion sérieuse sur un problème aussi abstrait que le temps. Presque contemporains de l'invention de l'écriture sont les premiers témoignages des réflexions mythologiques puis philosophiques sur le temps. De même, l'invention de l'histoire est pratiquement contemporaine de la philosophie du temps chez les Grecs. Ces premiers historiens, comme Hésiode puis Hérodote, ont dépassé la seule chronologie des successions des rois et des règnes dans l'ancienne Mésopotamie et l'Égypte. Ils ont établi ainsi une véritable histoire de l'humanité reposant sur une condition indispensable : la reconnaissance d'un temps continu, irréversible. Les poètes, écrivains et troubadours s'en inspireront pour conter et chanter la nature fugace de la vie et de la jeunesse. Le respect de l'âge imposé par les religions monothéistes n'a nullement incité les scientifiques et les médecins à en étudier l'évolution et la nature. Curiosités d'abord rapportées par la Bible et plus tard par des histoires naturelles comme celle de Pline l'Ancien, les individus ayant atteint un « grand âge » n'ont véritablement inspiré une réflexion sérieuse aux médecins et naturalistes qu'à partir du milieu du XXe siècle.

Devenues nombreuses, les personnes « âgées » préoccupent dorénavant les politiques et bouleversent l'économie et la sociologie de la planète. Rapide dans les pays industrialisés, plus progressive dans le tiers-monde, l'augmentation de la proportion des personnes « âgées » est considérée comme un nouveau paradigme planétaire, digne d'intérêt scientifique autant que de réflexions économiques et politiques. Entre-temps, les progrès de la technologie ont largement contribué à doter un nombre toujours croissant d'individus de moyens permettant la maîtrise de leur « temps » personnel. La montre-bracelet, les agendas et ordinateurs de poche dictent le comportement temporel de l'homme moderne. L'histoire de cette technologie, des clepsydres jusqu'aux horloges atomiques, ne nous concerne qu'indirectement ici. Elle a fait l'objet d'excellentes expositions à l'occasion du changement de millénaire et de récits cités dans la bibliographie.

Notre préoccupation première reste l'étude biologique du temps ou plus exactement du temps en biologie : les mécanismes qui permettent à la cellule isolée et aux organismes pluricellulaires de s'insérer dans leur environnement en harmonie avec le temps de la planète, le temps du cosmos. La progression de ce récit aurait pu emprunter un autre cheminement, il est donc parfaitement loisible de ne pas suivre les chapitres dans l'ordre *.

Santeny et Rébénacq,
septembre 2001.

* Les mots suivis d'un astérique renvoient au glossaire, qui contient des explications plus détaillées. Les numéros entre crochets droits renvoient à la bibliographie.

Chapitre premier

QUELQUES REPÈRES HISTORIQUES : LE TEMPS DANS LES CIVILISATIONS ANCIENNES

L'enchevêtrement des sens donnés au terme « temps », le lent cheminement de ses interprétations à travers les millénaires rend une description exhaustive quasiment impossible. Afin que ce concept émerge et chemine d'une contrée à une autre, d'une civilisation, d'une mythologie à la suivante, pour se fixer ensuite dans quelques interprétations et acceptions de nos jours, plusieurs conditions ont dû être remplies : la première est certainement l'émergence d'un cerveau capable de conceptualiser. La création des premières mythologies est à cet égard une précieuse source de renseignements. Faute de traces déchiffrables, nous ne pouvons pas remonter au-delà de l'époque néolithique. Nos sources les plus sûres proviennent des civilisations égyptienne et mésopotamienne. L'ancienne Égypte, notamment, nous a laissé de nombreuses preuves des préoccupations qu'a engendrées le temps. Il est pourtant plus que probable que l'homme de Cro-Magnon, voire avant lui l'homme de Neandertal, aient déjà créé une mythologie, comme le suggère la ritualisation de l'enterrement : les morts sont recroquevillés, teints en rouge avec de l'ocre, et accompagnés d'objets divers. Les représentations de la mort précèdent certainement l'apparition de l'homme moderne. Malgré de louables efforts comme ceux de Leroi-Gourhan, qui a systématisé et recensé ces symboles, nous sommes réduits à des hypothèses fantaisistes et contestables quant aux représentations du temps et de la mort antérieures à l'invention de l'écriture. Cependant, la ritualisation de l'enterrement de chasseurs ou de chefs de tribus, le rôle possible de chamans dans l'art rupestre, permettent de conjecturer qu'à cette époque déjà (il y a plus de 30 000 ans) la mort, donc la durée de la vie, a pu faire l'objet de réflexions au sein d'un cadre temporel et mythologique.

La structure sociale et son développement au cours des millénaires paraissent représenter un autre critère important pour l'émergence du concept temps. La chasse, plus que la cueillette, suppose déjà une certaine hiérarchie sociale, assurant le succès des expéditions indispensables à la survie des familles et des tribus. Il en est ainsi des guerres entre tribus dont les traces, le cannibalisme par exemple, remontent aussi au paléolithique. La disparition, en moins de deux millénaires, des Neandertal qui enterraient déjà leurs morts, contemporaine de la rapide expansion de l'homme moderne (*sapiens sapiens*, le « Cro-Magnon »), laisse peu de doute sur la violence des « mécanismes » qui peuvent êtres invoqués.

La parole puis l'écriture apparaissent aussi comme des conditions indispensables pour l'émergence du concept « temps ». L'archéolinguistique permet de remonter de – 5 à 10 000 ans, à la recherche de la première langue originelle dont seraient dérivées toutes les autres, selon une hypothèse contestée mais qui refait périodiquement surface [21].

Ces trois conditions nous paraissent nécessaires et suffisantes pour l'émergence de concepts abstraits que l'on peut rattacher au temps.

La variation des saisons, l'alternance du jour et de la nuit ont été transposées au ciel et personnifiées par des dieux spécifiques dans toutes les mythologies. La connaissance du cosmos, la naissance de l'astronomie et de l'astrologie ont été parmi les premiers résultats de ces conceptualisations. Dès l'invention de l'écriture, même sous sa forme symbolique, on trouve des traces interprétables du temps. Les « textes » les plus anciens et les plus longuement étudiés et interprétés sont sans doute mésopotamiens, puis égyptiens. C'est la raison qui nous a incité à consacrer un chapitre à l'émergence du concept temps, à son cheminement et à sa symbolisation à travers les quatre millénaires des civilisations de l'ancienne Mésopotamie et de l'Égypte. Les autres grandes civilisations ont également laissé des symboles et des légendes concernant le temps. Nous n'évoquerons cependant pas ici la mythologie hindoue ou la culture de la Chine ancienne, car les sources scientifiquement exploitables sont rares.

Le temps en Mésopotamie

Chaque civilisation concilie de façon spécifique temps cyclique et temps sagittal. Il est difficile d'assurer que ces deux concepts ont coexisté chez les anciens Mésopotamiens et chez les Égyptiens, environ quatre millénaires avant notre ère. Certains spécialistes l'affirment, d'autres sont d'avis que seul le temps cyclique existait à ces époques reculées. Il est instructif de suivre la dérivation et le cheminement de ces deux conceptions du temps à travers ces anciennes civilisations. Selon J.-J. Glassner [7], le terme sumérien *bala* désigne un temps circulaire, répétitif et dérive du « fuseau », l'outil qui sert à tordre et à enrouler le fil lorsqu'on file à la quenouille. Ce terme fait allusion à la circularité du temps ; il désigne un « segment temporel », un espace clos de temps, une part découpée dans le « continuum du temps social ». Cette image du temps circulaire et répétitif est complétée par un autre terme akkadien *daru* ou *duru* désignant « la continuité, la durée, la permanence ». Il indique donc un temps qui s'écoulerait selon un flux continu ou oscillerait depuis un passé révolu, parfois lointain, jusqu'à un avenir indéterminé. D'où l'expression : *ana darish*, pour toujours et « *umu ana umu arhu ana arhu shattu arra shattu* » – « jour après jour, mois après mois, année après année » [7]. Mais ni les durées ni les cycles n'ont nécessairement la même dimension, celle-ci peut être très variable. Ainsi le verbe *bal/bala*, probablement indépendant du substantif *bala* désigne, entre autres, les

« gesticulations d'une chèvre qui, poursuivie par des loups, finit par s'emmêler les pattes et trébucher », ou par métaphore, les contorsions d'un corps humain qui se meut à la façon d'un reptile. De cette homophonie des deux acceptions de *bala* dérive « une représentation sinusoïdale du temps », une métaphore suggérée par la théorie des « ondulations temporelles » de Gaston Bachelard. Cette représentation sinusoïdale du temps paraît réconcilier les deux autres représentations circulaire et linéaire, cette dernière n'étant pas clairement perçue, d'après J.-J. Glassner, par les historiens et devins mésopotamiens. Ces derniers puisaient dans les contours du foie des brebis les présages et leur rapport au passé. Leur rôle dans la lente cristallisation des concepts du temps dans l'ancienne Mésopotamie est évident. La finitude de la trajectoire humaine sur terre, la durée des règnes, la destinée de l'homme ont été bien perçues par les prêtres et les scribes des royaumes mésopotamiens. Gilgamesh, héros de la célèbre épopée de l'ancienne Mésopotamie, déclare : « mon ami, qui donc peut monter au ciel ? Ce sont les dieux qui y logent pour toujours avec le soleil. Quant à l'humanité, ses jours sont comptés : tout ce qu'elle fait et refait, c'est du vent ».

Cette alternance du temps facilite la compréhension de la succession de périodes fastes et difficiles, prospérité et famine, vaches grasses et vaches maigres. Le temps historique des Mésopotamiens n'est donc pas linéaire, homogène, mais oscillant, pendulaire. Cela n'a nullement empêché un véritable travail d'historien (récit des rois et de leurs règnes avec des durées précises assignées à chacun). C'est la « succession des générations qui autorise la datation relative des événements, et la présence de totaux… ». Le manuscrit de Nippur « montre que le temps se mesure par le nombre et la durée des cycles, le système de datation étant le reflet des relations qu'ils entretiennent entre eux » [8]. La référence aux temps reculés contribue à légitimer et à officialiser les actes et exploits des régnants en les inscrivant dans une succession historique. Souhaiter une « longue vie à père autant que dure le ciel et la terre » (lettre paléo-babylonienne citée par Glassner) sonne mieux que le souhait des 120 ans inventé par les Égyptiens et montre bien que les Mésopotamiens ont bien assimilé l'importance de la durée de la vie. Sans véritablement réaliser la direction du temps qui s'y superpose d'ailleurs aisément, les deux termes mentionnés, *duru* et *palû* (correspondant au *bala* sumérien), dans des textes paléobabyloniens écrits par des notaires akkadophones de Suse, montrent bien que le rapport entre temps circulaire et pendulaire a pu émerger dès cette époque. L'association de ces deux termes signalant la succession des générations a pour ambition d'évoquer la totalité du temps à venir et peut être traduit par « la continuité et le changement pour la postérité ».

L'introduction précoce des cadrans solaires et des clepsydres a rendu possible le décompte du temps en Mésopotamie comme en Égypte, établissant ainsi la correspondance entre le temps de la nature et le temps cosmique, grâce à la mythologie spécifique à chaque civilisation. La subdivision du temps en jours, mois et années, aurait été inventée par le dieu Marduk qui a créé le Monde à partir du cadavre de Tiamat. Il a placé le soleil et la lune dans le foie du cadavre et leur a assigné la tâche de définir les durées, les jours, les minutes, permettant ainsi la divination par hépatoscopie. L'année compte 12 mois, les mois lunaires sont composés de 3 décades, soit 28 (arrondi à 30) jours. L'année commence le plus souvent au printemps, mais aussi au solstice d'été ou à l'équinoxe d'automne. Les deux saisons retenues, l'été et l'hiver, sont séparées par 6 mois, entre les deux équinoxes.

Le concept du futur a dû exister : *nam. tar* en sumérien et *shimtu* en akkadien réfèrent à la destinée que réserve la volonté divine à une personne. Seuls les devins pou vaient interroger les divinités sur le contenu et la durée de cette destinée. Ils indiquaient le plus souvent le moment des rituels et de sacrifices à accomplir afin de conjurer le sort et de s'assurer les faveurs des divinités. Ainsi le concept temporel était-il bien intégré dans la réalité matérielle et symbolique des Mésopotamiens, basée sur la réciprocité entre cosmos, nature et culture.

Le temps dans l'ancienne Égypte

Comme nous l'avons vu, l'ancienne Égypte fournit les plus intéressantes traces de l'émergence progressive du concept de temps. Les crues du Nil, plus encore que l'alternance du jour et de la nuit, ont dû inspirer les interprétations mythologiques du temps cyclique. Mises en correspondance avec les variations cycliques terrestres, les crues du Nil étaient annoncées par l'apparition à l'horizon de l'étoile Sirius avant le lever du soleil, qui devait être détectée par le grand prêtre. De même, la « naissance » et la « mort » du jour, symbolisées par l'apparition du soleil à l'aube et sa disparition à l'horizon le soir, son cheminement nocturne sur sa barque dans « l'autre monde » et sa renaissance le lendemain, ont été régis par des déités dont les faveurs ont été systématiquement recherchées, de peur que le temps ne s'arrête. Bien que l'on ne puisse pas l'affirmer, il se peut que le concept du temps cyclique (*neheh*) ait coexisté avec celui du temps linéaire (*djet*) depuis l'ancien Empire (plus de 3 500 ans avant notre ère), sans, bien entendu, que l'on puisse attribuer à ces termes la même signification que de nos jours. Sur ce sujet, l'opinion des spécialistes interrogés diverge.

L'année solaire de l'ancienne Égypte (année – *renpet,* de 365,25 jours) comporte 12 mois de 30 jours (*abed*) (*sou*, dans les dates, *herou* dans le langage quotidien). Cela correspond aussi à l'année civile ou légale à laquelle l'on ajoute 5 jours pour rattraper autant que possible l'année solaire. Ainsi l'année civile est décalée d'un jour tous les 4 ans et d'une année entière tous les 1 460 ans (4 x 365), ce qui semble avoir peu perturbé la vie sociale et administrative des anciens Égyptiens. Les premières corrections remontent à Ptolémée, puis à Jules César, et enfin au pape Grégoire XIII ; elles ne furent pas unanimement acceptées, comme en témoigne le décalage au cours des siècles des dates des grandes fêtes des religions monothéistes. La correction de ces décalages, à l'origine des ajustements – des décomptes du temps cosmique –, atteste la prédominance des motivations métaphysiques concernant la maîtrise du temps. Une complication supplémentaire a été la prise en compte, selon certaines hypothèses, de l'année lunaire et de ses mois de 28 jours : trois calendriers coexistent donc. L'année solaire aurait ainsi régi l'agriculture, l'année lunaire les cérémonies religieuses et l'année régale la succession des pharaons. L'année civile a été calculée en Égypte à partir de la première année du règne du nouveau pharaon. On trouve des listes datées, à Abydos (XIXe dynastie, XIIIe siècle avant notre ère), qui remontent aux rois ancestraux mythiques comme Osiris. On les trouve aussi à Karnak dans le sanctuaire de Thoutmosis III (XVIIIe dynastie, ~1450 avant notre ère), ainsi que sur la célèbre liste des rois – papyrus conservé à Turin mais hélas incomplet, il s'arrête aux rois étrangers « Hyksos » (~1 650 – 1 550 avant notre ère). Grâce au travail de systématisation des égyptologues allemands, on sait cependant que la signification de ces deux mots, *djet* et *neheh*, n'était ni bien définie ni constante et qu'elle a beaucoup changé au cours des millénaires. D'après certains égyptologues (Jan Assmann, par exemple), *neheh* serait attaché au caractère discontinu du temps, aux cycles répétitifs et éternels ; *djet*, au contraire, s'approche du sens continu du temps et comporte une dimension spatiale. « *Neheh* est la perpétuité cyclique, *djet* la permanence linéaire. » Ces deux sens se rapportent à l'avenir, *neheh* en tant qu'intrusion discontinue mais illimitée des événements actuels dans le présent par cycles périodiques, et *djet* comme la durée illimitée de l'avenir. Bien qu'il n'existe pas de terme correspondant à notre acception du mot temps, la traduction de ces anciens textes (hiéroglyphiques) nous incite à utiliser ce terme, en dépit d'un certain décalage de sens. À l'évidence, chez les anciens Égyptiens, les sens du « temps » se réfèrent à des événements concrets (durée de vie, durée des règnes, temps cyclique comme les crues du Nil, mais aussi temps éternel des momies). Pour les anciens Égyptiens, selon certains égyptologues, le monde était infini, il n'y avait pas de concept pour « hors le temps, avant la création ». Il y avait pourtant une cosmologie apocalyptique, même si Osiris était supposé recréer le Monde dans son état actuel après des « milliers » d'années, avant sa transmutation en serpent. D'où l'une des désignations d'Osiris, « celui qui dure après le temps ». Dans le *Livre de la vache céleste*, Neheh et Djet sont représentés comme des déités respectivement mâle et femelle. Dans certaines prières, Neheh et Djet sont considérés comme les créateurs et les conservateurs du ciel. Dans la théologie égyptienne, Chou est considéré comme le Dieu de la vie, neheh symbolisant aussi bien l'éternité que le temps limité de la vie qui lui est cependant lié comme en témoigne la cérémonie de l'embaumement.

Les dieux égyptiens et le temps

Une forme de classification du temps se retrouve dans la représentation de *neheh* par Rê, le dieu du soleil, et de *djet* par Osiris. Rê représente surtout le soleil levant et Osiris le soleil couchant, appelé aussi *djet*. Plus tard, sous la domination grecque, à la suite de la conquête de l'Égypte par Alexandre le Grand, Osiris a été rapproché de la divinité hellénique Aion, lequel personnifie plutôt le temps infini et correspondrait davantage à *neheh*. Rê et plus encore Osiris sont fréquemment désignés comme seigneur de *neheh* et régent de *djet*. Sens et interprétations fluctuent selon les époques et les doctrines. L'éternité apparaît ainsi soumise à Osiris, dieu de la mort. L'éternité de certains dieux concerne uniquement la durée de leur existence, sans les immuniser pour autant contre les changements, les transformations successives et même contre le vieillissement. Leur existence s'inscrit davantage dans le devenir que dans le présent. Naissance, jeunesse, vieillissement et mort sont suivis d'une renaissance et forment ainsi des cycles qui se prolongent dans l'éternité. Voilà une façon originale de réconcilier temps cyclique et temps sagittal.

Figure 1. Temple du roi Séti Ier à Abydos, détail d'un bas-relief. Le roi, en attitude de prière, une couronne bleue sur la tête, reçoit devant l'autel de la divinité de la vie le « renouvellement d'un million d'années », symbolisé par les signes hiéroglyphiques.

La réversibilité du temps des Dieux les oppose ainsi à l'irréversibilité de celui des hommes, de la vie terrestre. Le caractère irréversible de celle-ci était néanmoins atténué par la vie de l'âme dans l'au-delà. Cette conception du temps implique la possibilité de se retrouver temporairement dans le « *noun* », l'espace hors temps, imaginaire qui entoure le Monde. Cet espace extraterrestre est placé sous le règne de Rê, dieu-soleil qui guide la barque du mort jusqu'à lui ; le mort habite alors le *neheh* pour sa vie éternelle. L'éternité du dieu-soleil n'est nullement conçue comme extratemporelle, elle représente le Temps lui-même. La durée de vie *neheh* dans le sens de la naissance et la mort correspond alors au temps cyclique qui se renouvelle et s'oppose à l'écoulement irréversible du temps terrestre vers le passé, en opposition au temps divin de l'éternité. Une sophistication supplémentaire de ces concepts du temps se trouve dans la théologie d'Amon-Rê, sous les Ramessides. Elle témoigne d'un pouvoir d'abstraction inconnu sous le règne des pharaons précédents. Amon personnifie alors non seulement le temps, mais il en dispose et le transcende totalement. S'opposent dès lors le temps terrestre s'écoulant vers le passé, entièrement dans les mains du dieu, et l'éternité contemplée, saisie dans sa totalité et non pas dans sa succession par Amon. Cette nouvelle conception de l'éternité (*djet*) implique aussi, selon les égyptologues allemands, l'introduction de la directionnalité du temps, séparant le passé et le présent soumis à la volonté et la planification de Dieu.

Représentation et symboles du temps

Neheh et *djet* ne sont pas les seuls termes à avoir été utilisés pour circonscrire des objets, événements ou concepts qui se réfèrent à l'un ou l'autre aspect du temps. Le temps terrestre n'est pas sans fin pour l'ancien Égyptien. Il a un début et un terme. La création du Monde implique une « première fois » désignée par les lettres ou symboles (*zp tpj*) ou parfois par d'autres hiéroglyphes. Le premier à citer est le dieu du soleil, Rê, créateur du temps. Amon-Rê a créé années, mois, jours, nuits et heures. L'histoire de la création, le mythe de la « vache céleste » implique la naissance des ans à partir de l'éternité – *neheh*. Selon certaines interprétations, cette création n'implique cependant pas la permanence du temps, qui doit être perpétuellement recréé. Il s'agirait donc d'un processus de création continue. Le lien de sa recréation dans l'au-delà se passe pendant le séjour nocturne du dieu-soleil dans le monde souterrain tel que le décrivent certains recueils funéraires royaux (*Livre de l'Amdouat*, *Livre des portes*). À la sixième heure, douze figures humaines tirent une corde doublement enroulée qui sort de la bouche d'un dieu représenté par une momie. Chaque tour de corde représente la naissance d'une heure. Plus tard, le dieu ravale la corde – symbole de l'éternel recommencement. Ici, la naissance du temps est donc suivie par son annihilation. Une autre représentation du *Livre des portes* montre les douze « déesses des heures » avec une corde à tirer. Selon la légende associée à cette représentation, leur naissance est reliée à celle de Rê. Autre exemple : les douze déesses de la nuit sont représentées avec un serpent entortillé et paraissent se nourrir des douze enfants du serpent.

L'idée de la naissance du temps perdure sous le règne des Romains. Neith* a fait naître les subdivisions du temps et un autre texte mentionne la naissance du soleil le premier jour du Nouvel An. Selon la conception égyptienne, le temps est un élément « faible », sous la menace permanente du chaos. La possibilité que le temps s'arrête fut une réelle menace, aggravée par les décalages inévitables entre les calendriers solaires, lunaires et régals, qui produisaient les « errements » des mois par rapport aux saisons, aux activités agricoles et aux célébrations religieuses. La rectification de ces décalages fut perçue comme le signe de « temps heureux ». La baisse progressive de la quantité d'huile utilisée, année après année, dans le sanctuaire d'Ammon, était aux yeux des prêtres le signe du raccourcissement des ans.

L'idée de la fin des temps n'était donc pas loin. Seuls Osiris et Atoum-Rê (dieux de l'au-delà et du soleil) survivraient à cette victoire du chaos, la fin des temps. Cet état du Monde se trouve en dehors des temps terrestres comme de l'éternité et ne correspond donc ni à *neheh* ni à *djet*. La peur bien réelle de l'arrêt du temps chez les anciens Égyptiens s'est accompagnée, selon certains auteurs, de la crainte que Sothis* ne puisse naître. Le regard engourdissant d'Apophis* pouvait en effet arrêter la barque solaire. D'ailleurs, selon la conception du temps dans l'ancienne Égypte, celui-ci ne serait pas forcément homogène dans tout l'univers. Une autre distinction du temps ressort de certains textes anciens qui interdisent le passage du temps, né du serpent Shrrt, sous une forme identique dans le Monde terrestre [14]. Rê ordonne donc aux déesses du temps d'avaler les douze enfants du « serpent du temps ». Il s'agirait d'une sorte « d'anti-temps », nécessitant une transformation avant d'être autorisé à entrer dans le monde des terriens. D'autres textes (le mythe de la création à Esna) suggèrent aussi l'existence d'un temps avant la création. Les douze hommes qui font naître les heures en déroulant la corde-serpent les font apparaître sous la forme d'étoiles. Le déroulement normal du temps implique donc la surveillance constante de la corde-serpent et de son déroulement. Le temps du monde terrestre s'écoule vers l'avenir, mais il peut devenir réversible dans le présent. Ainsi les années de vie des rois décédés s'écoulent-elles en sens inverse et rendent possible leur résurrection. Dans certains contextes, le temps peut revêtir une dimension spatiale. C'est le cas du *Livre du passage* à travers l'éternité qui implique un passage par le temps et l'espace. *Neheh* représente alors un espace de dimension gigantesque.

Cheminement du concept

Le décalage progressif des sens attribués au temps s'accompagne de personnifications variées puisant dans le répertoire considérable des déités égyptiennes. Toth, dieu du savoir, s'est aussi trouvé préposé au temps. La durée du règne des rois comme celle de la vie des hommes sont placées sous son contrôle. Il intervient aussi sur le calendrier, car comme le relate Plutarque, Thot-Hermes a créé les 5 jours additionnels qui complètent l'année solaire avec ses 12 mois de 30 jours.

Un autre symbole populaire du temps est Heh portant la représentation de l'année sur sa tête. Mais on le trouve aussi porteur de l'orbe solaire, symbole de l'infini, l'anneau Schen. La déesse « Année » (Renpet) doit son existence à la scission d'autres déités. Elle est associée dans le *Livre des morts* à l'année, représentée comme une déesse autonome dans le sanctuaire de Séti Ier à Abydos, avec le symbole de l'année sur la tête, et désignée comme la déesse de l'éternité-*neheh*. Dans une autre représentation du temps associée à Sothis II (et non pas à Pépis Ier comme indiqué au musée de Turin [voir 14, p. 1635]), cette déesse porte les deux désignations du temps, *neheh* et *djet*. Le culte de cette déesse atteint son apogée sous les Ptolémées et sous les Romains. À Edfou et à Dendera, elle apparaît comme la sage-femme qui assiste la naissance de l'enfant Soleil et des hymnes à sa louange sont créés pour l'occasion. Une représentation la montre s'affairant autour de Meskhenet, qui personnifie la brique d'accouchement. Objet d'innombrables célébrations et jubilés, elle dispense des centaines de milliers d'années. En tant que mère des dieux, elle personnifie aussi le pouvoir créateur du temps, et donne naissance aux années, mois, jours et jubilés.

L'année a été personnifiée aussi par plusieurs déités au cours des millénaires, comme Isis, Hathor, Meskhenet et Mout, ainsi que par l'œil de Horus et l'œil de Rê. Certaines représentations avec une tête de lion de l'année ont été considérées comme des démons bienfaisants, protecteurs. Par contre, le changement de l'année, le nouvel an, ainsi que les cinq jours additionnels (*epagomenon*) ont été considérés comme des périodes dangereuses. Du temps de Ptolémée II Philadelphos, l'année est représentée par un homme dans un habit « tragique » portant une corne d'abondance, suivi de quatre femmes, symboles des saisons. Selon Hérodote, chaque mois et chaque jour ont été personnifiés par des représentations divines. Ces représentations se retrouvent dès l'époque grecque sur les zodiaques peints sur les plafonds des tombes royales. Vers la fin de l'époque pharaonique, le douzième mois est représenté par la déesse Thouetis. On la trouve à Dendera, dans la chapelle du Nouvel An sur le toit du temple. Une amulette portée par les prêtres de Sekhmet* comporte les douze nœuds noués dans un lin fin et devait protéger contre les dangers des ans. Ils représentaient certainement les douze mois de l'année.

À partir du Nouvel Empire (XVIIIe dynastie), chaque jour du mois reçoit une représentation divine avec des connotations de bon ou mauvais augure. Plus près de nous, à l'époque gréco-romaine, c'est la même divinité affublée de noms différents qui joue le rôle de chronocrator (créatrice du temps). À Dendera, six frises avec trois cent soixante déités veillent sur le temps, avec un cobra à tête de lion chacune sur un cartouche. Les vingt-quatre heures des jours ont aussi été personnifiées par des déesses et désignées avec des noms distincts ; celle des douze heures du jour porte le soleil sur la tête, celle des douze heures de la nuit une étoile.

Temps et croyances

Des images d'animaux symbolisent souvent des concepts à connotation temporelle. Les deux lions qui se tournent le dos, portant l'horizon sur leurs épaules, symbolisent hier et demain. La grenouille symbolise la résurrection et le nouvel an. La vache céleste, symbole du temps, a été déjà mentionnée. Le serpent, signe de Renpet, se retrouve aussi sur les clepsydres. À son tour, le crocodile peut également représenter le temps et l'éternité. Selon Horapollon, l'hippopotame a pu représenter le temps au cours de la période tardive. Le chat symbolise les mois lunaires et les heures. On a trouvé des chats miniatures sculptés portant des inscriptions de bons vœux pour le nouvel an. Le bouquetin (*Capra nubiana*) a symbolisé l'année, représenté sur des scarabées et des « flacons de Nouvel An », offerts en cadeau à l'occasion de la nouvelle année. Cette symbolique a été étendue ultérieurement à la chèvre, porteuse de bonheur pour des millions d'années. À l'époque alexandrine, les trois têtes du cerbère ont représenté le passé, le présent et le futur.

Mesure du temps, durée de vie

La multiplicité des représentations des sens et de ses interprétations mythologiques ne paraît pas s'être accompagnée d'une évolution de la mesure du temps jusqu'au XIVe siècle. Il semble que le cadran solaire (suivi parfois par la clepsydre) soit représenté sur certains bas-reliefs (à Abou Simbel où Ramsès Ier en offre une à Ptah ou Osiris). Cadran solaire et clepsydre ont suffi pendant des millénaires à mesurer le temps. On les retrouve d'ailleurs jusqu'à la Renaissance, accompagnés seulement depuis le XIVe siècle environ des sabliers. Un magnifique cadran solaire des temps romains, le cadran dit de Carthage, acquis récemment par le Louvre, a été choisi pour orner les cartes de vœux de l'an 2000.

La précision des premiers sabliers, au XIVe siècle, laissait à désirer : le sable, même fin, finissait par éroder le récipient en verre et accélérait ainsi son écoulement. Le broyat des coquilles d'œufs, moins corrosif, a donc vite remplacé le sable. L'utilisation du sablier s'est longtemps bornée à équilibrer le temps des gardes des châteaux forts. Les anciens Égyptiens devaient être des hommes « concrets », préoccupés par leur condition de vie et de survie ce qui explique le progrès lent mais indéniable de l'abstraction de l'interprétation du sens du temps. Un signe de leur pragmatisme a été la précision avec laquelle l'âge des personnes importantes a été enregistré. La durée de vie notée comporte non seulement le nombre d'années vécues mais aussi les mois et les jours.

L'espérance de vie moyenne devait être assez basse (probablement entre 30 et 40 ans) mais avec des exceptions relativement fréquentes. Ainsi, on connaît des pharaons ayant atteint un âge avancé (plus de 90 ans pour Ramsès II d'après l'étude de sa momie…). Dans certaines régions, comme celle du Fayoum, plus riches, on vivait parfois jusqu'à quarante ans, comme en témoignent des momies, ornées par les célèbres « portraits du Fayoum ».

Le vieillissement des dieux

Mais la preuve la plus remarquable de la préoccupation des Égyptiens pour le passage du temps, le vieillissement, est apportée par le récit de la vache céleste. Madame Nadine Guilhou a consacré sa thèse à ce document et en particulier au récit du vieillissement des dieux. On y apprend que le dieu soleil, Rê, à l'instar des hommes, a vieilli. Profitant de sa faiblesse, l'humanité s'est révoltée contre ce dieu suprême. Pour la punir, Rê convoque les dieux et établit un plan de vengeance. Il envoie l'œil contre les rebelles. La déesse Hathor exécute son vœu et tue beaucoup d'hommes. Rê finit par avoir pitié de l'humanité et la sauve de la fureur de la déesse. Comme il reste fatigué et fragile, son père Noun, pour le protéger, transforme *nout* en vache et installe Rê sur son dos... L'histoire continue avec des détails intéressants sur les astuces utilisées par Rê pour empêcher l'anéantissement de l'humanité, analysées par Nadine Guilhou dans sa thèse. Retenons seulement le fait saillant de la projection dans le ciel du drame qu'a dû représenter le vieillissement, accompagné de son cortège de malheurs et de maladies.

Le temps et les monothéismes

Avant de quitter cette phase passionnante de l'émergence du concept temps dans les civilisations anciennes, il faut évoquer l'apport des grands monothéismes, le judaïsme d'abord, et le christianisme ensuite. Certains auteurs comme Stephen Jay Gould [10] attribuent au judaïsme l'introduction du temps linéaire. Le concept de temps linéaire est présent dès ~-3500 ans avant notre ère et continue à évoluer en parallèle avec le temps circulaire, dont la prééminence est assurée par le clergé qui s'assure de la répétition à période fixe des grandes fêtes religieuses. Sans doute, le Jahweisme a relégué le temps circulaire au second plan, car la prééminence de l'éternité de Jahwe a défini le temps linéaire avec un début, la création du monde (sans trop insister sur ce qui s'est passé avant...) et une fin qui n'existera que pour Jahwe car l'homme doit inexorablement disparaître. Le temps cyclique reste néanmoins présent, symbolisé par la périodicité des fêtes religieuses réglementée par le clergé. Bien entendu, il ne s'agit ici que d'une esquisse, le livre de Sylvie Anne Goldberg [9] donne de plus amples détails sur cette période cruciale (de – 1 100 à nos jours) de l'histoire du temps dans le judaïsme. D'après son analyse historique, la « pluralité des temps » prévaut dans le judaïsme aussi.

Le christianisme, en accordant à chacun la résurrection, a rendu moins rigoureuse la dissociation des temps linéaire et cyclique. Il s'est également opposé à toute conception areligieuse du temps. Grâce aux grands précurseurs de l'astronomie et de la cosmologie modernes, Kepler, Galilée et d'autres, un débat a fini par éclore sur les définitions des paramètres physiques du mouvement. Certains signes de la censure catholique persistent cependant, comme en témoigne l'interdiction d'enseigner l'évolution en terre protestante dans certains États des États-Unis. La conclusion principale que l'on peut tirer de cette longue et difficile histoire de l'évolution du concept temps, c'est que l'esprit humain s'accommode parfaitement de la circularité du temps par peur de l'inéluctable fin et du saut dans l'inconnu.

Si nous nous sommes longuement arrêtés en Mésopotamie et en Égypte pour chercher l'origine du concept-temps, c'est que nous pouvons y remonter pratiquement au néolithique. D'autres contrées – l'Inde ou la Chine – ont également connu un essor précoce du concept, mais les documents gravés, écrits et interprétables font défaut. La notion cyclique du temps est probablement originaire d'Inde. Les interprétations chinoises du temps sont étudiées par de grands historiens de la Chine ancienne, Joseph Nedham, Marcel Granet et d'autres. Les deux concepts de temps cyclique et linéaire ont dû exister en Chine bien avant l'apparition de l'écriture. Il semble néanmoins que le déchiffrage de l'ancienne écriture chinoise ne permette d'interpréter que des « textes » ne datant « que » d'environ 1 300 ans avant notre ère.

Après ces excursions dans le passé à la recherche de l'origine du concept-temps, il convient de regarder comment la vie naissante, il y a plus de 3 milliards d'années, puis la cellule et plus tard les organismes pluricellulaires ont réagi, incorporé et « mesuré » le temps.

Chapitre II

LE TEMPS DE LA TERRE AVANT L'APPARITION DE LA VIE

Dans l'état actuel de nos connaissances, on admet qu'environ 14-15 milliards d'années se sont écoulées depuis le big-bang (la « naissance » de l'Univers). La terre serait apparue il y a environ 4,5 milliards d'années et la vie « peu après », c'est-à-dire environ 1 milliard d'années (ou plus tard ?) après la formation de la Terre. La durée de vie humaine maximale étant d'environ 100 ans (1.10^2 années), ce sont dix millions de vies humaines qui devraient être mises bout à bout pour remplir ce milliard d'années (1.10^9 années). Cette durée pourrait d'ailleurs se révéler trop courte ou trop longue : Einstein nous a enseigné la relativité du temps comme celle de l'espace. Et le paradoxe des « jumeaux » de Langevin* l'a rendue célèbre (le vieillissement plus lent du jumeau qui revient d'un voyage interstellaire par rapport à celui de son frère resté sur Terre). Il paraît donc risqué de comparer les durées cosmiques et terrestres. Pourtant, elles se rejoignent lorsque nous essayons de situer l'apparition de la vie dans l'histoire du cosmos.

Mais avant d'aborder l'apparition de la vie sur Terre, arrêtons-nous un instant sur la difficulté conceptuelle et morale avec laquelle l'humanité d'avant la fin du XIXe siècle comprend ces âges cosmiques immenses.

La découverte du « temps profond »

Ce terme, utilisé par Pascal Richet [37], désigne la grande ancienneté de la Terre et du monde, découverte et comprise très progressivement grâce à la naissance de la géologie. Examinons le contexte de cette naissance.

Le récit biblique de l'Ancien Testament, dogme incontournable pour l'Église catholique, fixe l'âge de la création à environ 6 000 ans. Du néant précédant la création, Yahvé a fait surgir la Terre, les océans, les montagnes, le règne animal avec l'homme en son centre, en sept jours. La naissance du temps biblique est donc contemporaine de la naissance de la vie, de la vie sous sa forme « actuelle », c'est-à-dire telle que l'ont connue les rédacteurs de la Bible. La force avec laquelle ce récit archétypal de la création s'est imposé à des générations d'hommes explique l'absence d'opinions divergentes jusqu'à la Renaissance.

Certains précurseurs de la science moderne, comme Thomas Burnet, à la fin du XVIIe siècle, tentèrent de rendre compte du récit de la création – en particulier du déluge –, en utilisant les concepts de la géologie naissante. Estimant l'eau des mers insuffisante pour inonder la planète entière lors du déluge, cet auteur anglais fait sortir la masse d'eau manquante de réserves souterraines. Le frontispice de son livre représente les sept états hypothétiques du globe terrestre, du chaos à l'éclosion en étoile, avec Jésus posant un pied (gauche) sur la Terre chaotique et l'autre (le droit) sur la Terre devenue étoile. Exemple remarquable d'une approche à tendance scientifique freinée par des dogmes religieux, l'évidence de l'ancienneté beaucoup plus considérable de la Terre a mis des siècles à s'imposer [37]. Une exposition récente du Muséum d'histoire naturelle [28] et des livres consacrés à cette longue histoire de la découverte de l'âge de la Terre contiennent des récits détaillés de ces lentes avancées, dues en partie à la géologie naissante. Rappelons que, peu avant la Révolution française, des savants comme Buffon (1707-1788) ont pris de sérieux risques en estimant l'âge de la Terre à des centaines de milliers d'années, et ce, en concédant plusieurs zéros aux préjugés dogmatiques encore fortement ancrés dans les esprits. Sa noblesse, conférée par Louis XV, et la haute protection dont il a pu se prévaloir l'ont sauvé d'un sort peu enviable. Dans le premier volume de son *Histoire naturelle* (histoire et théorie de la Terre) rédigé à partir de 1744, il distingue sept époques dans l'évolution de la Terre. La première correspond à la formation de la Terre, c'est le « temps zéro », le démarrage du chronomètre cosmique. La deuxième correspond à la formation des rochers et de la croûte terrestre et dure 2 936 ans, estimés d'après la mesure de la vitesse de refroidissement de boules métalliques chauffées au rouge. Ces expériences initient de façon remarquable l'étude scientifique des méthodes qui permettent d'estimer des longues durées. La troisième époque est dominée par l'apparition des océans qui couvrent la Terre (durée estimée à 35 000 ans). La quatrième, entre 50 000 et 55 000 ans, est caractérisée par l'apparition de l'activité volcanique et la baisse du niveau des océans. La cinquième, à partir de 60 000 ans, voit l'apparition des animaux (éléphants et autres) « au Nord ». La sixième époque est celle de la séparation des continents, à partir de 65 000 ans. La septième époque correspond à la domination de l'homme sur la nature. Grâce à un travail de réflexion et de déduction remarquable, doublé d'un sens de la « psychologie des masses » peu commun, Buffon a volontairement réduit les durées de ces époques, de peur de n'être pas compris, même par des lecteurs éclairés. Dans ses notes de travail, il estime en effet la durée de notre époque à 600 000 ans, ce qui constitue une rupture totale avec la chronologie biblique. Il faut attendre l'avènement de la radioactivité pour que des méthodes d'estimations fiables de durées dépassant de beaucoup la vie et l'imagination humaine soient élaborées.

Les apports de la géologie et de la paléontologie

Il serait vain de penser qu'il a suffi de s'affranchir des temps bibliques pour avancer sereinement sur les chemins tracés par la science. Il est même remarquable de constater à quel point des scientifiques de réputation internationale ont pu se tromper, même grossièrement. « Logic is the best way to go wrong with confidence » (la logique est la meilleure façon de se tromper en étant sûr de soi) aimait à répéter un de mes maîtres et ami américain, Max Rafelson*. Il faut en effet nous entourer de prudence aujourd'hui encore pour déclarer haut et fort nos vérités du jour. Presque aucun grand « savant » n'a réussi à éviter des erreurs parfois graves tout en apportant des contributions remarquables et durables. Le « savant » pur et dur qui ne se trompe jamais est une fiction naïve. L'histoire des sciences abonde en exemples prouvant le contraire.

Figure 2. Deux vues de l'église de Reculver (Écosse) [dans 34], montrant l'érosion du sol en 53 ans, découvrant d'anciennes tombes romaines (flèche) et rongeant la langue de terre sur laquelle l'église a été construite.

L'essor de la géologie, dès le début du XIXe siècle, a certainement joué un rôle essentiel dans l'établissement des échelles de temps du cosmos et du vivant telles que nous les connaissons aujourd'hui. Sans vouloir réécrire une histoire remarquablement contée par d'autres, j'aimerais illustrer mon propos par deux exemples qui montrent combien il est difficile de se défaire de préjugés, non seulement religieux mais aussi scientifiques. « Préjugé » n'est d'ailleurs pas le meilleur terme pour désigner ce type d'erreur, il s'agit plutôt de conclusions tirées d'estimations ou même de mesures ne les justifiant pas. Sir Charles Lyell (1797-1875) est certainement une des grandes figures de la géologie naissante. Ses ouvrages, traduits dans plusieurs langues, dont le français, faisaient autorité. Son talent d'orateur, dû en partie à ses études de droit, ne laissait aucun auditoire indifférent. Personne n'a illustré d'une façon plus convaincante le remodelage de la surface terrestre. La figure 2, tirée de son traité de géologie, montre deux dessins de l'église de Reculver (Écosse) datant de 1781 et 1834. En 53 ans, l'érosion due aux marées a considérablement réduit le promontoire sur lequel l'église a été construite, un cimetière romain dont les catafalques sont sortis de terre avant même la réalisation du premier dessin. Phénomène connu avant Lyell, la présentation des bouleversements soudains de notre habitat a dû fortement impressionner les esprits. Pour estimer l'ancienneté des couches géologiques, décrites avant lui, il s'est adressé à un grand classificateur français, Gérard Deshayes (1797-1875) qui lui a enseigné le calcul des temps géologiques à partir de la proportion des espèces animales, coquillages et autres retrouvées dans les couches géologiques successives, par rapport aux espèces toujours présentes. Ce pourcentage, élevé dans les strates supérieures, s'amenuise au fur et à mesure que l'on creuse profondément. La représentation des couches géologiques dans l'œuvre de Lyell a fortement inspiré Darwin (Charles Robert), son contemporain (1809-1882) lors de son élaboration de la théorie de l'évolution par sélection naturelle, ainsi d'ailleurs, plus tard, que Sigmund Freud (1856-1939) lors de l'élaboration des « couches » de la conscience (l'inconscient « sous » le conscient avec la « pré-conscience » entre les deux). Sa clairvoyance n'a pas empêché Lyell de rester ancré dans le temps circulaire. Pour lui, tous ces changements de la surface du globe terrestre n'avaient pas de direction (théorie de l'uniformitarisme). Les arguments qui l'ont contraint à s'aligner sur le temps sagittal, irréversible, venaient, de plus en plus nombreux et incontournables, de la paléontologie, donc de biologistes qui se sont intéressés aux formes éteintes du vivant. Les travaux de Cuvier, son aîné (1769-1832) et d'autres représentants de la science de la biologie et de l'évolution, formulée dès le début du XIXe siècle par Lamarck (1744-1829) (le terme « biologie » est de lui), ont fini par le convertir à cette évidence – la Terre a une histoire qui évolue selon une flèche, de son passé vers son avenir d'une façon irréversible. Dépeint avec pessimisme par les savants du XVIIIe et XIXe siècle, le temps avance vers l'extinction de la vie, conséquence du refroidissement inéluctable de notre planète. Mais quand celui-ci aura-t-il lieu ? Les estimations varient entre des dizaines de milliers et des centaines de millions d'années. Cependant, la force et la prégnance du temps circulaire (le rejet de l'inéluctable) ont inspiré à des savants comme Camille Flammarion (1842-1925) une vision optimiste, une « *happy end* » : l'éternel recommencement du monde, assuré par « une loi intellectuelle de progrès » qui gouverne la création. Voici donc le monde sauvé par l'invocation astucieuse du temps circulaire.

Le dernier exemple que j'aimerais citer pour illustrer combien il est difficile de rester critique et réservé devant sa propre théorie est celui de lord Kelvin (1824–1907). Ses calculs, basés sur des considérations thermodynamiques et sur la vitesse estimée de la formation des sédiments, l'ont conduit à écarter l'uniformisation, et à arrêter l'âge de la Terre à 24 millions d'années. Cette estimation finale résulte d'une réduction successive d'estimations antérieures selon une fourchette de 96 à 400 millions d'années. Ainsi, les préjugés théologiques ont cédé la place à des erreurs d'estimations jusqu'aux jours, relativement récents, qui ont vu la naissance de méthodes de datation fiable, du moins en ce qui concerne le temps de la vie, sujet qui nous intéresse ici. Pour un biologiste, il est réconfortant de constater qu'à l'époque charnière de la séparation des sciences « dures » – dont fait partie la géologie physique – et des sciences moins

« dures » comme la paléontologie et la biologie, ce sont ces dernières qui ont permis d'écarter définitivement le temps circulaire des spéculations scientifiques et d'introduire la « flèche du temps », incontournable depuis « l'invention » de l'entropie par Rudolph Clausius (1822-1888), un des créateurs avec Sadi Carnot (1796-1832) de la thermodynamique classique.

Appliquée aux gaz et aux mouvements moléculaires par Ludwig Boltzmann (1844-1906) au cours de la deuxième moitié du XIXe siècle, l'équation entre désordre moléculaire et entropie* (DS = klog W) gravée sur sa tombe reste présente chez tous les scientifiques qui ont réfléchi à l'évolution de la vie et du cosmos au cours du XXe siècle. Comment l'essor de la vie a réussi à contourner ce principe d'augmentation irrémédiable de l'entropie, du désordre, voici un des grands problèmes qui préoccupe toujours les physiciens, les épistémologues et les biologistes. Maxwell attribue cet exploit à un « démon » à dimension moléculaire, tandis que la biologie moléculaire l'explique (provisoirement) par le génome. Nous y reviendrons dans un chapitre ultérieur.

L'apparition de la vie, la dimension-temps

Le refroidissement progressif de notre planète au cours des millénaires après sa naissance, l'apparition de l'eau en quantité importante sont considérés comme les conditions nécessaires mais probablement non suffisantes à l'émergence de la vie sur Terre. Quand cela a-t-il eu lieu ? Sur ce point, les estimations ont dû être révisées à la hausse. On peut faire remonter l'apparition de la vie, sous une forme déjà complexe, à un milliard d'années. D'anciennes bactéries, les cyanobactéries, ancêtres des algues, ont apparemment existé il y a environ 3.4 milliards d'années. La variété extraordinaire des sources d'énergie utilisables par les archébactéries*, leur résistance à des températures dépassant 100 °C ainsi qu'à des agents chimiques très toxiques ont incité les chercheurs qui se penchent sur les origines de la vie à revoir sérieusement leurs copies. Deux branches distinctes des sciences naturelles se rapprochent progressivement pour cerner l'origine lointaine de nos cellules. La première, la paléontologie, a depuis longtemps acquis ses lettres de noblesse. La datation des restes (des ossements, le plus souvent) à l'aide de méthodes modernes a permis de produire une échelle de temps où s'insèrent les trouvailles de grands précurseurs : Lamarck, Darwin et beaucoup d'autres encore.

L'autre branche plus récente de cette science de l'origine de la vie concerne la production en laboratoire, non pas de la vie, utopie pas même abordée par les alchimistes (bien que vivace encore du temps de Pasteur, voir par exemple la « création » de la vie à partir de la « pourriture » organique ou « génération spontanée »), mais création seulement des constituants du vivant, d'aminoacides*, de glucides* et de nucléotides*). Les travaux d'Oparine en Russie soviétique, publiés dès 1924, puis ceux de Stanley Miller avec Urey au milieu du XXe siècle, ont montré que dans les conditions qui ont pu exister sur la Terre « jeune », recréées en laboratoire, on peut voir apparaître certains de ces éléments constitutifs du vivant. Grâce à notre connaissance de l'atmosphère qui a pu régner sur la Terre « jeune », on a recréé la composition des gaz représentant l'atmosphère primitive, dans lesquels on a fait passer des étincelles pour y faire apparaître les molécules annonciatrices du vivant. La chimie prébiotique, science encore jeune, a su trouver ses chantres – on trouvera d'intéressantes monographies historiques, ainsi que les différentes théories en cours dans la bibliographie. Ce qui frappe à la lecture de ces descriptions, c'est la distance conceptuelle vertigineuse qui sépare encore ces deux branches des sciences naturelles, celle de l'évolution basée sur la paléontologie et la chimie prébiotique, la reproduction *in vitro* des conditions d'apparition de la vie des premières cellules. Combien de temps a-t-il fallu pour produire les premiers amas macromoléculaires* capables de se reproduire à l'aide d'énergie générée par un métabolisme* primitif ? Entre la facilité (relative) avec laquelle on produit quelques éléments du vivant en laboratoire et la quasi-impossibilité, actuellement, de les transformer en « cellule » se cachent probablement un laps de temps considérable mais aussi une lacune profonde de nos connaissances des conditions d'émergence des cellules. Il est possible que cette lacune se comble au cours des décennies à venir. Parmi les nombreuses questions qui restent en suspens, deux paraissent particulièrement pressantes : l'apparition de la chiralité* et celle du code génétique*. Les molécules organiques* possédant un carbone asymétrique* existent dans des configurations qui diffèrent comme le gant de la main gauche de celui de la main droite. Au cours de la synthèse organique, ces deux formes, appelées L et D (pour lévogyre* et dextrogyre*, selon le sens de la rotation de la lumière polarisée que l'on fait passer par leur solution), se retrouvent en proportion égale. Mais dans la cellule, on ne trouve que l'une ou l'autre de ces formes. Les aminoacides* constituants des protéines sont sous leur forme L. Il n'existe que de rarissimes exceptions (un peptide* d'une paroi bactérienne contient un des aminoacides sous sa forme D). Il en est de même pour la plupart des glucides (ou oses*) qui composent les glycoconjugués* des organismes (à l'exception du D-Fucose*), présents aussi sous la forme L. Comment l'évolution a-t-elle pu favoriser l'une ou l'autre forme (énantiomère*) de ces molécules ?

Il est encore plus difficile de répondre à la question de l'apparition et de l'évolution du code génétique. Nous y reviendrons plus loin. Bien entendu, on a élaboré des théories et l'on a même pu faire des expériences pour expliquer l'homochiralité* et le code génétique universel [24]. Ces explications sont encore peu convaincantes. Il faut noter cependant que la perte de l'homochiralité, la lente racémisation* d'aminoacides dans les protéines d'anciens organismes (dans le collagène de l'os de mammouth, par exemple) ont permis de calculer l'ancienneté de ces restes organiques. Et voici l'une de ces « horloges biologiques » qui permettent de comparer le temps du monde organique et inorganique.

La mesure du temps

Il ne s'agit ici nullement de conter l'histoire de la mesure du temps « court », ce thème a été largement développé par plusieurs auteurs contemporains. L'alternance du jour et de la nuit, celle des saisons ont longtemps suffi à l'homme pour se situer dans le temps. L'invention du cadran solaire puis de la clepsydre permettaient déjà aux anciens Égyptiens de mesurer des durées « courtes », compatibles avec la vie humaine. La navigation, l'exploration de nouveaux continents ont favorisé le perfectionnement des instruments de mesure du temps. La « révolution industrielle », dès le début du XIXe siècle, en a rendu la mesure exacte indispensable et accessible. Enfin, pour l'homme moderne, le bracelet-montre est devenu un outil aussi indispensable que les vêtements. Avec l'agenda de poche, la montre-bracelet permet à l'homme des sociétés industrialisées de rester « dans le temps » et de suivre son programme du jour, du mois et de l'année. Mais ici, ce sont les mesures des temps très longs et très courts qui importent. Pour livrer le récit historique de la vie, on doit disposer de méthodes fiables de mesure du temps très long, des milliers et des millions d'années. Pour l'étude de la cellule, en revanche, il faut savoir mesurer des temps très courts. Voici un bref passage en revue de certaines méthodes de mesure des temps longs, élaborées surtout depuis le début du XXe siècle. Pour une description exhaustive, on se reportera à la monographie récente de J. Evin [27].

La méthode la plus utilisée est certainement la datation par le carbone 14 (^{14}C), décrite par Willard-Franck-Libbey en 1946. Cet isotope* du carbone se forme dans la haute atmosphère sous l'effet du rayonnement cosmique sur l'azote-14 (^{14}N). Il s'oxyde ensuite en CO_2 et est incorporé par les plantes et animaux dans toutes les structures vivantes – bois, coquillages, os – d'où on peut l'extraire et déterminer sa concentration relative par sa radioactivité. Il se désintègre avec une demi-vie* de 5 500 ans. Sa faible concentration (un atome de ^{14}C pour un millimilliard d'atomes de ^{12}C) nécessite au début une certaine quantité de matière pour une détermination fiable. L'utilisation du spectromètre de masse couplée à un accélérateur de particules a réduit l'échantillon de plusieurs dizaines de grammes à quelques milligrammes. Cette méthode permet de « descendre » dans le passé jusqu'à environ 50 à 60 000 ans. Les résultats nécessitent cependant des corrections car la production de ^{14}C dans l'atmosphère n'est pas constante. La divergence avec le calendrier solaire augmente fortement avec le recul et nécessite des corrections de plus en plus importantes surtout à partir de 10 000 ans avant notre ère. Ces corrections se font grâce à la dendrochronologie et pour les dates plus reculées par l'archéomagnétisme. Grâce à ces progrès, de très nombreuses « dates » ont pu être déterminées et souvent corrigées. Ainsi de la grande ancienneté de la grotte Chauvet (– 32 000 ans !) par rapport à d'autres sites comparables.

Pour des dates plus reculées (– 50 000 à – 1 million d'années), la thermoluminescence ainsi que la transformation uranium-thorium peuvent être utilisées. La première est basée sur le principe développé par F. Daniel en 1953 aux États-Unis, selon lequel l'énergie emmagasinée dans les minéraux cristallins peut être restituée sous forme lumineuse et ainsi mesurée. Cette énergie provient en majeure partie du rayonnement radioactif interne et externe, surtout de l'uranium-238, du thorium-232, du rubidium-87 et du potassium-40. S'ajoute à ces sources le rayonnement cosmique. Le stockage d'énergie est réalisé par piégeage d'électrons dans les particules des cristaux. La capacité de stockage augmente avec l'ancienneté du matériau. Cette énergie est libérée lors du réchauffement intense survenu dans un temps reculé (événement archéologique ou « fait marquant ») et ensuite, lors de la mesure, en laboratoire. Ce réchauffement du matériau libère les électrons piégés qui seront détectés par un signal lumineux (thermoluminescence naturelle) proportionnel à leur nombre et donc au temps écoulé depuis l'événement archéologique. Suivent une irradiation en laboratoire et une seconde remontée de la température, donnant un signal de thermoluminescence.

On peut mesurer ainsi le temps écoulé depuis le « fait marquant », le réchauffement à plus de 500 °C dans les temps reculés de l'échantillon (la paléodose). Des dates de 100 à 200 000 ans ont pu être déterminées pour des grès et quarzites, et de 300 à 400 000 ans pour le silex. Cette méthode a permis de dater le début de l'éruption des Puys dans le Massif central à environ 100 000 ans avant notre ère. Le silex brûlé de terre Amate à Nice a donné 230 000 ± 40 000 ans et un site de Neandertal à Kebra (Israël) 60 000 ans [27].

La transmutation de l'uranium-235 en thorium-238 se fait par la scission du noyau atomique, accompagnée par une libération d'énergie importante. Elle est donc facilement mesurable dans les cristaux, mica, apatite…, mais pas dans les métaux. Les résultats obtenus dépendent de la teneur en ^{235}U (isotope de l'uranium) des matériaux étudiés. Cette méthode a été utilisée, entre autres applications en archéologie, pour dater « Lucy », le squelette de la jeune australopithèque trouvé en Éthiopie qui a vécu il y a 3.18 ± 0,01 millions d'années. Un centième de pourcentage d'erreur est « négligeable » pour une telle méthode de datage, mais représente néanmoins 31 800 années en plus ou en moins de la date calculée. Cela fait plus de six fois la durée de notre civilisation de 5 000 ans. Quelle meilleure façon d'exprimer la relativité de nos connaissances !

La méthode de datation par potassium/argon, introduite par von Weizsäcker dans les années 30 en Allemagne, est basée sur l'hypothèse que l'argon-40 de l'atmosphère provient du déclin du potassium-40. Appliquées aux formations rocheuses, des datations fiables ont pu être effectuées dès les années 60 en géologie et en archéologie. C'est cette méthode qui a permis de repousser la date d'apparition de l'homme d'environ 1 million d'années. Les mesures se font par spectrométrie de masse et sont fiables pour des durées supérieures à 10 000 ans, et plus encore à 40 000 ans.

S'agissant de durées plus courtes, la dendrochronologie s'avère une méthode utile et largement exploitée pour l'étude des constructions utilisant le bois depuis le néolithique [27]. Préconisée par l'astronome américain Andrew Eliott Douglas à la fin du XIXe siècle, cette méthode a été progressivement adoptée en Allemagne, en Suisse et aussi en France. La vitesse de croissance des arbres dépendant beaucoup du climat, cette méthode a été exploitée aussi en climatologie [31]. Les arbres les plus utilisés sont le chêne, le hêtre, le frêne et les résineux. Moyennant moultes précautions et corrections, des datations fiables peuvent être obtenues, applicables aux derniers quelques milliers d'années. Outre l'âge des constructions en bois et le climat, d'autres renseignements précieux peuvent être recueillis : la provenance et l'âge du bois, par exemple.

Mentionnons brièvement une autre méthode, l'archéomagnétisme, basé sur les modifications de la direction et de la force du champ magnétique terrestre, selon l'âge et les lieux géographiques. Les grains métalliques-ferreux emprisonnés dans les rochers gardent le « souvenir » du vecteur magnétique de l'époque. Appliqués aux argiles cuites, de nombreux événements marquants des anciennes civilisations ont pu être ainsi datés grâce aux poteries retrouvées. De même, on a pu étudier les formations volcaniques, notamment la transition entre l'époque oldowayenne* et azilienne* (il s'agit de l'évolution humaine) au début de l'épisode « Jaramillo », il y a un million d'années.

Pour finir, disons un mot sur la racémisation d'aminoacides, déjà mentionnée. Les cellules, dès leur apparition sur terre, pour des raisons et selon des mécanismes restés obscurs jusqu'ici, ont « choisi » les aminoacides de la série L. Tant que la cellule vit et métabolise, on ne trouve que cette forme (énantiomère) d'aminoacides dans les protéines* de la cellule ou de l'organisme. Mais dès la mort de l'organisme et l'arrêt du métabolisme (ou encore en l'absence de renouvellement métabolique*), une lente racémisation commence. Parmi les vingt aminoacides présents dans toutes les cellules et organismes eucaryotes*, c'est l'acide aspartique* qui a été utilisé pour ces datations. Des procédés chimiques permettent de séparer les deux formes L et D et de déterminer ainsi leur rapport. L'augmentation progressive de ce rapport L/D (en faveur de la forme D) permet d'estimer l'âge de l'os (ou d'autres tissus) étudié. La fourchette d'âge utilisable par cette méthode se situe entre 400 et 110 000 ans, son pourcentage d'erreur est de 10 %, et les quantités requises pour l'analyse de l'ordre de 10 g d'os et 25 g de sédiment.

Ce résumé rapide des principales méthodes, toutes relativement récentes, utilisées par les archéologues, paléontologues et géologues, n'a d'autre but que de fixer les idées quant aux possibilités, aux limites et surtout à la précision relative de ces datations. Toutes ces méthodes reposent sur l'état actuel de nos connaissances et sont donc appelées à se perfectionner. Comme nous l'avons souligné pour la datation de « Lucy », plus on recule dans le temps, plus un pourcentage d'erreur, même faible, couvre des périodes considérables. Il y a de quoi rester modeste…

Chapitre III

L'ÉVOLUTION, UNE HISTOIRE DISCONTINUE

La science n'est pas un produit fini, prêt à être découpé en tranches ou en disciplines et consommé avec modération entre deux gorgées de Coca-Cola, comme le laissent parfois croire certains médias. C'est une quête sans fin, renouvelée, complétée et étendue à chaque « découverte ». Ce banal constat est particulièrement vrai quand il s'agit de retracer l'évolution de la vie sur Terre. Après celui de notre planète, l'âge de la vie sur Terre n'a cessé de reculer depuis que les « naturalistes » se penchent sur son histoire, plus précisément depuis la découverte des fossiles. Leur étude sérieuse commence avec Cuvier à la fin du XVIIIe siècle et au début du XIXe siècle. Mais plus encore que la « découverte » du « grand âge » de la Terre, la naissance de la doctrine darwinienne après Lamarck, « inventeur » de la biologie qui fut l'un des premiers à réfléchir sur les mécanismes de l'évolution, est une rupture épistémologique qu'il convient de souligner. L'effet du milieu sur l'organisme – l'adaptation de l'animal à une situation particulière de sa niche écologique – rend compte de modifications de l'organisme indispensables pour la survie de l'espèce. La transmission héréditaire de cette adaptation acquise à la progéniture paraît être le rôle essentiel du génome. Selon la thèse darwinienne fortement simplifiée, la variation des organismes survient « spontanément » et les contraintes du milieu n'interviennent que pour « choisir » les plus aptes à y survivre en éliminant les autres variantes. Des modifications « spontanées » du programme génétique rendraient plus aptes certains individus devenus ainsi « privilégiés » à survivre dans une niche écologique donnée et à y transmettre les propriétés acquises « par hasard » à leurs descendants. Il s'agissait d'une variation « spontanée » suivie de sélection, au lieu d'une adaptation imposée par le milieu et dictée par l'environnement.

Ce raccourci un peu simpliste de la thèse de Darwin n'a d'autre but que d'attirer l'attention du lecteur sur une façon très particulière de réfléchir en biologie : considérer les modifications du vivant comme soumises à des lois du « hasard », le « but » poursuivi, la complication, le « perfectionnement » n'intervenant pas directement en tant que ressort de la variation. Les thèses néodarwiniennes sous toutes leurs formes n'ont pas encore modifié sérieusement cette succession du « hasard et de la nécessité », comme l'a exprimé Monod dans un ouvrage consacré à une problématique similaire. Une monographie récente [43] compare cette quintessence de la doctrine darwinienne à un « acide » qui s'infiltre dans tous les interstices de la pensée biologique et qui, malgré ses lacunes (nous y reviendrons), a profondément influencé toutes les branches de la biologie.

Ce même débat s'est renouvelé lors de l'explication du développement des défenses immunitaires. L'anticorps est fait « sur mesure » par un tailleur cellulaire qui l'ajuste aux replis de l'envahisseur (la bactérie, l'antigène*), déclenchant ainsi la réponse immunitaire pour défendre l'organisme et éliminer l'agresseur. Or il s'est avéré que c'est en criblant un répertoire inné et forcément limité (bien que très étendu) de variantes d'anticorps possibles que l'envahisseur (l'antigène) « choisit » et déclenche la réponse immunitaire. Cette deuxième solution, très darwinienne, préconisée par MacFarlane Burnett et Jerne au cours des années 1960-1970, s'est révélée exacte au détriment de la première, pourtant défendue par d'éminents biochimistes.

L'histoire de l'évolution de la vie sur terre illustre presque parfaitement ce type de mécanismes. Quand on cherche les causes qui peuvent expliquer les grands changements survenus au cours de l'évolution, on voit pointer le nez de Lamarck. L'effet de l'environnement a dû faire plus que « sélectionner » les formes de vie possibles et émergées « par hasard ». Pour poursuivre cet argument, il faut remonter aux origines de la vie. Les conditions géologiques, physico-chimiques de l'environnement terrestre ont dû tout d'abord rendre possible le franchissement de cette étape cruciale : des molécules isolées, acides aminés, nucléotides et autres qui s'accumulent dans la « soupe primitive » à la cellule, ensemble ordonné et fonctionnel de leur assemblage. Cette transition a dû comporter plusieurs étapes majeures : la formation de macromolécules, gros peptides* (protéines*), acides nucléiques, lipides qui interviennent à une étape critique du développement de la cellule, la formation d'une membrane délimitant la future cellule de son environnement. Une propriété capitale des macromolécules (protéines et acide ribonucléiques* ou ARN), leur capacité de catalyser (accélérer) des réactions chimiques et de les orienter avec précision, a dû jouer un rôle crucial à cette étape de la naissance de la cellule. Un troisième phénomène, dont l'importance est largement reconnue dans l'essor de la vie cellulaire, est la symbiose*. Une particule douée d'une propriété vitale importante s'associe à une autre, très différente, pour former ensemble une unité plus viable que les deux particules isolées. Parmi les organites que l'on trouve dans les cellules « modernes » : mitochondries*, chloroplastes*, lysosomes* et peroxysomes* ont dû se former ainsi. La création de la vie procède par pièces détachées. Les cellules animales n'ont pas de chloroplastes et ne peuvent pas utiliser l'énergie du rayonnement solaire pour produire leur propre énergie. La photosynthèse* reste l'apanage des algues et plantes qui possèdent ces organelles remplies de chlorophylle*. Pourquoi n'en disposons-nous pas ? Question sans réponse. Ce bricolage initial a dû avoir ses règles, ses possibilités, comme la construction d'un véhicule à l'aide de pièces achetées chez un démolisseur. L'enrichissement progressif de l'atmosphère (et de l'eau de mer) en oxygène paraît être l'une des conditions ayant déclenché ce que l'on appelle l'explosion cambrienne* de la vie, c'est-à-dire l'apparition de formes multiples pluricellulaires*, macroscopiques (bien visibles à l'œil nu) des organismes dont nous descendons. La variabilité « spontanée » du génome*, fortement contingentée, est donc soumise aux conditions physico-chimiques de l'environnement. Voici l'un des facteurs qui pourrait expliquer la lenteur avec laquelle apparaissent les animaux pluricellulaires* de plus en plus compliqués (« évolués »).

L'apparition de la « vie » sur la Terre à peine formée et refroidie a été relativement rapide. Nous entendons par « vie » la capacité des amas macromoléculaires (probablement délimités par une membrane) à se nourrir, à générer de l'énergie (métabolisme) et à se reproduire. Le terme « métabolisme » désigne plus particulièrement les nombreux processus moléculaires qui permettent à la cellule de produire de l'énergie à partir de la grande variété de « nutriments » de l'environnement et de se reproduire. De récentes découvertes semblent confirmer qu'à peine plus d'un demi-milliard d'années d'évolution de la Terre auraient « suffi » pour voir apparaître des formes évoluées de la vie unicellulaire, des archébactéries*. On a trouvé ces archébactéries près des sources chaudes des fonds marins, à plus de 3 000 m de profondeur, à une chaleur de plus de 100 °C. Certaines d'entre elles extraient des quantités importantes de soufre, de fer, de manganèse et de silicium à partir des basaltes fissurés de la croûte terrestre. Elles tirent leur énergie de l'oxydation de l'hydrogène sulfuré (SH2). Depuis la première étude de Carl Woese, de l'université d'Illinois à Urbana aux États-Unis, la caractérisation des archébactéries est devenue une branche autonome de la science du vivant. On en connaît aujourd'hui environ 259 espèces, classées sur la base du séquençage de l'ARN ribosomique 16S*, mais selon Lecointre et Le Guyader, ce nombre est sous-estimé [51]. Ces organismes sont capables d'astuces (« mécanismes ») très variées pour produire leur énergie et se multiplier. Apparues moins d'un milliard d'années après la Terre, ces cellules « primitives » ont peu varié aux cours des milliards d'années. Pour ces bactéries, « l'horloge génétique » n'a pas beaucoup avancé – elles ont apparemment ignoré l'évolution. Mais elles sont très différentes dans leur forme, leur taille et leur mode de vie [51]. Il semblerait que la grande variété de forme des archées soit apparue simultanément à partir d'un « ancêtre » supposé commun mais non encore identifié.

Une autre branche des procaryotes, les cyanobactéries, avec l'invention des chloroplastes* et l'apparition simultanée d'une végétation favorisée par des phénomènes géologiques, a permis l'enrichissement progressif de l'atmosphère (et des océans) en oxygène. Le développement de la photosynthèse se situe à moins de 1,5 milliard d'années après l'apparition (supposée) des procaryotes. Il semble bien que l'apparition de la vie aérobie ait favorisé celle des cellules eucaryotes. Peu d'oxygène a dû suffire car d'après les récents travaux des équipes australiennes dirigées par Jochen Brocks, des roches vieilles de 2,7 milliards d'années, dans le nord-ouest de l'Australie, contiendraient déjà des traces de cellules à noyau. Ce « bond » de 600 millions d'années en arrière prouve de façon frappante la relativité de nos « vérités » du jour. Certains chercheurs pensent même que les cellules à noyau auraient pu apparaître peu après (ou même simultanément) les procaryotes [60]. La découverte du cholestane*, un stérol semblable au cholestérol* qui compose en bonne partie les membranes cellulaires, augmente encore l'intérêt du travail de l'équipe australienne. « L'arbre de la vie » (figure 3) aurait donc une triple assise, les archébactéries, les eubactéries et les eucaryotes unicellulaires.

Nous manquons d'éléments pour combler la lacune (plus d'un demi-milliard d'années au moins) entre les « molécules de la vie » détectées même dans l'espace interstellaire (d'où l'hypothèse de la panspermie, l'arrivée de la vie avec des poussières de météorites, mais cela ne fait que déplacer le problème de la Terre vers l'espace) et la formation d'amas (macro-)moléculaires, puis d'organites et leurs associations en cellules. Il n'est pas impossible que les « trouvailles » du géologue russe Sabit Abyzov [50], confirmées par des travaux ultérieurs,

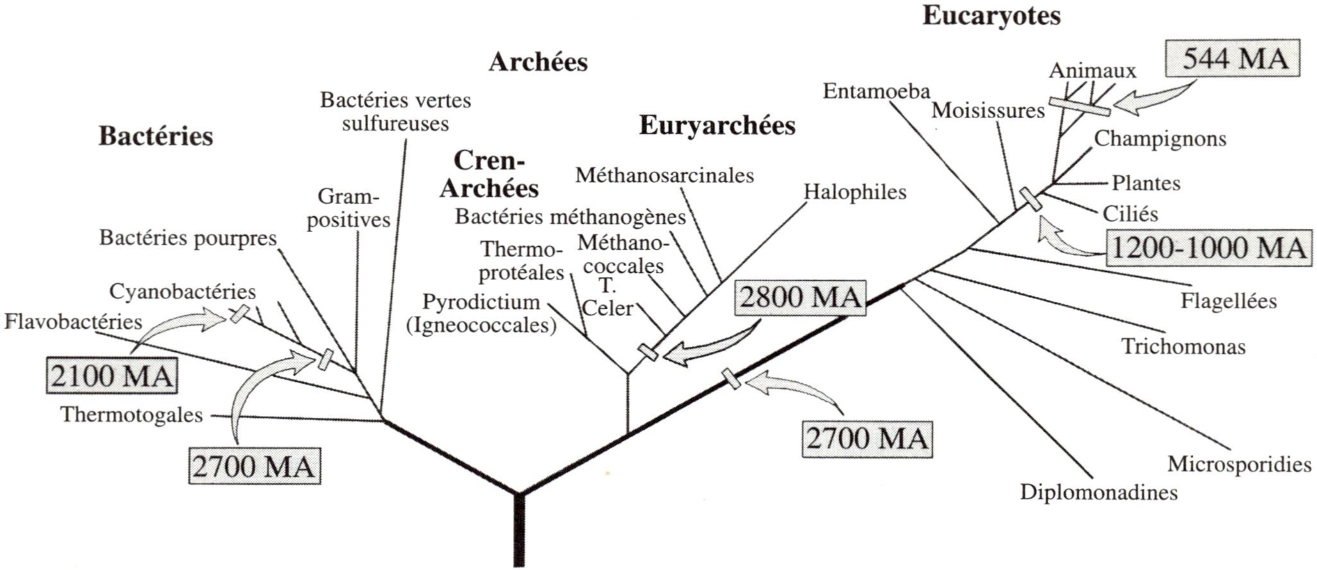

Figure 3. Une représentation arborescente de l'évolution de la vie, montrant les cousinages phylogénétiques, basés sur la séquence des gènes de l'ARN-ribosomal. Les chiffres encadrés indiquent l'âge minimal de quelques branches, d'après des données paléontologiques et biogéochimiques, en millions d'années. [Modifié d'après 60].

apportent un premier élément de réponse. En effectuant des forages en grande profondeur à la station Vostok au pôle Sud, vers un lac à 3 900 m de profondeur, le laboratoire LGGE de Grenoble a pu mettre en évidence des « micro-organismes » ressemblant à des petites balles de coton de 1 µ de diamètre (donc environ 10 fois plus petites que les cellules actuelles), poilues, couvertes de fibres de 30-40 nm*, certaines dotées même de « grandes oreilles » (des « Mickey Mouse » microscopiques) qui pourraient être des bactéries étranges ou encore des « tentatives » de formation de cellules. La relative « jeunesse » de ces petites vésicules (apparemment moins d'un million d'années) infirmerait plutôt cette hypothèse.

En « remontant » vers des temps plus récents, et probablement grâce à l'apparition de plus grandes quantités d'oxygène, vers environ 600 millions d'années, on assiste à l'apparition « soudaine » de formes multiples de plus en plus grandes et complexes d'êtres vivants. On ne peut comprendre cette « explosion » du cambrien sans admettre un effet majeur de l'environnement sur l'évolution du génome des cellules et des animaux. Cette « soudaine » évolution pluricellulaire a rendu possible la « sortie des eaux », l'apparition et l'épanouissement de la vie terrestre, il y a environ 450 millions d'années. Identifiée d'abord en Australie, dans les montagnes du sud, de la faune dite d'Ediacara, d'après le nom du site, confirmée ensuite par les forages au Spitzberg (une île entre le pôle Nord et le nord de la Norvège) par l'équipe d'Andrew Knoll de Boston, l'apparition tardive mais « rapide » (quelques dizaines dc millions d'années à peine) d'une grande variété d'animaux a de quoi surprendre. L'étude de sédiments riches en cyanobactéries (algues bleues) confirme que l'enrichissement en oxygène est bien à l'origine de cette rapide évolution de multiples formes de la vie. Les eucaryotes trouvées au Spitzberg ressemblent aux algues vertes, d'autres encore aux dinoflagellées, très répandues de nos jours. Des algues pluricellulaires datées de 800 millions d'années ont été localisées aux mêmes endroits, preuves d'un début d'évolution et de la complexification des eucaryotes.

L'apparition de la vie pluricellulaire

Arrêtons-nous néanmoins à une « découverte » de taille : la formation d'algues pluricellulaires. C'est la première étape vers la formation d'êtres plus évolués, comportant des cellules différenciées, des tissus, des organes capables de coopérer, comme on commence à le constater chez les invertébrés et plus encore chez les vertébrés. Pour rester ensemble, les cellules eucaryotes ont inventé une « colle » spéciale, les polysaccharides*, qui enrobent leurs parois extérieures et les rendent adhérentes. Produits par l'enfilement de petites molécules de « sucres » (oses*) tels que le glucose* (dont ils dérivent d'ailleurs), le fucose* et d'autres osides, ces colles moléculaires résultent d'un métabolisme oxydatif – une chimie compliquée qui rend possible la production et l'enfilement de ces « sucres » pour former ces colles moléculaires qui à leur tour assurent la formation de chapelets cellulaires. Ces colles ont dû se diversifier – la cellulose de nos plantes en est une forme plus « moderne » – pour permettre l'éclosion de cette multitude de formes qu'a pris la vie à partir du cambrien, pendant 100 à 250 millions d'années. Ce processus de diversification implique l'apparition de gènes codant les enzymes* (biocatalyseurs), capables de produire ces colles macromoléculaires. L'union fait la force. De nombreux avantages résultent de cette union de milliers, voire de millions de cellules : certaines cellules se spécialisent pour n'effectuer qu'une tâche précise, en comptant sur les autres cellules spécialisées pour la survie. C'est ainsi que les tissus et les organes ont pu se développer.

Une deuxième découverte majeure dans ce domaine a été l'invention de la matrice extracellulaire* dès l'apparition des invertébrés marins. Apparue avec les éponges, cette matrice comporte déjà plusieurs constituants macromoléculaires comme les collagènes* et les glycoprotéines de structure* telle la fibronectine*, comme l'ont montré J. Labat-Robert et Robert Garrone, en 1991. La découverte de plusieurs types (génétiquement distincts) de collagènes, appelés « spongines » par Jérôme Gross à Harvard, a permis de dater l'apparition de ces protéines fibreuses assurant la solidité de nos tissus, au cours du cambrien. Le clonage* et le séquençage* de gènes de certains collagènes d'éponges par l'équipe de Robert Garrone à Lyon a révélé des similitudes avec certains types de collagène des vertébrés, en particulier les collagènes des lames basales* qui séparent des tissus d'origine embryonnaire distincts. Un biologiste de Cambridge, E.N. Willmer, pensait que ce type de macromolécule, le collagène, aurait pu être « inventé » par des eucaryotes unicellulaires à la suite des modifications de la salinité des mers. Cette théorie, pour séduisante qu'elle soit, reste à vérifier. La connaissance déjà très avancée des collagènes (qui correspondent à environ un tiers des protéines de l'organisme humain) plaide plutôt en faveur d'une nouvelle invention par les éponges, les premiers organismes pluricellulaires structurés par une matrice extracellulaire abondante.

Ces protéines de la matrice extracellulaire ont rapidement « remplacé » les polysaccharides des algues pluricellulaires et ont sans doute contribué d'une façon décisive à l'éclosion de formes variées d'animaux pluricellulaires. (Nous renvoyons au glossaire pour la description des constituants de cette matrice extracellulaire.) En effet, plus les animaux se compliquent, plus les « horloges » deviennent multiples. Il en est de même pour les mécanismes génétiques que l'on peut invoquer pour essayer de comprendre l'apparition des gènes, nombreux et complexes, qui codent ces constituants de la matrice extracellulaire. Rappelons cependant que les protéines fibreuses comme les collagènes et plus tard l'élastine* (apparue seulement avec les vertébrés vers le trias il y a environ 250 millions d'années) n'ont pas entièrement remplacé les polysaccharides. Une classe importante de ces macromolécules à base de « sucres », les glycosaminoglycannes* ou, liées à des protéines, les protéoglycannes*, est apparue chez les invertébrés pluricellulaires. L'hyaluronane* (ou acide hyaluronique) en est un des représentants connu grâce à ses applications médicales et industrielles.

La communication cellulaire – les récepteurs

L'invention des colles biologiques a été un grand progrès dans la transition entre la vie unicellulaire vers la constitution de communautés pluricellulaires, et ensuite d'animaux avec des tissus et organes de plus en plus perfectionnés. Mais il ne suffit pas de coller les cellules ensemble pour y arriver. Il ne s'agit là sans doute que d'une première étape utile et indispensable. Elle a été franchie à plusieurs reprises au cours de l'évolution. Les algues pluricellulaires en sont un exemple. Même certaines bactéries forment dans des conditions spéciales des filaments par accolement les unes aux autres grâce aux polysaccharides* adhérents à leur paroi. L'application la plus spectaculaire de ce principe d'accolement est certainement la petite pyrosome*, une salpe (tunicée) dont des milliers s'enchaînent (voir figure 4) et mettent en commun leur tunique cellulosique. Des milliers de bouches saillent à la surface de ces tubes qui peuvent atteindre des dimensions gigantesques. Des nageurs, près des côtes australiennes et californiennes, ont remarqué de très gros tuyaux flottants, atteignant parfois la taille d'un gros cétacé. L'étude des fragments de ces gros cylindres totalement innocents et passifs a révélé leur véritable nature – des petits organismes de pyrosomes par millions, accolés les uns aux autres pour constituer une défense passive contre les prédateurs, en s'intégrant à ces mégacolonies luminescentes. Dérivant au gré des vagues, ou encore par contraction et expulsion d'eau en arrière du tuyau, ces colonies représentent un « cul-de-sac » de l'évolution vers les organismes pluricellulaires.

Les récepteurs qui permettent d'établir des communications entre les cellules et entre les cellules et la matrice extracellulaire ont permis l'évolution d'êtres pluricellu-

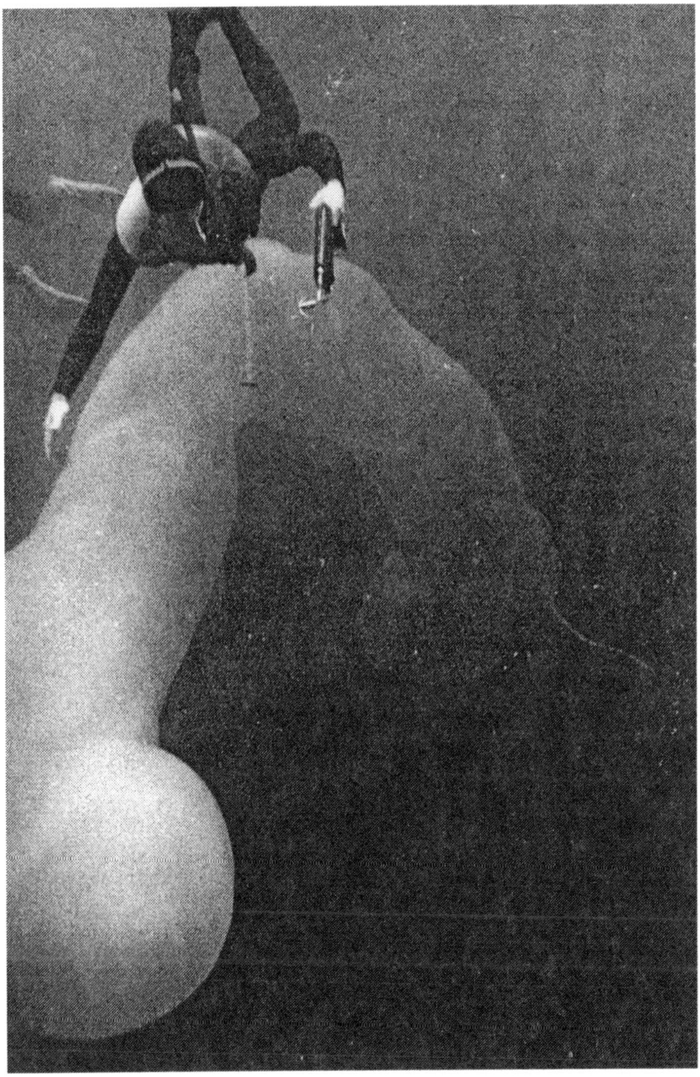

Figure 4. Colonie géante d'une tunicée pélagique (*pyrosoma*) photographiée dans les eaux néozélandaises. Ce tuyau de plus de 20 m est composé de millions d'invertébrés. Ces derniers ne dépassent pas les 1,5-2 cm de hauteur et quelques millimètres de longueur [voir 45 ; avec l'aimable autorisation de A.N. Baker, Rec. Dominion Museum, Wellington, Nouvelle-Zélande].

laires organisés. Le terme « récepteur » a été apparemment « inventé » par Paul Ehrlich, (1854-1915), grand médecin allemand (père du salvarsan, première molécule synthétique contre la syphilis) et l'un des fondateurs de l'immunologie moderne. Il a découvert que les substances (médicaments, toxines…) ne peuvent agir sur les cellules sans l'existence de récepteurs capables de les « reconnaître », de les « fixer » et de transmettre le « message » que ces molécules, hormones, médicaments, et autres substances douées d'activité biologique sont censées communiquer aux cellules.

Depuis la première démonstration du rôle essentiel des récepteurs en pharmacologie, la réceptérologie est devenue une branche importante des sciences biologiques. De nombreux types de récepteurs ont été caractérisés. Un grand nombre de ces récepteurs sont localisés dans la membrane cellulaire prête à réagir au « message » (la molécule) qu'il reconnaît. D'autres récepteurs se trouvent à l'intérieur du noyau cellulaire, comme ceux qui établissent la communication avec des hormones stéroïdes* ou avec les dérivés de la vitamine A (rétinol*). Beaucoup de ces récepteurs (mais pas tous) sont connectés directement ou indirectement à des canaux ioniques*. Il s'agit de pores tapissés de protéines qui peuvent s'ouvrir et se fermer et laissent ainsi passer de l'extérieur vers l'intérieur de la cellule (et aussi dans le sens inverse) des cations* tels que Na^+, K^+ ou encore, le calcium (Ca^{++}) ou encore des anions* comme le chlore (Cl^-). Ces passages ioniques forment une étape cruciale dans le déclenchement de la réaction cellulaire à la suite de la réception du « message ». La concentration en calcium libre (Ca_i^{++}) à l'intérieur de la cellule est environ 1 000 fois inférieure à celle du milieu extérieur. L'ouverture des canaux calciques tend à égaliser momentanément ce déséquilibre qui doit être rapidement rétabli sans quoi la cellule ne peut pas survivre. La marge est étroite entre le rapide influx du calcium déclenchant la réaction dictée par le « message » et l'élimination de son excès – la préservation de l'homéostasie* calcique, d'après le terme proposé par Walter Cannon. La perte de cet équilibre est rapidement suivie de la mort cellulaire. Nous y reviendrons dans un chapitre ultérieur. L'étude de ces flux calciques est précieuse car elle permet de mesurer le temps de la réaction cellulaire, c'est-à-dire le temps qui s'écoule entre l'arrivée des « messages » et l'exécution de l'ordre ainsi communiqué.

Revenons à nos propos concernant la communication cellulaire. Le grand pas franchi entre la « découverte » des colles cellulaires et l'organisation des animaux pluricellulaires a précisément été l'invention de ces récepteurs. Une classe importante de ces récepteurs, découverte vers la fin des années 1970 et beaucoup étudiée à partir des années 1980, met en contact les cellules avec la matrice extracellulaire. Décrits par Richard Hynes, ils portent le nom d'« intégrines ». Ces récepteurs intègrent en effet les cellules dans les tissus, terme proposé par Bichat pour désigner des ensembles cellulaires reliés par leur matrice extracellulaire. La peau et les parois vasculaires en sont des exemples. Ces intégrines et quelques autres récepteurs, comme celui qui reconnaît l'élastine, sont capables de faire passer des « messages » de la matrice vers la cellule et aussi de la cellule vers la matrice (figure 5). Ces récepteurs complètent ainsi le dispositif qui a permis aux cellules isolées de s'associer, de se différencier* pour former des tissus et des organes jusqu'aux formes de plus en plus « évoluées » de la vie. Apparemment, ces « inventions » ont eu lieu assez rapidement, juste avant « l'explosion cambrienne », mais les mécanismes sous-jacents à ces innovations au niveau du génome restent encore à élucider.

Évolution et remaniements du génome

L'ADN*, qui contient le « message » génétique écrit dans un alphabet spécial de quatre lettres, se trouve à l'état « libre » à l'intérieur de la cellule bactérienne, donc chez les procaryotes, mais il est enfermé dans le noyau cellulaire chez les eucaryotes. L'alphabet qui sert à composer le « message » génétique est apparemment le même

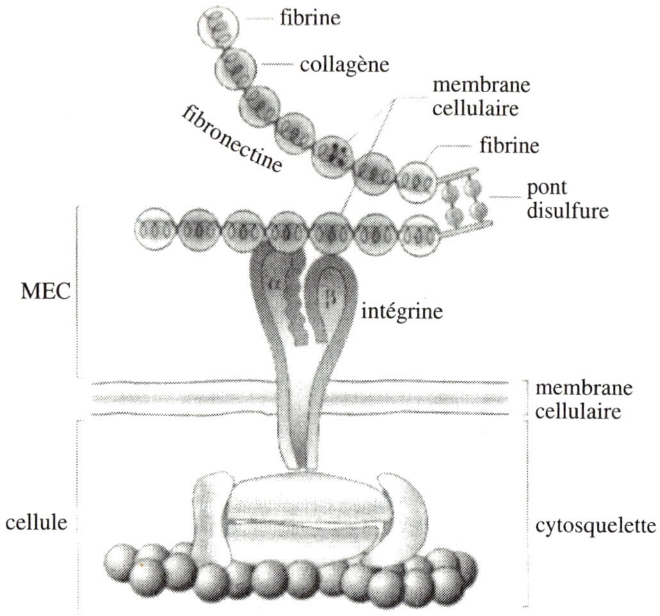

Figure 5. la jonction entre la cellule et la matrice extracellulaire (MEC) par la fibronectine. La membrane cellulaire de la fibronectine interagit avec le récepteur cellulaire (intégrine), composé de 2 sous-unités α et β, en connexion avec l'intérieur de la cellule, en particulier avec le cystosquelette. D'autres domaines de la fibronectine situés sur ces deux chaînes polypeptidiques reliées par des ponts disulfures peuvent interagir avec d'autres constituants de la MEC et participer à son organisation.

tout au long de l'évolution. C'est d'ailleurs l'argument majeur que l'on invoque pour plaider la cause d'un ancêtre commun à tous les êtres vivants. Son origine reste encore mystérieuse bien que des hypothèses et des scénarios plus ou moins plausibles soient élaborés à son sujet. De lecture apparemment continue chez les procaryotes, ce message génétique devient plus compliqué chez les eucaryotes car le texte est interrompu par du « bla-bla », par des séquences non codantes. De longues séquences non codantes séparent aussi les gènes. La longueur de ces séquences ne contenant pas de gènes* dépasse largement celle de l'ensemble des séquences codantes. Le message est ainsi saccadé et, pour le traduire, il faut découper (épisser) les séquences non codantes (ou introns*) à l'intérieur des gènes pour ne garder que les séquences codantes (les exons*). Ce processus complexe, qui offre de nombreux avantages, est apparu avec le noyau cellulaire chez les eucaryotes, probablement avant l'explosion cambrienne. Un de ces avantages est de pouvoir « lire » de plusieurs façons le même message selon l'endroit du découpage des introns. Une même séquence, un même texte, peut ainsi être traduit de différentes façons, en plusieurs types de messages. Ce phénomène (l'épissage alternatif*) est largement exploité chez les eucaryotes et en particulier chez les êtres pluricellulaires hautement organisés. La plupart de ces messages codés dans des gènes communiquent la séquence dans laquelle il convient d'enfiler des aminoacides*, éléments constitutifs des protéines, pour fabriquer ces macromolécules*. Celles-ci sont souvent des biocatalyseurs (des enzymes*) ou encore des récepteurs (ou des sous-unités de récepteurs*) et jouent ainsi un rôle très actif dans la vie cellulaire. Une autre famille de gènes, les homéogènes, comportent des messages plus compliqués concernant le plan d'organisation de l'animal. Apparus chez les invertébrés, bien étudiés chez les insectes (la mouche de vinaigre ou drosophile*) et les vers plats (*caenorhabditis elegans*), on les retrouve chez les vertébrés jusqu'à l'homme et l'on perce progressivement le secret de leur fonctionnement. Un aspect majeur de leur action reste cependant obscur : leur capacité à assurer un chronométrage précis de la mise en place des parties du corps. Le temps du développement des insectes est relativement court, de quelques jours à quelques semaines ; chez les vertébrés, ce temps est plus long et le développement dure des mois. Les recherches très actives sur les homéogènes devraient nous permettre d'approfondir l'horlogerie des gènes du développement dans un avenir proche.

L'« horloge moléculaire » du développement étudiée à l'Institut d'embryologie cellulaire et moléculaire du Collège de France par Isabelle Palmeirim, avec une équipe d'évolutionnistes sous la direction de Nicole LeDouarin, est un exemple encourageant. Ce travail concerne l'une des phases critiques du développement, commune à un grand nombre d'invertébrés et de vertébrés : la segmentation du corps de l'embryon. Ces segments (ou somites*) peuvent ensuite se développer selon les espèces, chez les vertébrés en vertèbres, côtes et autres parties répétitives de l'organisme comme le sont aussi les étages successifs du système nerveux. Ces structures métamériques*, les somites, apparaissent à des moments précis au cours du développement de l'embryon, à un rythme parfaitement réglé, invariable d'un embryon à l'autre de la même espèce. Chez l'embryon du poulet, les somites se forment au rythme de quatre-vingt-dix minutes par somite – il y aura en tout 52 à 53 somites par embryon. L'équipe de Mme Le Douarin a identifié un gène, appelé « c-hairy 1 » qui correspond au gène de même fonction appelé « hairy » chez la mouche drosophile et dont l'expression rythmée dans le temps semble régler la vitesse d'apparition des somites.

Ce gène code un facteur de transcription* (des protéines agissant sur des gènes qui activent ou au contraire répriment leur expression). Pendant les quatre-vingt-dix minutes que dure la formation d'un somite, ce gène est exprimé (traduit en protéine*) sous la forme d'une « vague » provenant de la partie postérieure de l'embryon et traversant le mésoderme* présomitique (c'est-à-dire le tissu se trouvant derrière le somite déjà formée). Cette vague est reproduite à chaque formation de somites, au cours du développement de la série des cinquante-deux somites chez le poulet. Grâce à d'astucieuses méthodes de marquage cellulaire, Isabelle Palmeirim et ses collègues ont pu exclure l'hypothèse d'une migration cellulaire à l'origine de la vague d'expression du gène c-hairy-1. Le signal qui se propage de l'arrière de l'embryon vers l'avant, vers le site du nouveau somite en train de se former, perdure après l'ablation d'une large partie des tissus environnants. Cette genèse du signal, ordonnée dans le temps et dans l'espace, ne peut être qu'une propriété intrinsèque des cellules qui composent le mésoderme présomitique, tissu embryonnaire qui donnera naissance aux tissus conjonctifs de l'animal (cartilage, os, etc.). Cette expression périodique du gène c-hairy-1, sa traduction en ARN messager* et en protéine serait donc une propriété intrinsèque des cellules apparaissant dans une population cellulaire restreinte, à un moment précis du développement de l'embryon ; ces cellules se différencieront en somites puis en organes et tissus spécialisés comme les vertèbres, les côtes, etc. L'identification de cette horloge cellulaire concernant une partie importante de l'embryon incite à penser que la découverte d'autres horloges cellulaires dictant le rythme de développement des autres parties de l'embryon est possible. La connaissance de ces horloges cellulaires est complétée par celle des gènes réglant la construction spatiale de l'embryon. Le fonctionnement de ces homéogènes*, identifiés il y a à peine quelques décennies, a révélé le plan de construction de l'embryon, l'espacement des segments et des organes de l'embryon, selon les axes symétriques antéro-postérieur et dorso-ventral. Mais ces travaux sur les homéogènes n'ont pas répondu à la question pourtant pressante de la régulation dans le temps (le « timing ») de l'expression des gènes. Cette régulation temporo-spatiale livrera bientôt ses secrets grâce aux travaux ci-dessus cités et aux nombreux autres qu'ils ne manqueront pas d'inspirer.

Génome, évolution, temps

Comment, au cours de l'évolution, le génome a-t-il pu se modifier si considérablement ? Chez les bactéries, on a mis en évidence un transfert latéral de gènes*. Des morceaux d'ADN peuvent ainsi passer d'une bactérie à une autre. Ce type de mécanisme est aujourd'hui assez bien compris [56]. Des gènes ont pu être ainsi « empruntés » non seulement à d'autres bactéries mais aussi à des organismes supérieurs. Quelques variantes des streptocoques*, des bactéries en forme de chapelets (dont certaines sont très pathogènes pour l'homme), ont « acquis » les gènes permettant de fabriquer l'acide hyaluronique (ou hyaluronane*), polysaccharide que l'on trouve seulement à partir des eucaryotes, invertébrés et vertébrés. La résistance aux antibiotiques peut aussi reposer sur ce mécanisme. Cette façon d'acquérir – ou de perdre – du matériel génétique confère une très grande flexibilité au génome bactérien. Pourtant, il ne semble pas que cette propriété étonnante ait joué un rôle important dans l'évolution vers les eucaryotes. Elle a certainement facilité l'adaptation extraordinaire des procaryotes aux niches écologiques les plus variées, telle que nous l'avons évoquée pour les archébactéries, sans pour autant leur conférer la capacité d'évoluer vers des organismes plus complexes. Les quelques rares mécanismes au niveau du génome que l'on pourrait mettre en rapport avec l'évolution n'ont été constatés que chez les insectes. Récemment, une équipe américaine dirigée par Suzanne Rutherfood et Suzanne Lindquist, à l'université de Chicago, a proposé un mécanisme semblable chez la mouche drosophile. Le gène impliqué code une protéine du choc thermique*, le HSP 90, protéine produite rapidement par les cellules (de nombreuses espèces) à la suite d'un stress ou d'une agression. Ces protéines qui existent en grand nombre et jouent des rôles divers et importants, tout le long de la phylogenèse, interviennent aussi dans la régulation de la division cellulaire et plus généralement dans le maintien de l'équilibre des réactions cellulaires, perturbées lors d'agressions comme un choc thermique [55]. Le rôle de « chaperon » moléculaire des HSP se manifeste par la préservation de la structure et de la fonction d'un grand nombre de protéines, constitutionnellement plus labiles. La mutation de la HSP 90 faciliterait l'apparition d'autres mutations de gènes codant des protéines normalement protégées, rendant ainsi possible des changements considérables dans la composition de l'organisme, en l'occurrence chez la drosophile. Les mutations constatées concernent la taille et la disposition des organes ; elles donnent parfois l'impression que des monstres ont été engendrés. Ces modifications sont ensuite transmises aux générations futures et donc préservées dans le génome ainsi remanié. Cette hypothèse relie de façon intéressante le stress environnemental à l'évolution. Et il semble bien que ces deux phénomènes soient étroitement liés au cours de l'histoire de la vie sur terre, comme nous l'avons mentionné lors de la présentation de l'explosion cambrienne. D'autres mécanismes déjà connus et étudiés au niveau du génome peuvent aussi êtres évoqués, bien que leur rôle dans l'évolution ne soit pas établi de façon convaincante. C'est le cas des « gènes sauteurs » étudiés par Barbara McClintock au niveau du maïs.

L'utilisation et la réutilisation d'exons codants des régions fonctionnellement importantes des protéines (« *exon shuffling* » ou battage d'exons à l'image du battage d'un paquet de cartes) en sont un autre exemple. Son rôle dans la construction d'un grand nombre de protéines à fonctions diverses a été bien exposé par L. Patthy [57]. Ce mécanisme, le « battage d'exons » a certainement contribué à la diversification des protéines, mais on ignore encore comment il a pu jouer un rôle déterminant dans l'évolution des espèces. Les secrets du fonctionnement du génome sont loin d'être tous dévoilés. Quelques exemples : comment le génome code-t-il la taille des tissus et organes, c'est-à-dire le nombre de cellules et de matrice produites ? Comment ces cellules « savent-elles » combien et quelle qualité de matrice produire ? (dont dépendent la forme et la taille des tissus et organes, un nez long, des jambes courtes ou longues...). Comment est codé le chronométrage dans le génome, le temps du développement, de la maturation et de la durée de la vie des espèces ? Nous reviendrons plus loin sur cette dernière question, le « timing » de la vie, sujet central de ce volume.

Un autre « moteur » potentiel de l'évolution est représenté par les parasites. Le cycle vital, souvent compliqué par un grand nombre de parasites, est connu et fait preuve d'une coévolution remarquable entre hôte et parasite. Les virus aussi sont à ranger dans cette catégorie. Ainsi le virus à l'origine de la myxomatose des lapins tue plus lentement qu'à l'origine, pour laisser le temps à son hôte de se reproduire avant de succomber à la maladie. Une sélection a dû éliminer les animaux trop sensibles – et avec eux les virus les plus virulents –, mais a préservé ceux qui ont mieux résisté à ce virus – et avec eux le virus sous sa forme moins virulente. Ainsi l'infection par un virus peut-elle orienter l'évolution d'une espèce animale.

Nous avons déjà mentionné les organites présents dans les cellules eucaryotes, les mitochondries*, par exemple, qui dérivent d'anciens microbes ayant appris à parasiter les ancêtres des cellules à noyau pour établir progressivement une symbiose durable et fructueuse. Les mitochondries qui gardent une partie de leur ADN d'origine microbienne sont les sites de fabrication de l'énergie (ATP*) dans nos cellules. Si l'hypothèse, considérée comme farfelue, de Jim Lake de l'université de Californie à Berkeley, s'avère un jour fondée, les eucaryotes proviendraient de procaryotes spéciaux : les « éocytes », assimilés aux archébactéries, qui vivent près de sources thermales au fond des mers et produisent leur énergie par l'oxydation du soufre (SH2 ou hydrogène sulfuré). Le noyau cellulaire lui-même pourrait représenter une acquisition « parasitaire ». Il en est de même d'autres organites comme les peroxysomes*. Tous ces phénomènes réels ou supposés correspondent bien au « bricolage » de la nature, selon l'expression de François Jacob.

Le temps des catastrophes

La grande leçon de l'évolution géologique, c'est qu'elle fait prévaloir le temps sagittal par rapport au temps circulaire. Les progrès de la cosmologie depuis le début du XXe siècle ont clairement établi une chronologie acceptable pour la naissance de l'univers ; ils ont révélé son expansion, et surtout, prouvé l'évolution unidirectionnelle et de la Terre et de ses habitants. Grâce aux méthodes de datation résumées dans le chapitre III, les événements marquants de l'évolution terrestre et de la biosphère ont pu être situés dans le temps. L'étude des fossiles à des endroits très variés de la planète suggère de plus en plus clairement l'existence de grandes catastrophes planétaires qui ont causé l'extinction de très nombreuses espèces. On en distingue au moins cinq, à la suite desquelles de très nombreuses espèces ont disparu. De nombreuses catastrophes de plus faible ampleur ont pu être identifiées, constituant un « bruit de fond » tout au long de l'évolution terrestre. La plus ancienne de ces grandes catastrophes se situe entre l'époque ordovicienne et silurienne (pour la nomenclature des époques géologiques, voir le glossaire), il y a environ 435 millions d'années. La deuxième se produit entre le dévonien et le carbonifère, vers – 360 millions d'années. La troisième, entre le permien et le trias, vers – 245 millions d'années, la quatrième vers – 200 millions d'années, entre trias et le jurassique. La dernière, plus près de nous, qui a vu la disparition (entre autres) des dinosaures, se situe entre le crétacé et le paléocène, il y a 65 millions d'années. D'importance inégale, toutes ces catastrophes ont signifié la fin d'un grand nombre d'espèces (jusqu'à plus de 90 % des espèces disparues il y a 250 millions d'années à la fin du permien). Curieusement, chaque fois, certaines espèces ont réussi à survivre, d'autres ont « momentanément » disparu pour reparaître plus tard (les espèces « Lazare »), cependant que la majorité des espèces ont définitivement disparu. Ces catastrophes, dont les causes multiples sont maintes fois discutées dans des monographies [58], ont représenté un nouvel enjeu pour l'évolution. Nous avons évoqué le rôle probable du stress dans l'évolution à la suite de l'expérience sur le HSP 90. Il faut rappeler aussi que ces « stress » ont duré des centaines de millions d'années, des périodes suffisamment longues pour permettre à des mécanismes génétiques encore inconnus de faire leur œuvre. D'autant que parmi les causes invoquées on trouve régulièrement des bouleversements de la croûte terrestre : modification de la tectonique des plaques, des réchauffements ou refroidissements, de fortes modifications du niveau des mers, sans parler d'impacts de météorites géants dont le rôle dans la dernière extinction a été bien analysé. Voilà qui fournit un argument de plus en faveur du rôle de l'environnement dans les remaniements des génomes.

L'horloge moléculaire de l'évolution

En géologie, le grand débat entre les tenants du temps circulaire et les partisans du temps sagittal a été tranché en faveur de ces derniers, essentiellement grâce aux données de la paléontologie. Les observations et mesures de Cuvier (qui n'a cependant pas admis l'évolution) et de ses successeurs ont permis d'établir avec minutie les plans de construction de nombreuses espèces animales, à la suite de la reconstitution de leur squelette. Une évolution des organismes les plus « simples » vers les plus compliqués a pu être ainsi esquissée, de façon d'autant plus convaincante que des datations fiables ont permis d'assigner des époques suffisamment précises aux espèces étudiées. Au fur et à mesure que ces données anatomiques ont pu être raffinées et confirmées, on a élaboré des arbres phylogénétiques, toujours plus fournis selon l'enrichissement de l'inventaire paléontologique. En affinant les critères d'affiliation, ces arbres se sont progressivement noués en bosquets, avec des ramifications collatérales de plus en plus longues, partant de plus en plus près de l'origine du tronc, plus conformes aux théories évolutionnistes actuelles [62 et 63].

L'avènement de la biologie moléculaire et sa méthodologie de plus en plus performante ont considérablement perturbé l'inventaire paléontologique traditionnel. De l'ADN a pu être récupéré sur de très anciens squelettes ; partiellement séquencé, il a révélé des homologies plus ou moins prononcées entre des animaux auparavant assignés, sur la base de critères anatomiques, à des espèces distinctes. La fréquence des mutations* qui remplacent un nucléotide* par un autre, changeant ainsi la séquence des aminoacides* dans une protéine permet d'établir une « horloge moléculaire » que l'on peut comparer à l'échelle du temps établie sur des critères anatomiques. Mieux encore, on peut établir des affinités plus ou moins étroites entre espèces différentes et comparer les classements « moléculaires » aux classements anatomiques. Des disparités et des désaccords importants entre ces deux types de classement se sont ainsi manifestés, donnant naissance à deux types de filiation : « moléculaire » et anatomique. Ce désaccord est d'autant plus gênant que l'évolution des protéines suit des vitesses très différentes. L'histone H4 a évolué très lentement, contrairement au fibrinopeptide* ; d'autres protéines comme les globines et les cytochromes se situent entre ces deux extrêmes. Quelques spécialistes ont essayé de réconcilier ces types d'horloges de l'évolution en élaborant des programmes d'ordinateurs tenant compte de ces deux types d'arguments. Avec le terme, peu modeste, de « *total evidence* » ou « argument global » [46], lequel veut concilier les deux espèces de critères, ces « sages » de la systématique se sont mis à dos les protagonistes des deux autres camps et non sans raison. En effet, il est très difficile, voire impossible, d'assigner un juste « poids » aux différents types d'arguments et le résultat, la « place » assignée à une espèce sur les embranchements phylogénétiques en dépend nécessairement. Ainsi, selon les marqueurs moléculaires du génome (les SINES, « *Short Interspersed Elements* », comparables à des gènes sauteurs et retrouvés à plusieurs endroits dans le génome), des artiodactyles (mammifères avec des ongles en nombre pair comme les bovidés, chameaux, lamas, cervidés) seraient des cousins des baleines, puisque le séquençage et la localisation de leur SINES confirment leur relation phylogénétique. L'ancêtre des baleines, de la famille des mésoscaphes, avait aussi quatre pattes. Les dents des anciens cétacés sont similaires à celles de ces ancêtres. Ainsi, ces cétacés modernes, les dauphins, baleines et marsouins seraient donc des cousins des bovidés, du moins pour les anatomistes. L'étude de la séquence de l'ADN mitochondrial* par Dan Grover et Desmond Higgins à l'université de Tel-Aviv place aussi les cétacés parmi les artiodactyles. D'autres séquences les ont plutôt rapproché des baleines ou des hippopotames, plus que d'autres espèces ongulées. Le cousinage plus proche des hippopotames avec les baleines qu'avec les porcs par exemple a de quoi surprendre. Il a été confirmé par l'étude des SINES de l'équipe de Norihiro Okada à

Tokyo, ainsi que par l'étude d'autres séquences (les LINES, « *Long Interspersed Repeats* »). Il semble donc, au moins pour les taxonomistes moléculaires, que les artiodactyles ne représentent pas une famille taxonomique homogène [52]. Les baleines carnivores dériveraient donc de mammifères herbivores comme les hippopotames. Tous les naturalistes ne sont pas prêts pour autant à jeter aux orties les résultats d'études anatomiques minutieuses accumulées pendant l'histoire déjà longue de l'anatomie comparée. Mais le terrain de bataille le plus ardu se situe au niveau de la filiation des humains. Là encore, les séquences de l'ADN mitochondrial nous ramènent à l'Ève noire en Afrique, il y a environ 200 000 ans. Ces études ne confirment pas des cousinages avec d'autres hominidés ; elles montrent en particulier l'absence de séquences pouvant provenir des Neandertal, avec qui Cro-Magnon a pourtant coexisté pendant environ deux millénaires. Par contre, la comparaison d'os et de dents provenant d'hominidés vivants (gorilles, chimpanzé, orang-outang et humains), 129 échantillons en tout, comparés à 62 échantillons de singes plus anciens (*old world monkeys*), des babouins, mangabis et macaques (études faites par Mark Collard à Londres et Bernard Wood à Washington), a donné des résultats totalement différents [54]. Ces résultats concernant un ancêtre supposé commun sont ici aussi différents selon que l'on prend en compte l'horloge moléculaire ou anatomique. On ne peut pas exclure une évolution convergente d'espèces relativement éloignées sur l'arbre moléculaire, sous la pression de niches écologiques similaires ou identiques imposant le même type de « pression » sur des espèces pourtant éloignées et aboutissant ainsi à des modifications comparables de leur anatomie tout en gardant leurs marqueurs moléculaires distincts. Les deux types de marqueurs, moléculaires et anatomiques, possèdent en effet leurs avantages et leurs inconvénients. Aucun des marqueurs actuellement utilisés ne met les chercheurs à l'abri de critiques justifiées. Avec les progrès de l'étude de l'évolution des gènes de type Hox (des homéogènes) et avec une meilleure compréhension du codage génétique des traits quantitatifs – quantité et nature des tissus mous et calcifiés, et surtout le codage dans le temps de l'expression des gènes –, nous pourrons mieux évaluer la pertinence des arguments moléculaires par rapport aux traits anatomiques des espèces, et établir ainsi une horloge plus homogène de l'évolution. En attendant, il est plus prudent d'accepter un certain « flou artistique » dans l'établissement des arbres phylogénétiques et donc dans le déchiffrage de l'horloge de l'évolution.

Chapitre IV

LE TEMPS DE LA CELLULE

L'unité élémentaire de tout organisme vivant est la cellule. Cette notion est, de nos jours, enseignée dès le lycée et passe pour une évidence. Or il n'en a pas été toujours ainsi. En combien de temps l'idée que la cellule est l'unité du vivant s'est-elle imposée ? S'agit-il d'une « découverte » simple et rapide, faite dès la mise au point des premiers microscopes ? Ou, au contraire, a-t-on dû surmonter des obstacles conceptuels ou des problèmes liés au contexte social et culturel pour que cette vérité puisse s'imposer ?

La primauté de la « découverte » des cellules est souvent attribuée au savant hollandais Antonie Van Leeuwenhoek (1632-1723) qui, grâce à un microscope muni de lentilles performantes, a aperçu des globules rouges. Il les décrit dans une lettre adressée à la Société royale de Londres datée des 15 août 1673 et 17 avril 1674 ; désignés par le terme « globules », ils sont suivis par la description d'autres « animalcules », dont le dessin fait assez clairement ressortir des bâtonnets, donc très probablement des bactéries. Harris attire cependant l'attention sur le fait qu'en Italie on a également préparé des lentilles performantes. Galilée (1564-1642) a lui-même décrit en 1610 (*Sidereus nuncius*) un télescope mieux connu grâce aux récits historiques de la découverte des lois du cosmos. En 1614, à l'aide de sa lentille, Galilée a réussi à observer la cuticule* de la mouche, couverte de poils. Mais c'est surtout Marcello Malpighi

(1628-1694), le célèbre anatomiste de Bologne, qui peut disputer à juste titre la priorité de la découverte de la cellule non pas tant à Leeuwenhoek qu'à Nehemiah Grew (1641-1712) botaniste anglais, tous deux ayant surtout travaillé sur des plantes. Ces cellules, entourées d'une paroi rigide, sont plus grandes et plus résistantes que les cellules animales. Le léger parti pris « anti-Leeuwenhoek » de Harris se justifie par le fait que les autres protagonistes des difficiles débuts de la microscopie ont non seulement observé mais aussi conceptualisé, interprété ce qu'ils ont pu apercevoir, contrairement à leur collègue hollandais qui s'est contenté de les décrire. Mais l'histoire a surtout retenu les observations de Robert Hooke (1635-1703) qui a clairement dessiné les contours des cellules de liège, vides de leur substance. Mais, après tout, le terme cellule, *cubiculus* en latin, désigne une pièce vide entourée de murs. Les observations de Giovanni Alfonso Borelli (1608-1679) paraissent d'ailleurs antidater les observations précédentes. Avec Claude Aubery, à Pise, il a étudié des tissus végétaux et animaux, et signalé la présence de « fibres » dans le muscle cardiaque dans le *De motu animalium* paru à Rome en 1681. Leur publication, datée de 1657, est antérieure à la correspondance de Leeuwenhoek avec la Société royale de Londres. Selon Harris, c'est encore Borelli qui aurait le premier décrit les vaisseaux capillaires dans le poumon de la grenouille.

Laissons les lecteurs intéressés par les débuts de la théorie cellulaire découvrir d'autres détails dans le remarquable récit de Henry Harris [75] et passons maintenant au XIXe siècle, où des progrès décisifs s'accomplissent au prix de controverses entre chercheurs francophones et germanophones. Elles culminent au moment de la guerre de 1870 et ne s'apaiseront qu'après la Seconde Guerre mondiale.

Bien qu'il n'ait pas utilisé de microscope, c'est Xavier Bichat (1771-1802) qui a proposé le terme « tissu » pour décrire les différentes formes d'associations entre ce que nous reconnaissons aujourd'hui comme des cellules différenciées* entourées de leur matrice extracellulaire*.

En présentant le rôle des Français dans l'élaboration de la doctrine cellulaire, Harris cite Paul Broca, qui écrit dans l'introduction de son *Traité des tumeurs* (1866) : « On croit généralement que la théorie cellulaire est une conception allemande ; c'est une complète erreur. Elle n'est née ni en 1838 ni même en 1837 ; elle n'est fille ni de Schwann ni de Schleiden. Elle est plus vieille de douze ans, elle est française et appartient à M. Raspail. »

Henri Dutrochet (Français né à Bruges), peu cité de nos jours, avec Milne-Edwards, a également joué un rôle important dans l'élaboration de la doctrine cellulaire. Milne-Edwards a observé sous le microscope des globules rouges, a déterminé leur diamètre (1/300 mm) et a ensuite étudié le « tissu cellulaire » c'est-à-dire les tissus conjonctifs* prélevés sur le thorax humain, où il a noté la présence de « cylindres tortueux », probablement des fibres de collagène. Il leur a néanmoins attribué une structure uniforme composée de globules, unités ubiquitaires et uniformes, selon lui, des tissus vivants. Henri du Trochet (1776-1847) – devenu Dutrochet pendant la Révolution – est crédité par certains historiens de la « véritable découverte » de la doctrine cellulaire. Imprégné de philosophie matérialiste, il a été l'un des premiers à décréter l'uniformité des phénomènes de la vie chez les végétaux et les animaux. Sans avoir pu observer de cellules animales, il a défendu leur ressemblance avec les cellules végétales, composées de globules ou vésicules de taille comparable. Selon Harris, c'est Dutrochet qui le premier aurait reconnu la cellule comme entité physiologique, donc fonctionnelle, de l'organisme. Unités des échanges métaboliques par endosmose et exosmose, concepts qu'il a lui-même développés. Cette uniformité de structure intime prouve que les organes ne diffèrent véritablement entre eux que par la nature des substances que contiennent les cellules vésiculaires dont ils sont entièrement composés : « c'est dans les cellules que s'opère la sécrétion du fluide propre à chaque organe ». Dutrochet reconnaît l'importance de la membrane cellulaire dans ses publications : « Cet organe étonnant [la cellule] par la comparaison que l'on peut faire de son extrême simplicité avec l'extrême diversité de sa nature intime est véritablement la pièce fondamentale de l'organisation. Tout, en effet, dérive évidemment de la cellule [...]. » Difficile d'être plus exact et plus prophétique... Méfiant des artéfacts attribués à la qualité déficiente des microscopes dont il a pu disposer, il a néanmoins pu observer et dessiner des cellules ganglionnaires (des neurones) entourées de cellules gliales dans le cerveau de gastéropodes, les escargots *helix pomatia* et *limax rufus*. Il a dû être le premier à observer une cellule vivante, en partie grâce à leur taille exceptionnelle. Bien que ces travaux aient été connus en Allemagne, Schwann ne les cite pas dans la monographie qui l'a rendu célèbre et qui a été considérée ultérieurement comme l'origine de la doctrine cellulaire.

Le même traitement a été réservé par Schleiden, également crédité avec Schwann d'être un précurseur de la doctrine cellulaire, à François Vincent Raspail (1794-1878) : d'après Harris, les travaux de Raspail ont été ignorés même en France. Il est mieux connu pour sa position de républicain intransigeant, qui l'a d'ailleurs conduit en prison pendant la monarchie de Juillet, puis après 1848 et enfin après 1868. Il y révisa son *Nouveau Système de chimie organique*. La république reconnaissante a fini par lui dédier un des plus beaux boulevards de Paris, qui honore davantage son engagement de député républicain que son travail scientifique. Une autre raison du désintérêt des chercheurs allemands à son égard serait attribuable (toujours d'après Harris) à sa curiosité pour la clinique. Il a proposé des régimes alimentaires qui ont plus contribué à sa popularité que ses travaux sur l'histochimie de la cellule. Il aurait été le premier à avoir postulé que « *omnis cellula e cellula* » [95], bien avant Virchow à qui l'on attribue la formule. Il a même paraphrasé Laplace : « donnez-moi une vésicule organique douée de vitalité, et je vous rendrai le monde organisé ». Même pour les généticiens moléculaires les plus obstinés, de nos jours, cette déclaration paraîtrait un peu trop optimiste. Comme Dutrochet, Raspail était plus intéressé par la fonction cellulaire (physiologie) qu'à la microanatomie, préoccupation principale des chercheurs allemands de l'époque.

Parmi les protagonistes de la théorie cellulaire du XIXe siècle, il convient encore de mentionner quelques botanistes comme Charles François de Brisseau-Mirbel (1776-1854) et ses opposants germaniques, D.H.F. Link (1797-1851), K. Sprengel et surtout L.C. Treverianus (1776-1837). Mirbel part de l'idée suivante : « je pars de ce principe que la masse entière de la plante est un tissu cellulaire dont les loges diffèrent par leurs formes et leurs dimensions. Cette idée simple est la base de toute ma théorie ». Pour Treverianus aussi, les cellules proviennent de granules (sphérides pour Mirbel). Les nouvelles cellules peuvent se développer de trois façons : par développement « superurticulaire », à la surface de la cellule précédente, « interurticulaire », entre deux autres cellules et « intraurticulaire », à l'intérieur d'anciennes cellules. Ces idées erronées quant à l'origine des cellules ont longtemps survécu. Mirbel a été surtout attaqué par ses collègues allemands pour avoir cru déceler des pores entre les cellules, erreur qu'il n'a pas voulu admettre. Il a fini par accepter le compromis que ces pores peuvent devenir indiscernables.

Parmi les premiers à avoir observé la division cellulaire, étape cruciale pour le développement de la véritable doctrine cellulaire, il faut remonter, d'après Harris, au naturaliste et politicien belge Barthélemy Charles Dumortier (1797-1878) devenu plus tard ministre, qui l'a observé et décrit dans la plante *Conferva aurea.* Ses observations ont été publiées en 1832, quelques années avant celles de Hugo Mohl, le célèbre professeur de botanique de Tübingen entre 1835 et 1837. Celui-ci a été le premier à proposer le terme « protoplasme » à la place d'utricules primordiaux pour désigner le contenu de la cellule. Ce même contenu fut également désigné par le terme « sarcode » par Félix Dujardin (1801-1860), professeur de zoologie et de botanique à Rennes.

Des idées erronées sur l'origine des cellules ont même trouvé leur place dans la célèbre monographie de Schwann, parue en 1839, et considérée comme le fondement de la doctrine cellulaire. Schwann reprend les opinions erronées de Schleiden (1804-1881), pour qui les cellules pouvaient prendre naissance dans un magma amorphe. Pour décrire correctement la division cellulaire, il fallait d'abord « découvrir » son noyau. De nombreux auteurs, pourtant restés célèbres, ont longtemps considéré que le noyau n'était pas un élément constant et indispensable de la cellule. F. Fontana, dans son *Traité sur le venin de la vipère* (Florence, 1781), présente un dessin de l'épithélium* de la peau d'une anguille et place des noyaux dans deux cellules sur huit. Un demi-siècle plus tard, Prévost et Dumas [93] montrent avec raison l'absence de noyau dans les globules rouges humains et sa présence dans ceux des tissus de la salamandre et la grenouille. Le noyau apparaît sur les célèbres dessins des frères Francis et Ferdinand Bauer, entre 1791 et 1798, et de Robert Brown (1773-1858) qui le premier a donné son nom au noyau cellulaire en 1833. Conservateur de la collection botanique du British Museum, puis président de la Société linnéenne, Brown a pu observer les cellules de nombreuses plantes sans toutefois reconnaître que le noyau est constamment présent. Quant au nucléole* à l'intérieur du noyau, c'est apparemment Rudolf Wagner (1805-1864) qui l'aurait décrit le premier. C'est cependant au grand histologiste tchèque Jan Evangelista Purkinje (1787-1869) que l'on attribue, entre autres découvertes importantes, la description de la vésicule germinative dans l'œuf de poulet, dont les divisions au cours du développement embryonnaire ont été bien observées et dessinées par Karl von Baer (1792-1876) et Mauro Rusconi (1776-1849). Les dessins de Purkinje montrent les cellules géantes du cervelet avec, sans ambiguïté possible, la présence constante du noyau. Il faut encore mentionner deux figures qui ont dominé la scène berlinoise, tous deux élèves de Johannes Muller (1801-1858), professeur d'anatomie et de physiologie, titulaire de la chaire la plus prestigieuse de l'époque à Berlin.

Bien qu'il fût soutenu par Alexander von Humboldt, Robert Remak (1815-1865) ne put se consacrer entièrement à la recherche, très probablement à cause de ses origines juives polonaises. Pourtant, son traité sur le développement des vertébrés paru en 1855 est longtemps resté un classique. Il fut l'un des premiers à reconnaître que les cellules naissent de la division binaire d'autres cellules, à un moment où des thèses erronées, défendues par Schleiden et divulguées par la monographie de Schwann, soutenaient que les cellules naissaient d'un magma amorphe. Il en est de même pour Rudolf Virchow (1821-1902), célèbre pour sa thèse sur la pathologie cellulaire. Sa monographie, parue en 1842, reste un classique : il replace au niveau de la cellule la source de toutes modifications pathologiques de l'organisme. Il y reprend les thèses défendues par Remak, en particulier celle qui veut que les cellules tumorales naissent aussi d'autres cellules et non d'une substance amorphe. Ces thèses vitalistes sont cependant restées vivaces jusqu'à la célèbre expérience de Pasteur, qui a définitivement réfuté la thèse de la naissance de bactéries par création *ex nihilo*. Bien avant Pasteur, des expériences similaires ont été effectuées par Lazzaro Spallanzani (1729-1799) à Modène, en Italie. Spallanzani et d'autres chercheurs de la même époque (Charles Bonnet en 1770, Trembley en 1747, et Horace de Saussure) ont bien observé la séparation en deux des cellules d'infusoires.

Il a fallu donc attendre plus d'un demi-siècle pour voir triompher la doctrine de l'origine exclusive des cellules par division d'autres cellules. Si Remak les précéda sur cette voie, c'est pourtant Virchow, excellent conférencier et habile politicien, ainsi que Schwann qui seront crédités du triomphe de la doctrine cellulaire. Quelques décennies seront encore nécessaires pour comprendre la véritable importance du noyau cellulaire. Les travaux de Remak puis ceux de Wilhelm Hofmeister (1824-1877) ont clairement montré l'existence des chromosomes et leur division longitudinale (non pas transversale, comme plusieurs « grands » biologistes l'ont décrété) lors de la mitose*. Arrêtons-nous un instant sur Edouard Van Beneden (1846-1910), né à Louvain, dont la monographie parue dans les *Archives de biologie* en 1883 montre clairement le partage des chromosomes dans le sens longitudinal lors de la division des cellules d'*ascaris* megalocephala* (qui n'ont que quatre chromosomes). Encore plus facile a été l'étude d'un autre *ascaris* qui n'en a que deux. Van Beneden refuse la fusion des deux *pro-nuclei* qui « ne se confondent jamais » et donne une excellente description des phases successives de la division cellulaire. Ses travaux l'ont mené peu après à reconnaître que le noyau de la cellule est dépositaire des déterminants héréditaires de l'organisme. Dans ce chapitre de l'histoire de la doctrine cellulaire, on retrouve des noms cités régulièrement dans les récits de l'histoire précoce de la génétique : Wilhelm Roux (1850-1924), Auguste Weismann (1834-1914) et d'autres encore qui se sont surtout distingués dans l'étude du développement embryonnaire. Bien que l'ADN ait été extrait et décrit comme « *nuclein* » riche en phosphore par Friedrich Miescher à Bâle en 1869, ce n'est qu'après la célèbre expérience de Hershey et Chase en 1952 (la pénétration de la tête du bactériophage* porteur de son ADN, dans la bactérie) et d'Oswald Avery en 1940, décrivant la transformation bactérienne à l'aide d'ADN extrait d'autres bactéries, que le rôle véritable de l'ADN comme porteur de l'hérédité a été finalement reconnu. Hugo De Vries, professeur de botanique à Amsterdam (1848-1935) a ressuscité avec deux autres chercheurs les travaux de Gregor Mendel (1822-1884) sur la transmission des traits héréditaires chez les plantes, localisés peu après dans les chromosomes.

Ce rapide parcours historique des débuts de la doctrine cellulaire [75] permet d'illustrer la lenteur avec laquelle des faits pourtant essentiels acquièrent le statut d'objets scientifiques. De la deuxième moitié du XVIIe siècle, à la fin du XIXe et mieux encore jusqu'au milieu du XXe siècle, la véritable dimension de cette notion centrale de la biologie qu'est la doctrine cellulaire fut difficilement acceptée. La description exacte de la cellule a dû d'ailleurs attendre la mise au point de méthodes de fractionnement et de séparation des particules sous cellulaires à l'aide de centrifugeuses rapides et refroidies (ultracentrifugeuses), ainsi que l'élaboration

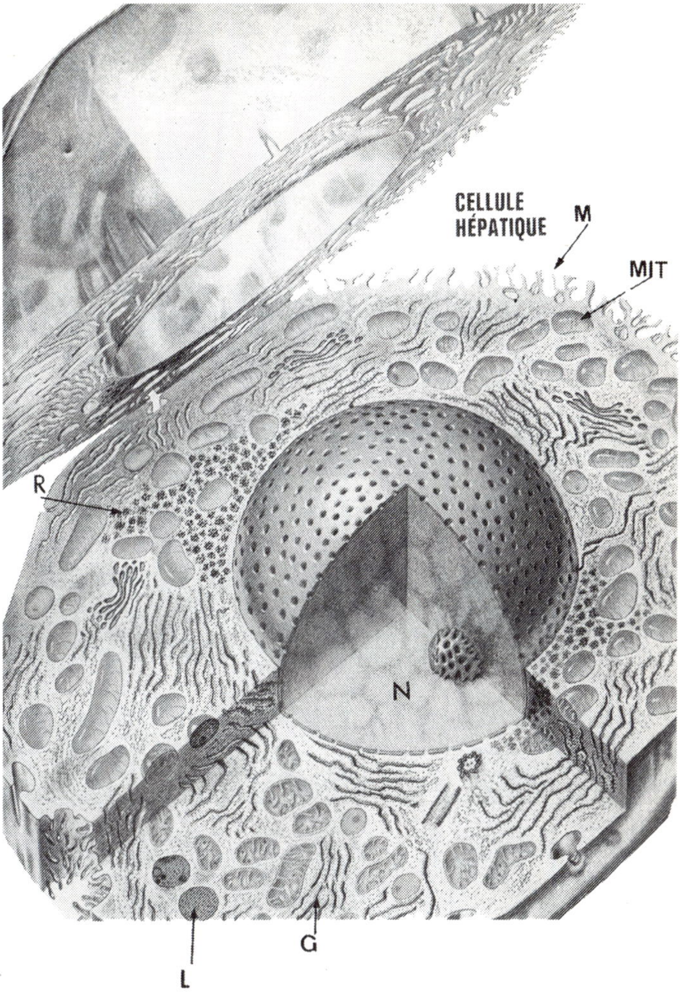

Figure 6. Dessin schématique d'une cellule. Au centre, le noyau (N), les mitochondries (MIT), lysosomes (tête de la flèche), l'ergastoplasme avec les ribosomes (R), où les protéines sont synthétisées, l'appareil de Golgi (G), à travers lequel les protéines synthétisées cheminent vers leur destination, et la membrane cellulaire (M).

d'une méthodologie adaptée à la microscopie électronique, pour arriver à reconnaître le rôle et l'importance de tous les constituants des cellules (voir la description de la cellule par de Duve) (figure 6). Pouvons-nous dire après ces deux siècles et demi de tâtonnement que nous savons tout sur la cellule ? Certainement pas. Après le séquençage du génome d'un nombre croissant d'organismes, c'est probablement l'étude de l'interaction de nombreuses protéines codées dans le génome grâce à la nouvelle science qu'est la protéomique* que nous ne manquerons pas de faire d'importantes découvertes. Grâce à la rapidité des communications électroniques et au perfectionnement de la méthodologie, ces progrès devraient être plus rapides qu'auparavant.

Les rythmes du métabolisme cellulaire

La première moitié du XXe siècle a vu la consécration de la théorie cellulaire mais aussi la naissance d'une nouvelle science qui a enfin rendu possible l'étude du métabolisme de la cellule. Nous entendons par ce terme l'utilisation par la cellule de nutriments qui génèrent l'énergie nécessaire pour assurer ses nombreuses fonctions. Fonctions très variées comme l'ont révélé, dès la fin du XIXe siècle et au début du XXe, le microscope, l'immunologie cellulaire avec la phagocytose découverte à Paris par Metchnikoff, la fermentation et la fabrication de divers produits comme l'alcool, ou encore l'amidon* et le glycogène*. La biochimie est la nouvelle science qui s'attache à la description de tous ces phénomènes qui se déroulent à l'intérieur des cellules, végétales et animales. Née de la chimie clinique, d'abord exercée par des médecins formés à la chimie organique, et longtemps associée à la chaire de physiologie dans les pays germanophones, la biochimie n'a pris son véritable essor qu'au cours des décennies précédant la Deuxième Guerre mondiale. Ses premiers protagonistes furent des chercheurs allemands, auteurs des premières grandes découvertes dans ce domaine. Jusqu'aux années 50, l'étude du métabolisme cellulaire a surtout consisté à élucider et à décrire la fermentation, c'est-à-dire l'utilisation anaérobie (sans oxygène) du glucose*. Il s'est avéré que le couplage des sucres avec l'acide phosphorique* précède et accompagne les transformations du glucose (et celles d'autres sucres) au cours de leur métabolisme dans la cellule, suivies de la scission de la molécule en plus petites unités jusqu'à sa transformation ultérieure en oxyde de carbone (CO_2) et en eau (H_2O) accompagné par la génération de l'ATP*, identifié par Fritz Lipmann comme le principal dépositaire de l'énergie de la cellule. Toutes les fonctions cellulaires nécessitent l'utilisation de cette source d'énergie. Sa fabrication est donc le « but » du métabolisme cellulaire. De rendement énergétique faible, la glycolyse* n'est heureusement pas le seul ni même le principal mécanisme de génération d'énergie dans la cellule. Grâce aux méthodes de fractionnement cellulaire de plus en plus performantes, plusieurs laboratoires, surtout aux États-Unis, ont réussi à isoler une grande quantité d'organelles sous cellulaires, sites du métabolisme oxydatif du glucose (et d'autres « aliments ») : les mitochondries*. Véritables moteurs de la cellule, les mitochondries « brûlent » les aliments à l'aide de l'oxygène et génèrent l'ATP bien plus efficacement que la glycolyse.

Une fois que ces phénomènes métaboliques ont été enregistrés, suivis dans le temps, il est apparu qu'ils ne sont pas continus et uniformes mais qu'ils présentent des oscillations. Les travaux sur ces oscillations métaboliques ont été effectués sur la levure, puis sur des homogénats d'organes comme le foie ou le muscle, et ont pu être étendus ultérieurement à un grand nombre de cellules. De nombreuses expériences ont porté sur des eucaryotes unicellulaires comme les amibes ou encore sur des cellules cultivées à partir de tissus de vertébrés et entre autres sur des cellules d'origine humaine. L'un des avantages de cette nouvelle méthodologie, l'étude du métabolisme cellulaire en culture (in vitro), est la possibilité de synchroniser* les cellules, c'est-à-dire uniformiser leur cycle vital, de rendre synchrones leurs divisions et d'étudier ainsi les événements métaboliques d'une population cellulaire « disciplinée », entre chaque division. Des méthodes d'enregistrement très performantes ont pu être mises au point. La spectrophotométrie permet l'enregistrement au cours du temps des variations de l'absorption de la lumière visible aux UV de certains composants cellulaires (comme celui des coenzymes* comme le NAD*) à des longueurs d'ondes déterminées. Ces cofacteurs, des catalyseurs du métabolisme, changent de spectre d'absorption* quand ils passent de l'état oxydé à l'état réduit, rendant possible des enregistrements en continu des phénomènes métaboliques. On peut aussi suivre le métabolisme cellulaire à l'aide de méthodes électrochimiques comme l'enregistrement de l'utilisation d'oxygène par la cellule. Britton Chance, biochimiste américain travaillant à Philadelphie, a ainsi pu réaliser des observations importantes confirmant la rythmicité des phénomènes métaboliques, c'est-à-dire leurs variations d'intensité dans le temps. Reprenant une observation faite par Duysens et Amesz en 1957 suggérant la nature oscillante de la glycolyse, Britton Chance et ses collaborateurs en effectuent une étude détaillée à partir des années 60. En utilisant une suspension de cellules de levure, ils montrent que les oscillations de la glycolyse peuvent se maintenir pendant des périodes longues. Observation surprenante, ces oscillations persistent quand on enregistre le phénomène non plus avec des cellules intactes mais en utilisant un extrait de cellules, donc en l'absence de cellules vivantes. La nature discontinue, oscillante, de la glycolyse n'est donc pas la propriété de la seule cellule vivante, mais est conservée dans un extrait qui contient l'ensemble des biocatalyseurs qui en sont responsables. L'équipe de Chance a même pu observer la nature oscillante, discontinue du processus sur une cellule unique de levure, montrant ainsi qu'il s'agit d'une propriété intrinsèque de la cellule. Tous les intermédiaires de la glycolyse oscillent avec la même fréquence mais avec un décalage de phase (voir figure 7). Ces oscillations sont toutefois conditionnées par la disponibilité des sources d'énergie, de métabolites, en l'occurrence le glucose. En utilisant un disacccharide*, le tréhalose* (clivé en deux glucoses par une enzyme spécifique, la tréhalase), on peut moduler par la vitesse de fourniture du glucose le rythme des oscillations. En modifiant la vitesse d'approvisionne-

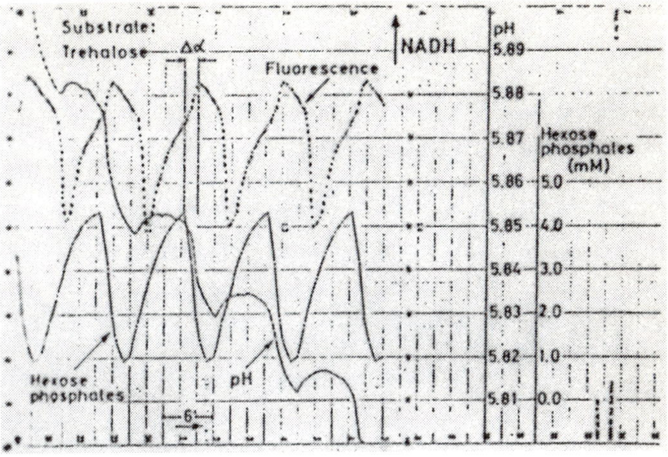

Figure 7. Oscillations glycolytiques dans un extrait de levure soumis à une injection constante de substrat. L'analyse chimique montre que les hexoses (glucose-6-phosphate, fructose-6-phosphate, fructose 1,6-biphosphate) oscillent à la même fréquence que NADH, dont la fluorescence permet un enregistrement continu (Hess, Boiteux et Kruger, 1969, d'après [74]).

ment de la source d'énergie (le glucose), on peut soit modifier le rythme des oscillations, soit le supprimer. Il apparaît ainsi que le rythme des oscillations dépend (entre autres) de la variation dans le temps de la source d'énergie. Pour expliquer ces oscillations observées dans un extrait cellulaire, il fallait attendre la découverte du rôle clé de certaines enzymes* dans ces chaînes de réactions qui, grâce à leurs propriétés « allostériques* », régulent le débit de la chaîne de réaction. Concept développé par Jacob, Monod et Changeux à Paris et par Arthur Pardee aux États-Unis, il s'agit de la régulation d'une chaîne de production biochimique par la rétroaction d'un des produits de cette réaction sur un catalyseur clé situé au début de la chaîne. Ce concept s'est avéré critique pour la compréhension des réactions métaboliques ; il permet d'expliquer certains de ces phénomènes oscillatoires observés au cours du métabolisme cellulaire. En l'occurrence, c'est l'enzyme appelée phosphofructokinase* (PFK) qui possède cette propriété allostérique. À l'entrée de la réaction, le glucose est phosphorylé en position 6 par l'hexokinase, suivie par sa transformation en fructose-6-phosphate qui sera pris en charge par la PFK pour le phosphoryler sur la position 1, en fructose biphosphate (donnant le fructose 1-6 diphosphate). En court-circuitant la PFK on supprime les oscillations (ou en utilisant par exemple le fructose 1-6 diphosphate comme substrat). Cette enzyme, la PFK, est activée par un des produits de la réaction, l'ADP*, ainsi que par le fructose biphosphate. Par contre, l'ATP l'inhibe. Ce type d'effet – la rétroaction positive – est plutôt rare. Le plus souvent, les produits d'une réaction inhibent l'enzyme allostérique qui régule le débit de la chaîne métabolique qui les produit au lieu de l'activer. Ainsi, le produit final de la réaction ne s'accumule pas au cours de la réaction et sa fabrication suit la demande. Dès que la quantité du produit final de la réaction baisse, la chaîne de production peut redémarrer. Dans le cas de la PFK, c'est le contraire qui a lieu : les produits de la réaction, l'ADP et le fructose biphosphate, activent l'enzyme. Ainsi, les variations de leur concentration provoquent des oscillations de l'activité de la PFK qui se répercutent dans les oscillations du débit de la chaîne de réaction. L'ATP produit au cours de la glycolyse est d'ailleurs utilisé en partie par la PFK pour phosphoryler le fructose-6-phosphate en fructose 1,6 diphosphate.

Le modèle permettant de décrire quantitativement le comportement de cette enzyme a été proposé par Goldbeter [74]. Les enzymes allostériques* sont composées de plusieurs sous-unités. L'une de ces sous-unités possède le site* catalytique qui, en l'occurrence, va fixer un phosphate donné par l'ATP, sur le carbone 1 du fructose-6-phosphate. L'autre sous-unité possède un site de reconnaissance du produit de la réaction (site régulateur) qui reconnaît l'ADP produit par le clivage de l'ATP. La fixation du produit de la réaction induit une modification de la conformation* de cette seconde sous-unité qui la répercute sur la première sous-unité catalytique dont l'activité peut alors changer (dans ce cas, augmenter). Quand l'ADP quitte cette sous-unité, l'activité de la PFK baisse, ce qui ralentit la réaction jusqu'au prochain cycle. Ces oscillations ont des périodes de l'ordre de quelques minutes (voir *supra* figure 7). Ce type de coopérativité entre site catalytique et site régulateur joue un rôle important dans la coordination des nombreuses réactions métaboliques de la cellule et facilite son adaptation d'une part à la disponibilité des sources de nourriture, d'autre part à ses propres besoins énergétiques.

On peut donc schématiser les événements ainsi : au début de la réaction, l'enzyme PFK est dans un état non activé. Au fur et à mesure que la réaction avance, la production croissante d'ADP, un des produits de la réaction (provenant du clivage de L'ATP, pour phosphoryler le fructose-6-phosphate) active l'enzyme qui passe à sa conformation activée et la réaction s'accélère. Cela entraîne une baisse de la concentration du substrat (le fructose 6-P), par conséquent le ralentissement de la réaction.

Les calculs théoriques de Goldbeter permettent de représenter les oscillations entretenues du système (voir la figure p. 35 dans [74]) qui, dans les conditions choisies (avec une certaine vitesse de fourniture du substrat et à une concentration donnée de l'enzyme), donne une période de 108 secondes. En variant la concentration du substrat, le système évolue vers un cycle limite (conformément aux théorèmes de Poincaré, Bendixson, Nicolis et Prigogine). La représentation de cette évolution vers un cycle limite dans l'espace de phase correspond à un « attracteur étrange* » représenté sur la figure 8. Ce formalisme, dit « du chaos déterministe », est en effet applicable à de nombreuses réactions biologiques. Pour le biologiste, l'attrait de cette théorie réside dans l'imprédictibilité du résultat final, bien qu'il s'agisse d'une série de réactions parfaitement déterministes. Cette imprédictibilité est essentiellement la conséquence de l'imprécision des définitions des paramètres des conditions initiales. On n'a donc pas à invoquer le « hasard » dont Cournot disait qu'il résulte de l'intersection des séries de réactions déterministes en nombre inconnu. C'est la nature même de ces réactions qui leur permet d'échapper aux prévisions et de se situer, pas n'importe où, mais sur n'importe quel point de l'attracteur étrange (figure 8).

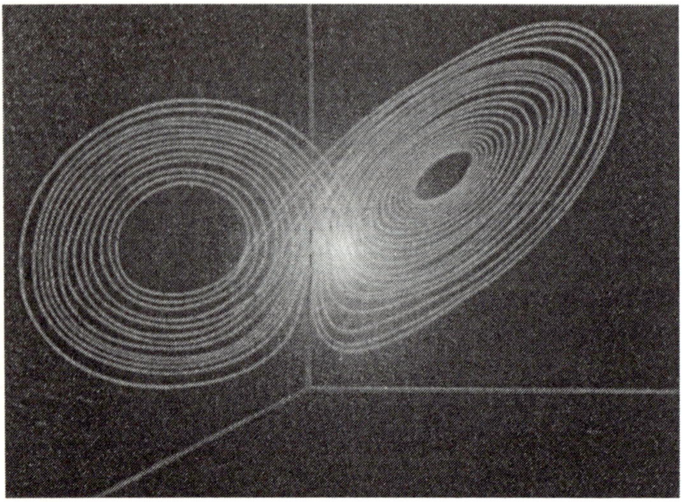

Figure 8. Voici l'exemple de l'attracteur de Lorenz, calculé d'après la théorie du chaos déterministe. Selon le choix des conditions initiales, les valeurs trouvées se positionnent sur le parcours des courbes dessinées sans que l'on puisse déterminer avec précision sur quel point des deux « oreilles » de l'attracteur elles se trouvent. [D'après 74].

Ce même type de comportement oscillant a aussi été observé dans les cellules musculaires. La période des oscillations varie avec la température, elle augmente si la température baisse. Britton Chance suggère que ces oscillations pourraient être à l'origine des rythmes circadiens dont il sera question dans un chapitre ultérieur [74]. Bien que cette hypothèse sous sa forme originale n'ait pas pu être confirmée, il est possible que ce type de mécanisme ait pu jouer un rôle dans l'adaptation des eucaryotes unicellulaires à leur milieu et à ses variations nycthémérales. Le cas ci-dessus esquissé est le plus simple, mais d'autres réactions biochimiques plus complexes ont été analysées par Goldbeter et d'autres membres de l'école d'Ilya Prigogine, initiateur de l'application de la thermodynamique des processus irréversibles à la biologie. La monographie de A. Goldbeter en donne plusieurs exemples.

Ce modèle a été repris récemment par une équipe danoise [69], en utilisant un système de fermentation avec injection constante de la source d'énergie (glucose par exemple), mais aussi de l'extrait de levure. En arrêtant le métabolisme oxydatif à l'aide de cyanure, elle a pu enregistrer les oscillations de la glycolyse. En modifiant légèrement la concentration de l'ATP et celle de son coenzyme (NAD (H)*), on obtient des oscillations de longue durée à période simple ou des périodes complexes ou encore des oscillations chaotiques. Dans sa thèse de sciences, Sune Danø a développé le formalisme mathématique de ce phénomène. Plusieurs des remarques et des conclusions de l'équipe de Copenhague présentent un intérêt direct pour notre sujet. Tout d'abord, la possibilité pour des centaines de milliers, voire des millions de cellules isolées, de synchroniser le déroulement temporel de leur métabolisme. Cela paraît être attribuable à certains métabolites de la glycolyse comme l'acétaldéhyde*. En diffusant d'une cellule à l'autre, cette petite molécule incite les cellules isolées à coordonner leur rythme métabolique. Ensuite, la variation du rythme métabolique selon la disponibilité des ingrédients permet de passer d'un rythme simple à un rythme compliqué, voire chaotique. Nous aurons l'occasion de revenir sur l'importance de ces transitions du rythme lors de l'étude des rythmes cardiaques. Il faut insister sur un aspect particulier de ces études dont l'importance paraît échapper à de nombreux biologistes. La coordination, la synchronisation de l'activité des cellules isolées paraît être médiée par de simples métabolites, des substances produites au cours de la réaction de glycolyse, apparemment sans l'intermédiaire de récepteurs* et de relais de transmission de message, comme pour la plupart des phénomènes de communication cellulaire. Il n'est pas impossible qu'il s'agisse ici d'une forme ancestrale de communication intercellulaire. On connaît d'autres exemples de ce type de double rôle de simples molécules dérivant du métabolisme intermédiaire, à la fois sources d'énergie et messagers intercellulaires.

La coordination de rythmes disparates

Une étude intéressante de la gestion du temps par des eucaryotes unicellulaires a été effectuée par deux biologistes de Cardiff, David Lloyd et Steven W. Edward, en 1984. Leur « animal » d'expérience est l'acétabularia, une amibe, eucaryote unicellulaire pouvant être cultivé en grand nombre ; leur métabolisme est étudié par les méthodes biochimiques adéquates décrites dans le chapitre précédent s'agissant des oscillations métaboliques de la levure. Ces chercheurs sont partis de réflexions sur la multitude des domaines de temps que la cellule doit gérer pendant sa vie. Son métabolisme, dont un aspect, la glycolyse*, a été évoqué dans le chapitre précédent, nécessite des intervalles de temps qui se comptent en secondes ou en minutes. C'est le domaine métabolique. D'autres réactions beaucoup plus rapides comme la fixation d'un ligand* sur une protéine (dans l'exemple cidessus discuté la fixation de l'ADP sur la PFK), ou les modifications de l'acidité du milieu (changement de pH*), se jouent en millisecondes. C'est le cas aussi des réactions d'oxydoréduction qui se déroulent dans les mitochondries au cours du métabolisme oxydatif*. Une autre classe de réactions se déroule plus lentement que celles du domaine métabolique. C'est le cas de la biosynthèse des constituants cellulaires : aminoacides, lipides, protéines acides nucléiques. Une autre série d'événements relativement lents est représentée par la division cellulaire, le cycle de la cellule qui lui permet de se diviser en deux. Il ressortit au domaine génétique (le génome est impliqué dans son déroulement), alors que les autres phénomènes mentionnés relèvent du domaine épigénétique*. Le cycle cellulaire (le temps qui s'écoule entre deux divisions) peut durer de dix à vingt minutes chez les procaryotes et plusieurs heures ou jours chez les cellules des vertébrés. Le temps de (sur)vie des cellules postmitotiques* est également très variable. La durée de vie d'un globule rouge entre sa « naissance » et sa disparition chez l'homme est de l'ordre du mois (environ 30 jours). La différenciation et la division des cellules progénitrices (érythroblastes*) sont ajustées au rythme de remplacement des cellules circulantes usées. Les neurones (cellules nerveuses) peuvent vivre aussi longtemps que l'individu. Par contre, la grande majorité des oscillations métaboliques (comme celles décrites dans le chapitre précédent et dont on dénombre plusieurs centaines) possèdent des périodes de quelques secondes à quelques minutes. Toutes ces oscillations peuvent jouer le rôle d'« horloge cellulaire ». Nous avons noté plus haut la grande sensibilité de la plupart de ces cycles à la concentration du substrat et des enzymes et surtout à la température. Quant aux réactions épigénétiques, la synthèse et le finissage (*processing**) des macromolécules, leur intégration dans des membranes ou leur exportation dans l'espace extracellulaire (comme pour les constituants de la matrice extracellulaire*) ainsi que d'autres réactions encore très nombreuses intervenant dans la vie de la cellule, relèvent d'un domaine temporel intermédiaire, entre celui des domaines génétiques (plus lent) et des oscillations métaboliques et réactions physicochimiques (beaucoup plus rapide). Pour caractériser le comportement temporel d'une réaction, on utilise souvent son temps de relaxation. C'est le temps nécessaire pour que la réaction puisse se rééquilibrer après une perturbation. Si cette perturbation augmente ou diminue la vitesse de la réaction, on peut calculer le temps dont le système a besoin pour que sa vitesse revienne à une certaine valeur par rapport à celle notée lors de la perturbation maximale. Cette valeur est la fraction d'e^{-1} de la valeur de la perturbation (c'est-à-dire vitesse perturbée multipliée par e^{-1}). Pour les réactions métaboliques, ce temps de relaxation est de l'ordre de deux minutes. Pour les réactions épigénétiques, le temps de relaxation se situe dans l'intervalle de $10^2 \sim 10^4$ secondes, c'est-à-dire d'une minute et demie à trois heures environ, selon la nature de la réaction et de la cellule. Le problème qui a préoccupé les biologistes gallois était de savoir si ces différents domaines de temps sont coordonnés au cours de la vie de la cellule, ou plus exactement, au cours des cycles cellulaires, entre deux divisions de la cellule. Comme il est difficile d'observer et de mesurer une seule cellule, ces auteurs ont dû recourir à des cultures de nombreuses amibes synchronisées, en veillant à la meilleure coordination possible du cycle cellulaire entre les quelques centaines de mille ou millions de cellules que l'on maintient d'habitude en culture dans un même récipient. Dans un certain nombre d'organismes unicellulaires étudiés par cet arrangement expérimental, des oscillations métaboliques ont pu être observées. Un exemple de ces oscillations métaboliques est représenté sur la figure 9.

Elles portent sur une amibe isolée du sol, *Acanthamœba castellani*. Ces amibes ont un cycle cellulaire, dans ces conditions de culture, de l'ordre de huit heures (7.8 hrs ± 0.5) à 30 °C. On voit sur la courbe supérieure de cette figure que les cellules se mettent à se multiplier à partir de la quatrième heure environ et le plateau (chaque cellule ayant complété sa division) est atteint vers sept heures après le début de l'expérience. Les autres courbes représentent la concentration totale des produits métaboliques de l'ATP, les adénylates*, l'ATP, l'ADP, l'AMP et leurs rapports. La charge d'adénylate est le rapport entre ATP + 0.5 ADP/ATP + ADP + AMP, selon la définition de Atkinson [80] qui caractérise l'état énergétique de la cellule. On peut noter sur cette figure que, dans les conditions de culture synchronisées, le métabolisme énergétique suit des oscillations relativement régulières avec des intervalles de plusieurs minutes. C'était le cas de la consommation d'oxygène, qui suit un rythme comparable. En ajoutant à la culture des inhibiteurs de la respiration (comme le cyanure), on peut montrer que les mitochondries* (sièges du métabolisme oxydatif et de la production d'ATP) passent par des états d'énergie distincts, couplés au passage d'électrons au cours de l'oxydation phosphorylante*. Ce couplage explique aussi les oscillations comparables de l'utilisation d'oxygène et de la concentration du groupe adenylique. Pourquoi ces périodes d'oscillations des états énergétiques des mitochondries n'ont-elles pas été plus rapides que la vitesse constatée ? Les phénomènes d'oxydoréduction sous-jacents étant beaucoup

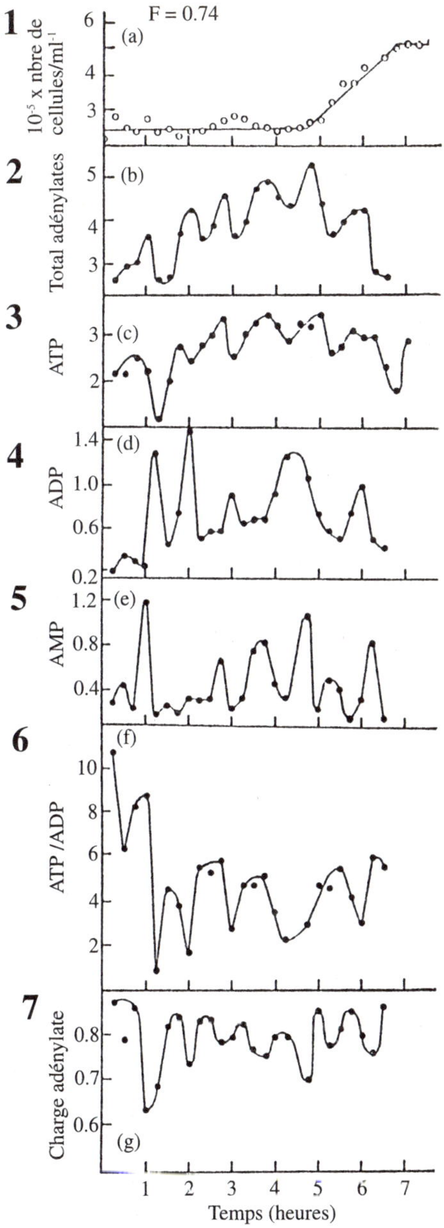

Figure 9. Oscillations métaboliques chez l'amibe *Acanthamœba castellani*. 1) nombre de cellules ; 2) adénylates totales ; 3) ATP ; 4) ADP ; 5) AMP ; 6) Rapport ATP/ADP ; 7) Charge adénylate. (D'après Edwards et Lloyd [in 80, © Marcel Dekker, Inc.]).

plus rapides, on aurait dû observer des oscillations avec des périodes beaucoup plus rapides. À ce stade des expériences, pour quelle raison et par quel mécanisme ces oscillations métaboliques de production d'énergie sont à ce point amorties, à un dixième, voire un centième de leur rythme « spontané » ? La réponse à cette question réside apparemment dans le fait que le « donneur de temps » (*pacemaker*) de ces couplages de réactions à vitesse très différente est situé au niveau de l'utilisation de l'énergie (ATP), et non au niveau de sa production. La demande d'énergie la plus importante se situe au niveau de la synthèse des protéines par la cellule. Un génome* d'eucaryote code plusieurs dizaines de milliers de protéines. Bien que toutes ces protéines ne soient pas synthétisées simultanément, l'énergie que demandent ces synthèses est considérable. La synthèse des acides nucléiques (ARN et ADN) exige nettement moins d'énergie. Et, en effet, l'enregistrement du rythme de la biosynthèse des protéines par les cultures synchronisées de ces amibes montre la même amplitude et la même fréquence d'oscillations que la production d'énergie, avec une bonne coïncidence entre la production maximale d'énergie et la synthèse protéique. Des résultats comparables ont été enregistrés pour la synthèse d'ARN (surtout ribosomale) et d'ADN (division en deux de la cellule). La cellule se comporte donc comme un ensemble d'oscillateurs couplés. L'oscillateur-maître qui entraîne et coordonne les autres se situe dans le domaine épigénétique, au niveau de la demande d'énergie pour la biosynthèse. Les couplages entre les mécanismes de production et de consommation d'énergie entraînent le ralentissement des réactions de production d'ATP pour suivre le rythme de sa consommation par l'appareil de synthèse protéique. Ainsi, comme le disent poétiquement les auteurs gallois, « la lente danse de la vie sur la musique du temps » résulte du couplage de l'activité mitochondriale de la production d'énergie et de son utilisation pour les activités biosynthétiques de la cellule. Le « flûtiste » des biosynthèses oblige les « danseurs » mitochondriaux à ralentir leur rythme pour s'adapter au rythme plus lent de l'activité des ribosomes*, site de synthèse des protéines. L'oscillation de la teneur en protéine de la cellule indique ainsi leur renouvellement rapide. Ces constituants de la machinerie cellulaire sont donc rapidement détruits et remplacés. C'est précisément ce renouvellement rapide des protéines cellulaires qui nécessite une forte production d'énergie par l'appareillage mitochondrial. Cela a pu être vérifié dans la même série d'expériences par le dosage sélectif de certaines protéines au cours du cycle cellulaire, en particulier celui des enzymes intervenant dans le métabolisme énergétique et dans les activités biosynthétiques.

Un autre résultat important de ces études a été la démonstration de l'indépendance des sous-cycles métaboliques des cycles de division cellulaire. En augmentant la température dans l'intervalle physiologique (par exemple entre 20 et 40 °C), les cellules se divisent plus rapidement en doublant à peu près la vitesse de leur division à la suite d'une augmentation de 10 °C de la température. Malgré cette accélération des cycles cellulaires, les oscillations métaboliques ne varient pas, c'est leur nombre entre chaque cycle cellulaire qui varie. C'est le nombre des sous-cycles par cycle cellulaire qui permet à la cellule d'adapter son métabolisme à son rythme de division plus ou moins accéléré. Les auteurs gallois suggèrent que les sous-cycles métaboliques pourraient ainsi réguler le cycle de reproduction cellulaire. Ces cycles métaboliques seraient, selon cette hypothèse, les « quanta » du cycle cellulaire. Le temps des cycles cellulaires ne pourrait ainsi varier que selon ces quanta représentés par les cycles métaboliques. Selon Klevetz (1984), cela serait également vrai pour les cellules des mammifères. Ainsi les oscillations épigénétiques joueraient-elles le double rôle du contrôle des cycles cellulaires et d'horloge circardienne.

La durée de vie d'une cellule

• La bactérie

Nous avons eu l'occasion d'insister sur la difficulté avec laquelle l'idée que la division cellulaire est l'unique moyen de la cellule de se multiplier s'est finalement imposée. Ce n'est que vers la fin du XIXe siècle que ce principe, en opposition aux thèses vitalistes de création *ex nihilo*, a été accepté. Les expériences quantitatives sur la prolifération cellulaire ont dû attendre la première moitié du XXe siècle et la mise au point de méthodes de culture *in vitro*, aussi bien pour les bactéries que pour les cellules eucaryotes.

Il est vite devenu évident que le rythme de division des bactéries est rapide. La durée de vie de la plupart d'entre elles, saprophytes* ou pathogènes*, ensemencées dans un milieu nutritif couramment utilisé en laboratoire (bouillon de viande ou gélose), se situe entre dix et vingt minutes. Cette croissance rapide est néanmoins limitée par la disponibilité d'une source de nourriture exploitable par la bactérie. Le mécanisme de l'adaptation de bactéries à différentes sources nutritives (ainsi d'ailleurs que les conditions ambiantes : température, présence ou absence d'oxygène, etc.) et celui de leur vitesse de prolifération ont fait l'objet d'études remarquables qui sont à la base de nos connaissances sur les microbes. La thèse de sciences de Jacques Monod [85] porte sur la régulation de la croissance bactérienne. L'adaptation des bactéries à de nouvelles sources de nourriture a conduit François Jacob à forger le concept d'« opéron », l'ensemble des gènes dont l'expression est « commandée » par un gène régulateur, situé « en tête » de la série de gènes et qui réagit à l'arrivée d'une nouvelle molécule « informant » la cellule d'un changement de situation (le lactose*, un disaccharide en l'occurrence pour l'opéron-lactose). L'opéron déclenche la fabrication d'une série d'enzymes nécessaires pour l'utilisation par la bactérie de la nouvelle source d'énergie détectée dans le milieu. Nous sommes par contre beaucoup moins bien renseignés quant à la vitesse de prolifération des bactéries au sein de l'organisme, qu'il s'agisse de saprophytes, c'est-à-dire de bactéries proliférant sans nuisance dans le tube gastro-intestinal, ou encore de bactéries ayant pénétré par « accident » et pouvant provoquer des maladies. Ces germes pathogènes utilisent souvent des méthodes d'adhésion aux tissus et aux cellules humaines qui mettent en œuvre des récepteurs et des molécules adhésives leur permettant de se fixer aux cellules de l'hôte, de les pénétrer, d'y rester à l'abri des défenses de l'organisme, parfois pendant de longues années. Cela suppose une prolifération ralentie et une longue durée de vie ! C'est le cas du bacille de Koch, causant la tuberculose, qui peut rester longtemps « caché » dans l'organisme, ce qui le rend difficile à éradiquer. Ensuite, la vitesse de prolifération des germes dépend de nombreux facteurs, dont au premier chef, les défenses de l'hôte, défenses de nature double, d'une part les anticorps* qui peuvent se fixer sur les bactéries et d'autre part les cellules dites « immunocompétentes* » qui peuvent se charger soit de tuer l'envahisseur directement soit encore de le « phagocyter* » et de le digérer à l'intérieur de ces cellules appelées macrophages*. Quand l'envahisseur réussit à échapper aux défenses de l'organisme, il peut se multiplier sur place et déclencher des maladies localisées, pour un temps au moins, aux tissus colonisés. C'est ce qui se passe par exemple lors de l'infection des bronches et des alvéoles pulmonaires par une variété de bactéries et, en particulier, pour le bacille de Koch déjà mentionné. Les dégâts causés par le bacille de la tuberculose peuvent aboutir à la formation de cavités dans les poumons, détectées par radiographie. Nous sommes moins bien renseignés sur le nombre de bactéries et leur « durée de vie » pendant l'état latent de l'infection. Aux stades avancés de la maladie, quand on détecte les bactéries dans les expectorations des personnes infectées, la prolifération est déjà rapide. Ces considérations ne valent pas pour les bactéries saprophytes, bénignes, voire utiles, qui peuplent le tractus digestif de l'homme. Le nombre de cellules bactériennes hébergées dans nos organismes dépasse de loin le nombre total de cellules de l'organisme-hôte. Ces bactéries non pathogènes ont sans doute une vitesse de prolifération proche de celle mesurée en culture. Une des conséquences du comportement temporel des bactéries et virus pathogènes* est la variabilité des temps de latence de déclenchement des maladies infectieuses. La connaissance exacte de ces temps de latence ressortit à la science médicale depuis l'Antiquité.

• Le vieillissement de la bactérie

La courte durée de vie d'une cellule procaryote – 10 à 20 minutes entre chaque division – est compensée par une extraordinaire capacité d'adaptation au changement du milieu ; elle illustre l'importance de la régulation de la durée de vie de la cellule dans l'intérêt de la survie de l'espèce. Toutes les études effectuées dans ce domaine n'ont jamais laissé penser qu'entre deux divisions les cellules bactériennes puissent « vieillir ». Mais ce dogme vient récemment d'être mis à mal. Au moins une espèce de bactérie présente apparemment le même type de vieillissement cellulaire ques les cellules eucaryotes (voir chapitre VI). *Caulobacter crescentus*, étudié par un chercheur bâlois, Martin Ackerman [65], présente la particularité de former une sorte de tige avant de se diviser en deux bactéries. Cette tige permet à la cellule bactérienne de se fixer sur son support avant de laisser partir la cellule-fille. Après un certain nombre de divisions, cette séparation se fait de plus en plus difficilement et de façon inégale. Ces mêmes symptômes signent le vieillissement des cellules eucaryotes. Il faut trois heures environ à cette bactérie, déjà « différenciée », pour se fixer et se développer suffisamment pour « penser » à sa progéniture. Ensuite, les divisions se succèdent environ toutes les deux heures. Après un certain nombre de divisions, le rythme se ralentit. Allongement du cycle cellulaire, inégalité de la division de l'ADN maternel, tels sont les symptômes retrouvés lors de l'étude du vieillissement des cellules eucaryotes [81].

Il semble donc que le « prix » à payer pour un début de développement et différenciation, représenté dans ce cas par la « queue préhensile » de la cellule qui lui permet de se fixer sur un support, soit le vieillissement cellulaire.

Les cellules eucaryotes

Depuis les années 1920, on assiste à un lent essor des méthodes de culture des cellules des vertébrés et en particulier des cellules humaines. L'un des pionniers de cette nouvelle discipline fut le chirurgien lyonnais Alexis Carrel, auteur de thèses eugénistes et collaborateur du gouvernement de Vichy. À l'Institut Rockefeller de New York, au début du siècle, Carrel et son collaborateur A.H. Ebeling ont mis au point une des premières méthodes de culture de cellules de vertébrés, prélevées sur l'embryon de poulet : des cellules cardiaques et des fibroblastes*. En les maintenant dans une goutte de plasma coagulé, ils pouvaient observer leur survie et leur prolifération. Ses préjugés métaphysiques ont sérieusement induit Carrel en erreur. Il prétendait en effet que les cellules humaines en culture étaient immortelles. Des « humeurs nuisibles » à l'œuvre à l'intérieur du corps étaient donc responsables de la mortalité cellulaire *in vivo*. Aucun chercheur, même au sein du laboratoire de Carrel, n'a jamais réussi à répéter ces expériences et à maintenir indéfiniment en culture des cellules humaines. Le « mystère » a été élucidé par le patient travail de détective de Léonard Hayflick, à qui l'on doit la méthode standard d'étude du vieillissement cellulaire en culture, encore valide aujourd'hui. Hayflick retrouve la trace d'une des anciennes assistantes de Carrel à Porto Rico, et se fait expliquer la méthode qu'utilisait l'équipe de Carrel. Le milieu de culture contenant les substances nutritives, ainsi que les facteurs de croissances inconnus à l'époque, provenait par avion spécial de Lyon. Des broyats d'embryons de poulet, fabriqués selon la recette de Carrel, étaient régulièrement livrés à l'Institut Rockefeller (cette préparation ne pouvait être effectuée sur place pour de mystérieuses raisons). Or ce broyat devait contenir des cellules fraîches, toujours présentes après sa filtration sur gaze. Ainsi, à chaque changement de milieu nutritif, des cellules fraîches ont pu être introduites dans la culture [96]. La méthode mise au point par Hayflick consiste à faire des « passages » successifs de cellules maintenues en vie dans un milieu de culture qui contient toutes les substances nutritives mais aussi 10 à 20 % de sérum de veau fœtal, riche en facteur de croissance*. En effet, aujourd'hui encore, les milieux entièrement synthétiques ne donnent pas une croissance optimale. Dans ces conditions, les cellules d'embryon humain (les fibroblastes* sont le plus souvent utilisés, mais les régularités observées avec les fibroblastes se répètent également avec d'autres cellules) effectuent 50 à 60 doublements de leur population cellulaire, représentant donc, avec une dilution de 1 à 2 de la suspension cellulaire entre chaque passage, une division en deux de chaque cellule en moyenne. La première phase de cette expérience est relativement longue, il faut en général attendre au moins deux semaines pour que la culture « démarre » et devienne confluente (les cellules se touchent). En changeant le milieu nutritif tous les trois ou quatre jours, on peut effectuer les 50 à 60 doublements en quelques mois. En répétant cette même expérience avec des cellules prélevées chez des personnes de plus en plus âgées, on constate une baisse du nombre maximal des doublements de la population cellulaire, baisse proportionnelle à l'âge du donneur. Cette baisse, bien que significative*, est souvent obscurcie par des différences importantes entre individus. En utilisant des cellules de souris ou de rat – animaux de laboratoire les plus fréquemment utilisés –, on observe un nombre maximal de doublements plus faible. Quelquefois, ces cultures de cellules de rongeurs ne paraissent pas obéir à la « limite de Hayflick » et continuent à proliférer. Actuellement, tous les spécialistes attribuent ce phénomène à une transformation maligne des cellules. Nous y reviendrons dans le chapitre suivant. On a aussi observé une durée de vie moindre en culture, pour des cellules provenant de personnes porteuses de pathologies pouvant sérieusement diminuer leur espérance de vie. C'est le cas avec les cellules de personnes souffrant de Progéria* (le syndrome de Hutchinson-Gilford), du syndrome de Werner*, de la trisomie 21* (syndrome de Down, « mongolisme »), mais aussi du diabète. Les nombreuses études effectuées autour de ce phénomène ont été bien analysées dans la monographie d'Alvaro Macieira-Coelho et par Hayflick lui-même [81 et 76]. Mais rien n'est simple en biologie, et la proportionnalité espérée entre durée de vie maximale d'une espèce et le nombre maximal des doublements des populations cellulaires *in vitro* n'a pas pu être confirmée au-delà d'une demi-douzaine d'espèces.

Contrôle du temps de la vie d'une cellule, contrôle de sa prolifération

La durée de vie d'une cellule se situe le plus souvent entre deux divisions. En l'absence de division, la cellule peut survivre plus ou moins longtemps. On parle alors de cellules postmitotiques*, comme les cellules nerveuses ou les neurones qui composent le système nerveux central ; elles peuvent vivre pendant plusieurs décennies, voire pendant la totalité de la vie de l'individu. Ces deux processus, la prolifération et la survie, sont contrôlés par des mécanismes distincts qui seront maintenant développés dans la mesure où ils interviennent pour « compter le temps » de la cellule.

Commençons par la mitose*, c'est-à-dire le processus impliqué dans la division de la cellule en deux. Elle suppose nécessairement la présence du noyau cellulaire dans chaque cellule eucaryote. Il faut ensuite l'observer au cours de la division pour découvrir les chromosomes. Leur partage longitudinal, a été élucidé par le naturaliste belge Van Beneden, grâce à la division des cellules d'ascaris contenant deux, voire quatre chromosomes (voir p. 81). Depuis, de très nombreux travaux ont été consacrés à ce processus fondamental pour la compré-

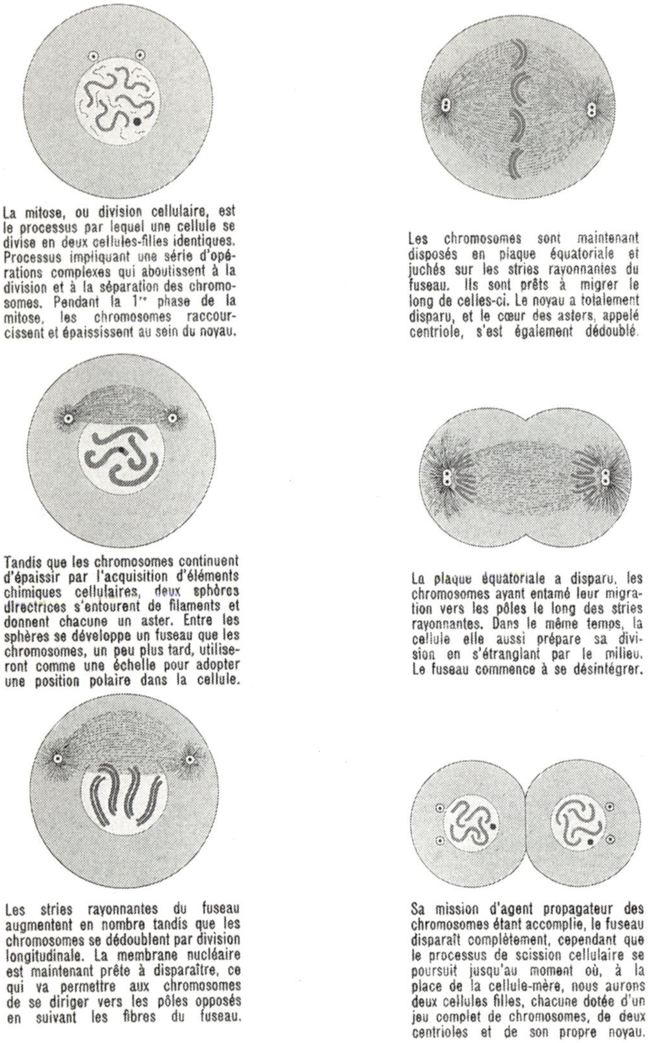

Figure 10. Schéma de la division cellulaire (La cellule, © *Time-Life*, 1969).

hension de vie cellulaire. La figure 10 montre très schématiquement les étapes les plus importantes de la succession d'événements qui président à la production de deux cellules à partir d'une cellule. La première phase (ou prophase) comporte « l'effilochement » des chromosomes à l'intérieur du noyau, suivi de leur recopiage par un système enzymatique d'ADN-polymérase*. Avant même que la fabrication des copies d'ADN ne commence, la sortie de l'état « stationnaire » (phase G2) est soumise à un premier contrôle (« *check point* ») qui consiste à vérifier si l'ADN est intact. En cas de problème (détection de dommages provoqués par exemple par les rayons UV ou d'autres agents mutagènes*), le processus est arrêté et la cellule condamnée au suicide (l'apoptose*), à moins que l'ADN ne soit réparé*. Si ce premier contrôle est réussi, la cellule entre en prophase, recopie son ADN et les deux centromères* commencent à organiser le fuseau de câbles (faits de tubulines*, actine* et autres constituants du cytosquelette*) qui va permettre aux chromosomes recopiés et scindés longitudinalement de rejoindre les deux pôles de la cellule. À ce niveau, entre la prophase et la prométaphase, la membrane du noyau est désintégrée pour permettre la condensation des chromosomes recopiés. On rencontre ici un deuxième point de contrôle, récemment identifié et désigné par l'abréviation Chfr (*Check point with FH and ring finger*) ; il correspond à un domaine de la molécule appelée « *Fork Head Associated* » (FHA). Autrement dit, ce sont les gènes dont le clonage et le séquençage permettent d'assigner des homologies de la molécule étudiée à d'autres constituants cellulaires déjà connus. Il s'agit de la construction des protéines de la cellule à partir de « modules » à la façon d'un mécano. Les chromosomes condensés pour ce voyage s'accrochent alors aux câbles tendus par les centromères. Leur accrochage correct sera aussi contrôlé et, en cas de problème (au deuxième « *check point* »), le processus peut encore être arrêté. Après ces contrôles commence la métaphase au cours de laquelle les chromosomes-fils migrent vers les deux pôles de la cellule. En cas de « problème », le système de contrôle (désigné MAD-BUB et étudié chez la levure) peut encore arrêter la mitose [100]. Si tout va bien, au cours de l'anaphase, les chromosomes rejoignent les deux pôles de la cellule et la séparation du corps cellulaire peut commencer. La cellule passe ainsi un contrôle final (abrégé EBI), avant la télophase ou phase finale de la division, accompagnée par la reformation des chromosomes à l'intérieur des deux noyaux séparés, au sein des deux cellules-filles. Tout dernièrement, un nouveau « *check point* » a été identifié au niveau de la formation du fuseau chargé de faire voyager les chromosomes divisés vers les deux pôles constituant les cellules-filles. Ce fuseau résulte de la transformation du cytosquelette, formé de plusieurs protéines dont l'actine, la tubuline, etc. Les expériences de l'équipe de Y. Gachet, de l'université de Londres [86 et le commentaire de Y. Nakaseko et M. Yanagida, *ibid.*, p. 291], ont mis en évidence un mécanisme de contrôle permettant de surveiller la formation correcte du fuseau. Cette étape est en effet cruciale pour le partage équitable de la matière héréditaire entre les deux cellules-filles. Voici quelques éléments de cette étape du contrôle de la division qui en illustrent la complexité. Une protéine, appelée Rad21, assure la cohésion des chromatides-sœurs au cours de la métaphase*. Au cours de la phase suivante, l'anaphase, une protéine dégrade une sécurine, dont le rôle est d'inhiber l'action d'une troisième protéine, la séparase, qui dégrade à son tour la protéine-scotch Rad21, facilitant la séparation et la migration des chromatides vers les deux pôles de la cellule en division. Si le fuseau ne s'attache pas aux chromatides-sœurs (au niveau des kinétochores), tout le processus s'arrête. Cette étape de contrôle de la formation du fuseau se retrouve pendant toute l'évolution de la vie cellulaire. La voie des protéines-kinases* activées par le stress serait directement responsable de ce contrôle de la division cellulaire.

Ce rapide parcours de la division cellulaire illustre déjà sa complexité ; toutefois il n'inclut pas les nombreuses étapes clé entre l'arrivée du stimulus qui le déclenche, par exemple un facteur de croissance, sa reconnaissance par un récepteur et le déclenchement d'une série de réactions à l'intérieur de la cellule qui conditionne les événements microscopiques décrits. À chaque niveau de contrôle, des « erreurs » sont possibles et ont été observées. Un grand nombre d'entre elles peuvent conduire à une prolifération qui échappe à tout contrôle ultérieur. C'est ce que l'on observe au cours du processus qui conduit à la formation d'une tumeur maligne (cancer, par exemple). À cause du nombre élevé de postes de contrôle qui peuvent devenir défectueux, les mécanismes de transformation maligne sont nombreux. C'est l'une des raisons pour lesquelles il est si difficile d'élaborer des méthodes de traitement applicables, sinon à toutes les tumeurs, au moins aux plus fréquentes d'entre elles.

Télomérases et « temps de vie » des cellules en prolifération

La nature de la « limite de Hayflick » est restée longtemps mystérieuse. Sans comprendre le mécanisme qui la sous-tend, de nombreux chercheurs ont contesté (et certains continuent à le faire) la validité de la thèse de Hayflick, que nous pouvons résumer ainsi : cellules normales, prolifération limitée ; cellules malignes (« transformées* ») prolifération illimitée – à condition que le milieu soit favorable. Au cours des deux dernières décennies, la tendance s'est un peu inversée, donnant raison à Hayflick [76]. La thèse de Hayflick s'appuie sur un mécanisme apparemment simple. Chaque chromosome se termine par une longue séquence d'ADN, appelée « télomère* ». Cette séquence monotone protège les deux extrémités des chromosomes et empêche qu'ils s'accrochent les uns aux autres ou à d'autres constituants du noyau cellulaire. Quand l'ADN-polymérase commence à copier la séquence d'ADN des chromosomes, l'enzyme se fixe sur les télomères pour commencer son travail. Ainsi, la séquence relativement courte sur laquelle l'enzyme s'est fixée ne sera pas recopiée. Cela entraîne un raccourcissement des télomères à chaque division de la cellule. Au moment où ce raccourcissement empêche l'enzyme de se fixer, le recopiage est interrompu. Voici une première explication, fortement simplifiée (donc incomplète) du phénomène observé par Hayflick. Ces cellules en bout de course ne meurent pas pour autant. Elles paraissent fortement élargies, inertes et présentent des signes évidents de souffrance. Cela ne les empêche pas de survivre assez longtemps dans un milieu adéquat. Pour échapper à cette limite de prolifération, il faudrait que les télomères ne se raccourcissent pas. C'est exactement ce que fait une enzyme, la télomérase, d'origine ancestrale, composée de protéines et d'ARN et présente dans les cellules germinales (qui ne vieillissent pas). La télomérase n'est plus, sauf exception, exprimée dans les cellules somatiques* ce qui explique (en partie) l'arrêt de leur prolifération quand les télomères, réduits à une petite longueur critique, empêchent l'ADN-polymérase de s'y fixer. En réalité, ce processus est beaucoup plus complexe que ne le laisse penser ce récit, et il n'est même pas le seul à limiter la prolifération cellulaire. Nous renvoyons les lecteurs désireux d'approfondir ce problème en pleine évolution au glossaire.

Ces dernières années, une équipe américaine a réussi à introduire (transfecter) le site actif* cloné de la télomérase dans des cellules humaines normales ; elle a observé un prolongement considérable de leur capacité de prolifération en culture. De façon surprenante, cette survie n'a pas été accompagnée de transformation maligne. Cette expérience a fait naître l'espoir de maintenir en vie plus longtemps les cellules humaines ayant épuisé leur potentiel de division. De même, les belles expériences de l'équipe de Weinberg au MIT montrent que la transformation maligne de cellules humaines en culture (jamais réussie auparavant) nécessite la transfection, en plus de la télomérase, de deux autres gènes d'origine virale. L'optimisme suscité par la transfection de la télomérase sans dégénérescence cellulaire fut de courte durée : des études récentes ont montré qu'en prolongeant suffisamment la prolifération des cellules ayant « bénéficié » de la transfection de la télomérase, on observe dans ces cultures l'activation de certains oncogènes*. L'attrait qu'exercent les traitements « rajeunissants » se double ainsi de la menace d'une possible croissance maligne qui échapperait au contrôle. Reste l'autre espoir qu'a fait naître la redécouverte de la vertu inhibitrice de la télomérase, qui pourrait arrêter un processus cancéreux. Comme la plupart de ces travaux se poursuivent dans la bio-industrie, les résultats ne filtrent qu'en cas d'échec ou après le dépôt de brevet.

Cette brève explication de la limite de la prolifération des cellules normales est l'un des aspects du vieillissement, donc de la régulation de la durée de vie et du passage délicat de la frontière entre immortalité et mortalité. Nous y reviendrons.

Le temps de la vie des cellules dans l'organisme

Nous avons vu comment les cellules se comportent en culture, venons-en maintenant aux cellules à l'intérieur de l'organisme. Intégrées dans des tissus et des organes ou encore circulant dans le sang, les cellules sont soumises à l'influence de multiples facteurs. Un modèle expérimental rend compte de cette situation : on met les cellules (fibroblastes de la peau, cellules musculaires lisses des vaisseaux) en culture, non pas au fond d'un récipient surmonté d'un milieu liquide, mais à l'intérieur d'un gel fabriqué à partir d'une suspension de fibrilles de collagène, extraits de la peau ou des tendons. Dans ces conditions, les cellules sont en contact avec les fibres de collagène comme elles le sont dans les tissus. On peut alors suivre leur prolifération grâce à une méthode qui consiste à ajouter au milieu de culture un précurseur radioactif de l'ADN, la thymidine*, marquée au tritium, un isotope radioactif de l'hydrogène. Ce nucléotide* sera incorporé dans l'ADN néosynthétisé par les cellules au cours de leur division. En comparant la prolifération d'un même nombre de cellules maintenues en milieu liquide ou à l'intérieur d'un gel de collagène, on s'aperçoit que leur prolifération est fortement ralentie dans le gel par rapport à la culture en milieu liquide. Ce ralentissement est attribué à des « messages » de modération reçus par la cellule et médiés par les récepteurs (intégrines* et autres) : ces messages signifient que les cellules doivent ralentir leur vitesse de prolifération. Les résultats des expériences menées par l'équipe de Charles Lapierre à Liège et de Bernard Coulomb à Paris sur la prolifération des cellules au sein des gels de collagène sont fort intéressants. Dans ces conditions, comme au sein des tissus, la peau par exemple, la vitesse de prolifération étant ralentie, la longévité de ces cellules augmente par rapport à leur durée de vie en culture « classique », où la prolifération est rapide.

La mesure de la prolifération cellulaire *in vivo* (chez l'animal de laboratoire, mais dans certaines conditions chez l'homme également) est aussi devenue possible grâce à l'utilisation de la thymidine tritiée. Il faut effectuer des prélèvements (des biopsies cutanées, par exemple) et compter les cellules en division par autoradiographie* sur des coupes histologiques. On détermine ainsi les indices mitotiques, c'est-à-dire le nombre de cellules (sur 1 000 par exemple) qui s'engagent à un moment donné dans le processus de la division. L'une des premières constatations de ces études (effectuées dès les années 1930 sur la peau du prépuce) est la variation de la fréquence des mitoses selon l'heure de la journée à laquelle le test est effectué. La figure 11 montre le résultat d'études sur la peau (l'épiderme*) des adultes, effectués par deux équipes distinctes (en 1959 et 1968) sur plusieurs individus. L'un des auteurs [99] note un premier pic à environ 16 heures, pic absent chez son confrère (Fisher), mais pour les deux auteurs, c'est vers minuit que les cellules de l'épiderme sont les plus actives (figure 11). Comme chaque point de ces deux courbes a été obtenu sur plusieurs individus (de 3 à 13), les résultats paraissent relativement fiables. Ainsi, au sein de l'organisme, des effets se font sentir au niveau de la régulation de l'activité mitotique que l'on n'observe pas en culture cellulaire et qui soumettent cette activité mitotique à une horloge nycthémérale. Ces résultats ont été étendus à une grande variété de tissus animaux et humains. Chaque type cellulaire examiné présente une variation circadienne* de l'activité mitotique. Par contre, le moment de

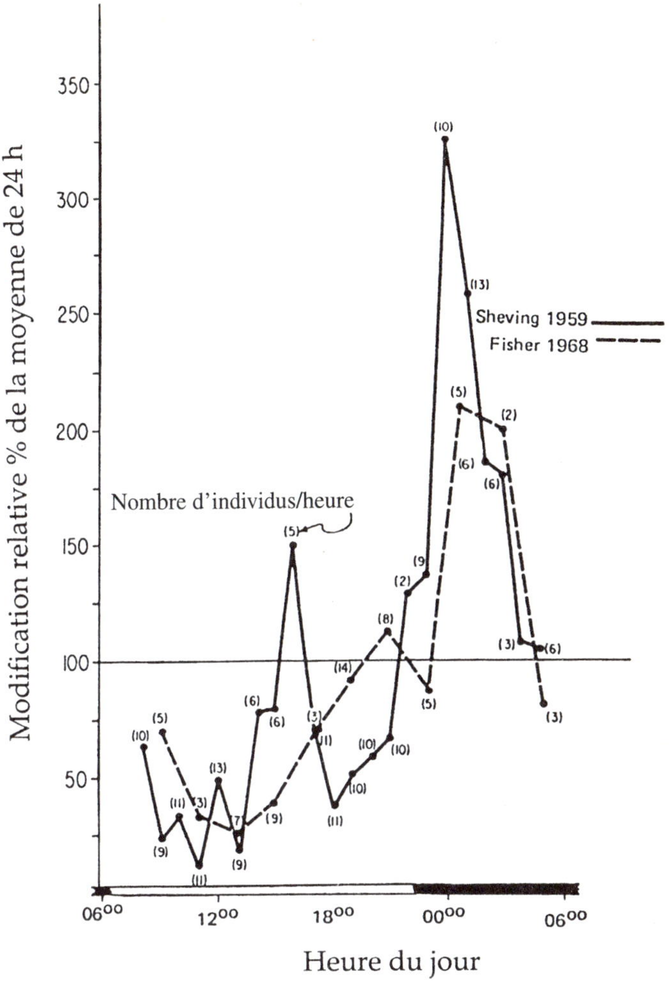

Figure 11. Variation nycthémérale de l'intensité de division des cellules de l'épiderme humain. Dans les deux expériences représentées, le maximum est très prononcé vers minuit. L'une des deux expériences seulement présente un deuxième maximum vers quatre heures de l'après-midi. (D'après Scheving dans [72] © Marcel Dekker Inc.)

l'activité maximale et minimale, ainsi que l'amplitude, varient fortement selon les tissus examinés. L'indice mitotique le plus élevé (c'est-à-dire le nombre de mitoses pour 1 000 cellules) a été constaté dans l'intestin (le duodénum*), suivi par la cornée (son épithélium*) et l'épithélium de la langue. Les améloblastes (cellules dentaires) et les cellules de l'épiderme présentent les courbes les plus plates (effet modéré de l'horloge nycthémérale). Les activités mitotiques maximales se situent vers 10 heures du matin avec un deuxième pic pour plusieurs tissus (la cornée et la langue surtout) vers 6 heures du matin. L'heure de l'activité mitotique maximale a été mesurée sur un assez grand nombre de tissus de la souris et se situe vers 4 heures du matin pour l'épithélium de la langue, et vers 16 heures pour les cellules de la rate. Il est donc clair que les influences extratissulaires se manifestent différemment selon les espèces et les tissus. Ces influences sont multiples, de l'action des hormones et des facteurs de croissance aux interactions entre les cellules et leur matrice extracellulaire. Mais l'effet le plus net sur ces rythmes mitotiques est exercé par le système nerveux autonome* (sympathique-parasympathique) qui réagit à l'alternance de la lumière et de l'obscurité, probablement par l'intermédiaire de la modulation de la production de facteurs de croissance. Le rythme alimentaire intervient aussi. Toutefois, la suppression de la lumière n'abolit pas les rythmes mitotiques mais provoque seulement un décalage de phase. De telles études ont été effectuées sur la prolifération des cellules épithéliales de la cornée de rongeurs par Scheving (1984). Le retour à la rythmicité originale exige environ une semaine, laps de temps assez court par rapport à d'autres ajustements au décalage horaire. Curieusement, ni l'ablation de glandes endocrines (glande surrénale, hypophyse) ni celle du noyau suprachiasmatique, supposé contrôler la plupart des activités rythmiques de l'organisme, n'abolit les rythmes mesurés sur l'épithélium cornéen. Seule l'amplitude des variations change. Il semble donc qu'à l'influence de la lumière, du système nerveux, de la nutrition et des hormones, s'ajoutent celles d'autres facteurs encore inconnus, lesquels interviennent aussi dans la régulation de la division cellulaire au sein de l'organisme.

Horloge nycthémérale et médicaments

La description précise de la régulation de ces comportements cycliques revêt une importance majeure quand on compare les cellules normales et tumorales, dans l'organisme d'une part et en culture cellulaire d'autre part. Le choix du temps de l'administration des médicaments antitumoraux est un facteur important du succès thérapeutique. La chronopharmacologie est donc devenue une discipline importante, en particulier pour la thérapie des tumeurs malignes. L'étude très exhaustive menée par M. Guiget (1984) sur un grand nombre de types cellulaires, en culture et *in situ*, à l'état normal et pathologique, détermine la variabilité des différentes phases du cycle cellulaire. Passant au crible la littérature médicale, l'équipe de M. Guiget a comparé 186 études portant sur la prolifération de cellules humaines et animales en culture ou *in vivo*. Ils constatent une grande variabilité des phases successives du cycle mitotique. Contrairement à ce qu'affirment certains chercheurs, chaque phase du cycle mitotique, et pas seulement sa première phase (G1), est très variable. Chaque phase est aussi diversement étalée dans le temps. La durée de la phase S (temps de resynthèse de l'ADN des chromosomes) varie entre 5 heures et 20 heures. La phase G1 peut durer de 1 heure à 30 heures et la phase G2, apparemment la plus régulière, de 1 heure à 10 heures. La différence entre les déterminations portant sur les cellules normales et tumorales est relativement modeste et ne va pas dans le sens escompté d'une plus grande dispersion. Ainsi, la durée moyenne des phases G1 S et G2 est de 9.0, 10.5 et 3.2 heures pour les cellules tumorales et de 3.5, 7.8 et 1.9 heures pour des cellules normales. C'est probablement la limitation dans le temps de la prolifération, plus que la durée exacte de chaque phase de la mitose, qui distingue la prolifération normale et tumorale. Il semble en effet que la variabilité des différentes phases du cycle cellulaire soit intrinsèque à chaque cellule. Cela ressort nettement des études de A.G. Petrovic [91] à l'université de Strasbourg. Son équipe a isolé et étudié des cellules précurseurs des tissus squelettiques du rat et de l'homme. Bien que ces cellules suivent un rythme mitotique de 24 heures, au cours des divisions successives, des multiples d'un « temps de base » (désigné Gq par Klevetz (1984)) de 3.5 heures environ apparaissent rapidement. Cette variabilité du rythme cellulaire et sa déviation « spontanée » de l'entraînement nycthéméral ressort clairement des expériences effectuées sur des cellules isolées et dont la division a pu être suivi en continu. Après 4 cycles de division, certaines cellules issues d'un même précurseur d'ostéoblastes (cellule fabriquant l'os) se distinguent en changeant de rythme. Contrairement à la majorité des cellules qui maintiennent un rythme de mitose de 24-25 heures, certaines d'entre elles « sautent » à 32 heures ou même à plus de 40 heures. Il s'agit apparemment de « sauts quantiques » et non de variations aléatoires du cycle cellulaire. Plusieurs mécanismes ont été invoqués pour expliquer la régulation des cycles (voir la bibliographie pour plus de détails sur la mitose et sa régulation) : l'entrée du calcium dans la cellule, la variation de la quantité de fibronectine, une glycoprotéine associée à la membrane cellulaire, etc. Quel que soit le mécanisme sous-jacent, il paraît acquis que les cellules, aussi bien en culture qu'au sein de l'organisme, possèdent de multiples mécanismes de régulation de leur cycle mitotique. Le cycle nycthéméral de 24 heures ne serait qu'un des rythmes disponibles à la communauté cellulaire qui reçoit de nombreux « messages » d'autres cellules et tissus de l'organisme pour régler son propre cycle mitotique. À l'échelle de l'évolution, ces travaux permettent d'observer quelques mécanismes de coordination qui réussissent à éviter que les cellules de l'organisme ne deviennent trop autonomes (malignes), ce qui mettrait en danger la survie de l'individu.

L'évolution des oscillateurs cellulaires depuis les temps prébiotiques

Lors de la formation de la Terre, il y a environ 4,5 milliards d'années, la Lune était beaucoup plus proche de la Terre qu'elle ne l'est actuellement, et la vitesse de la rotation de la Terre était beaucoup plus rapide. Son ralentissement jusqu'aux valeurs actuelles de 24 heures par jour et 365 jours par an est progressif, tout au long des ères prébiotiques et durant toute la période de l'évolution de la vie, comme l'a fait remarquer Klevetz [79]. Il est dû aux frictions provoquées par les marées, freinées par l'éloignement progressif de la lune, soumises à d'autres facteurs relatifs à l'évolution de la galaxie. L'hypothèse d'une durée du jour beaucoup plus courte sur la Terre « jeune » (entre 4,5 heures et plus tard 8-9 heures environ) est confirmée par la périodicité des dépôts calcaires des stromatolytes*, des coraux et bivalves. Ces animaux s'entourent d'une couche protectrice dont l'analyse permet d'évaluer le nombre d'années consécutives d'accrétion des couches calcaires. La violence des marées, l'intensité des radiations UV a dû « inciter » les organismes précurseurs des cellules naissantes à « mettre au point » des activités périodiques, des oscillateurs facilitant leur adaptation à un milieu hostile. Grâce à ces estimations basées sur des animaux pluricellulaires développés ayant vécu il y a 3 milliards d'années environ, on estime la durée du jour à 8 ou 9 heures. Klevetz a souligné l'importance du rallongement progressif du jour depuis l'époque précambrienne (424 jours par an) jusqu'à aujourd'hui pour le comportement temporel des cellules. Cette période plus rapide d'oscillations nycthémérales ancestrales aurait-elle survécu dans les mécanismes métaboliques fixés progressivement dans le génome ou dans les mécanismes épigénétiques de nos cellules ? Klevetz énumère plusieurs arguments pour étayer l'hypothèse de la survie dans nos cellules d'une horloge circadienne ancestrale ayant une période de 4-5 heures environ. Parmi ces arguments, il faut mentionner le « retour » à cette période courte au cours d'expériences tendant à perturber, ou à désintégrer la période circadienne de 24 heures. De telles expériences ont été effectuées avec succès sur des cellules isolées, mais aussi sur des animaux entiers comme la drosophile. Des observations similaires ont également été faites par l'inactivation du centre nerveux supposé coordonner les fonctions circadiennes, le noyau suprachiasmastique* (voir plus loin). Une autre variable importante identifiée par Jacklet et Geronimo (1971), citée par Klevetz, est la taille des tissus. En excisant des surfaces de plus en plus importantes de la rétine de l'escargot de mer *Aplysia* – animal favori des neurobiologistes –, on peut modifier sa régulation circadienne. Après une petite excision, la période en « roue libre » (absence d'entraînement extérieur, comme le soleil) ne baisse que faiblement, de 28 heures à 24 heures. Les ablations successives – environ 80 % de la surface rétinienne – ne modifient pas non plus la régulation circadienne. Mais, à partir de là, au fur et à mesure que l'excision augmente, la période descend à 12, 6, puis 3 heures. L'expérience laisse penser que la taille des tissus, c'est-à-dire le nombre de cellules réagissant à la lumière, joue un rôle important dans l'établissement du rythme. Serait-ce un « souvenir » des jours plus courts de l'évolution des unicellulaires vers les pluricellulaires, ou encore une « trouvaille » spécifique à cet animal ? La perturbation par des toxines, radiations ou autres interventions du cycle cellulaire des mammifères, entraîne aussi l'établissement d'une période de 4 heures. Ces arguments ont incité des chronobiologistes à chercher dans les oscillations métaboliques, discutées précédemment (p. 85), l'origine de cette horloge ancestrale. Des recherches plus récentes sur la nature de ces horloges seront discutées dans le chapitre consacré à la chronobiologie.

La transition de la vie unicellulaire vers l'organisation pluricellulaire – le rôle des « oscillateurs »

Nous ne savons que peu de chose à propos des influences de l'environnement ou des modifications du génome et de la structure des cellules des eucaryotes unicellulaires qui auraient pu les « inciter » à se regrouper pour former des êtres pluricellulaires. Nous avons déjà évoqué ce problème lors de l'introduction des communications cellulaires et l'apparition des « colles biologiques » et de la matrice extracellulaire. Ces « inventions » ont joué un rôle majeur dans l'évolution vers les animaux pluricellulaires. À un niveau plus « élémentaire », on note l'apparition d'organismes qui possèdent un grand nombre de noyaux cellulaires dans un corps cellulaire unique de grande taille. C'est le cas d'une moisissure (*slime mold*) comme le *physarum polycephalum* (un myxomycète*) qui, à l'état de plasmodium*, ne divise pas le corps cellulaire, mais seulement le noyau. La grosse masse cellulaire peut ainsi contenir des centaines de millions de noyaux cellulaires remuant dans l'énorme protoplasme parcouru par des câbles d'actomyosine*, qui tirent le contenu cellulaire dans tous les sens. Tous ces noyaux se divisent deux à trois fois par jour d'une façon synchrone [101]. L'activité de plusieurs enzymes clés du métabolisme oscille aussi d'une façon synchrone dans cette mégacellule, ce qui suggère une synthèse périodique d'ADN impliquant la transcription synchronisée des gènes sur un grand nombre de brins d'ADN. Ce curieux cycle cellulaire se singularise aussi par l'absence de la phase G1, c'est-à-dire l'intervalle entre la division du noyau. Le signal déclenchant la division nucléaire paraît être lié au rapport de la taille du cytoplasme* au noyau. Sa baisse jusqu'à un certain niveau déclenche la division nucléaire. Il se pourrait que la molécule qui commande le démarrage des divisions des noyaux soit fixée sur des sites spécifiques de la membrane nucléaire. Le signal du démarrage de la division des noyaux serait donné quand un nombre critique de ces sites est occupé.

Il est difficile de dire s'il s'agit là d'une véritable ébauche évolutionniste d'organisation pluricellulaire. Ce pourrait être, comme c'est souvent le cas, un cul-de-sac de l'évolution, une de ces curiosités sans suite de la nature, intéressante à comprendre sans autre but que de s'émerveiller devant les « expériences » que tente la nature pour trouver une voie d'évolution originale. Le séquençage du génome de ce champignon permettra peut-être de comprendre comment une telle forme de vie, entre l'unicellulaire et le pluricellulaire, a pu apparaître.

L'étude de l'amibe *Dyctiostelium discoideum* s'approche davantage d'un véritable exemple de transition de l'état unicellulaire vers l'organisation pluricellulaire. Pour passer de l'état unicellulaire à l'état pluricellulaire et prendre l'aspect d'un petit animal déjà bien différencié, cette amibe a dû « inventer » un mécanisme de communication intercellulaire. Sans ce mécanisme, les cellules séparées ne se seraient jamais regroupées. Voici pourquoi ce modèle a été si bien et si tôt (dès les années 1960) étudié par les biologistes du développement. Le système de communication entre cellules isolées et séparées inventé par cette amibe n'est pas sans rappeler les modalités des communications intercellulaires utilisées par les organismes pluricellulaires à tous les niveaux de l'évolution. Cette modalité de communication intercellulaire possède en outre une périodicité caractéristique, exemple intéressant des oscillations biochimiques intervenant dans l'organisation de la vie cellulaire. Nous suivrons donc le récit qu'en donne Goldbeter [74] sans approfondir les thèmes de la modification des rythmes aboutissant au « *bursting* » et au chaos*, auxquels de nombreux ouvrages ont été déjà consacrés. Le cycle de vie de cette amibe commence par la germination d'une spore*, donnant naissance à une cellule qui se divise et engendre une multitude de cellules isolées. Les cellules se nourrissent de bactéries et dès que cette nourriture vient à manquer, les amibes s'agrègent par centaines de milliers, jusqu'à ce que l'agrégat s'allonge progressivement pour imiter une limace (figure 12). C'est à cette étape que l'on assiste à ce phénomène propre aux seuls êtres pluricellulaires : la différenciation* des cellules qui donne une forme caractéristique à cet animal, appelé

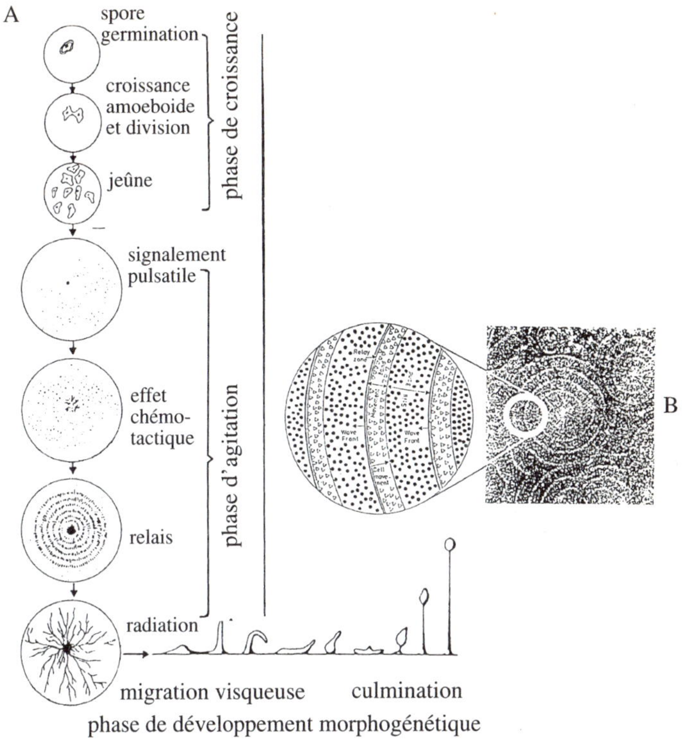

Figure 12. A) cycle de vie des amibes *Dictyostelium discoideum* montrant les phases de croissance, d'agrégation et de formation de sporanges (Newell, 1977). B) agrégation concentrique des amibes en milieu semi-solide (agar) avec indication du front d'onde du signal (dû à la diffusion de l'AMPc) et le mouvement des cellules (Alcantera et Monk, 1974 ; Newell, 1977). [Dans 74, © Masson S.A.].

« sporange ». Les spores formées à ce moment prennent la forme d'un bulbe, une grosse tête d'épingle, se balançant en haut d'une tige de quelques millimètres de haut. Au moment où les spores (contenues dans la tête) se dispersent, le cycle recommence. Or il s'est vite avéré que l'agrégation des cellules isolées de l'amibe suit une périodicité caractéristique. En suivant ce processus sur une surface semi-solide, on peut photographier la constitution de cercles concentriques juxtaposés (figure 12). L'analyse d'un vidéo-film de ce processus laisse calculer une période de 5 à 10 minutes pour la constitution des anneaux d'agrégats cellulaires successifs. À la suite des travaux de Schaller (cités dans [74]), on sait qu'au centre de chaque système d'anneau concentrique se trouve une amibe qui émet des signaux (appelés alors « acrasine ») et incite les autres amibes à se regrouper autour d'elle. Les cellules périphériques paraissent capables de relayer le signal, lequel ne s'affaiblit effectivement pas. Ce processus d'émission périodique de signaux chimiques présiderait à la transition de l'état unicellulaire à l'animal pluricellulaire. Les bandes claires des anneaux concentriques correspondent à des cellules en mouvement, les bandes sombres à des cellules immobiles. L'analyse de l'acrasine a permis de l'identifier à une molécule connue pour sa capacité de relayer les messages provenant de l'extérieur de la cellule (des messages chimiques, hormones, facteurs de croissance ou autres captés par des récepteurs), messages relayés vers l'intérieur de la cellule par un second messager*, l'AMP-cyclique* (AMPc). Grâce aux traceurs qui repèrent cette molécule pendant la période d'agrégation de l'amibe, on retrouve le dessin concentrique représenté sur la figure 12. Les oscillations périodiques de l'AMPc rappellent d'ailleurs les réactions chimiques oscillantes comme celles de Belousov-Zhabotinsky*, souvent exploitées par les théoriciens. Le comportement oscillant de ces amibes a été observé même en milieu agité, quand on garde en suspension les cellules dans un milieu liquide au lieu de les laisser évoluer sur un support semi-solide comme la gélatine. Dans ces conditions, on peut étudier l'effet de l'AMPc ajouté à la suspension cellulaire. À chaque addition, on note l'apparition d'une vague d'agrégation des cellules, même en milieu liquide agité. Ainsi, le signal d'agrégation est assez fort pour inciter les cellules à se rassembler. Il est alors difficile de résister à la tentation d'imaginer le démarrage de la production d'une « colle » biologique adéquate permettant aux cellules de rester ensemble en permanence et de résister ainsi aux vagues et autres agressions du milieu. Cette étape, franchie par les invertébrés les plus « simples », serait alors suivie de la différenciation de certaines cellules pour produire de la matrice extracellulaire indispensable à la naissance d'êtres pluricellulaires structurés, pouvant résister aux vagues violentes des marées. C'est ainsi que l'on pourrait un peu naïvement se représenter l'évolution des premiers invertébrés pluricellulaires organisés, les éponges, probablement dès le début du cambrien, il y a environ 600 millions d'années.

Mais encore fallait-il expliquer le mécanisme moléculaire des oscillations attribuées à la synthèse et au relarguage rythmé de l'AMPc. Golbeter [74] a proposé un modèle allostérique* qui satisfait de prime abord la curiosité du biologiste. Pour résumer succinctement ce mécanisme astucieux « inventé » par ces cellules, il fallait admettre l'existence à la surface des cellules d'un récepteur* qui « reconnaît » ce signal, la molécule d'AMPc, et qui, par l'intermédiaire d'un relais de transmission intracellulaire, activerait la synthèse d'AMPc à partir d'ATP. Cette réaction est catalysée par une enzyme spécifique, une adénylate cyclase*. Il s'agit donc, selon ce modèle, d'une rétroaction similaire à celle décrite lors de la régulation de la glycolyse où la phosphofructokinase (PFK) jouait ce rôle central de régulateur allostérique du comportement cyclique de la dégradation du glucose pour produire l'ATP (voir p. 88). La figure 13 est une version simplifiée du modèle proposé par Martial et Goldbeter (1990). L'AMPc se fixe sur son récepteur – R – qui active l'adénylate synthétase (c), laquelle à son tour augmente la production d'AMPc à partir d'ATP. L'AMPc ainsi produite quitte la cellule pour « appeler » les autres cellules au rassemblement. Mais pour décrire de façon satisfaisante le phénomène oscillatoire, il faut que la phase d'amplification de l'émission du signal soit suivie d'une phase de déclin, d'inhibition. Cette phase peut être attribuée à la « désensibilisation » transitoire du récepteur. La baisse de la concentration locale d'ATP nécessaire à la production d'AMPc pourrait aussi jouer un rôle régulateur. L'activité de la cyclase se ralentirait, laissant s'accumuler l'ATP, ce qui provoquerait une nouvelle augmentation de synthèse d'AMPc, donc une nouvelle vague autocatalytique de synthèse d'AMPc. La fixation de l'AMPc sur son récepteur entraîne l'activation

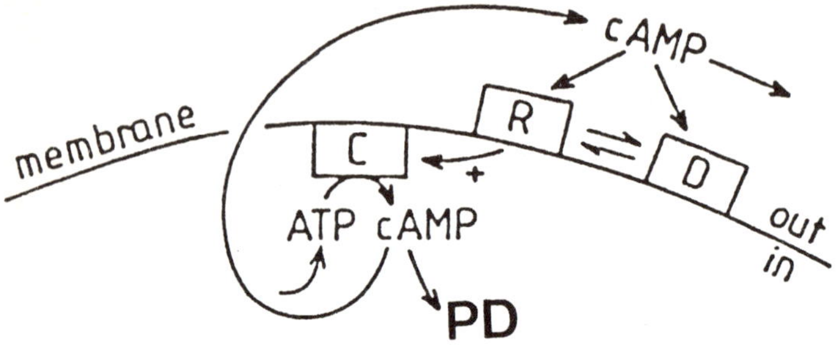

Figure 13. Mécanisme des oscillations entretenues chez *D. discoideum*, basé sur la désensibilisation du récepteur du cAMP. La cAMP extracellulaire est reliée aux formes active (R) et désensibilisée (D) du récepteur. Sa liaison à la forme R active l'adénylate cyclase (C), enclenchant à partir d'ATP la synthèse d'AMPc et provoquant le passage du récepteur à la forme désensibilisée D. L'AMPc ainsi produite diffuse dans le milieu extracellulaire. La phosphodiestérase* (PD) détruit l'AMPc intracellulaire.

de l'adénylate synthétase, et le cycle peut recommencer. Ce modèle simple pose néanmoins un problème : le dosage en continu de l'ATP ne montre pas de baisse périodique, la concentration de ce précurseur de l'AMPc reste constante pendant le cycle à un taux relativement élevé (1.2 mM*). L'adénylate cyclase peut être inhibée par la caféine, ce qui supprime les oscillations. L'expérience clé ayant permis de comprendre la vraie nature des oscillations consiste à maintenir la concentration d'AMPc constante à l'extérieur des cellules. Dans ces conditions, la théorie simple esquissée ci-dessus nous ferait obtenir un niveau constant et élevé de production d'AMPc, par activation soutenue de son récepteur (R). Mais au contraire, la production d'AMPc baisse après un certain temps, à son niveau non stimulé. Ce phénomène d'adaptation de la cellule à la plus forte concentration du stimulus, l'AMPc, dans le milieu extracellulaire, est attribué à la désensibilisation du récepteur. Ce phénomène est connu en réceptorologie*, en particulier pour les neuromédiateurs*. Ce même type de régulation est couramment observé au niveau du contrôle de la production de nombreuses hormones. La régulation cellulaire est donc largement exploitée dans la nature. Dans le cas du récepteur de l'AMPc, la désensibilisation est due à la phosphorylation* des récepteurs à la suite de sa réaction avec son ligand, l'AMPc. C'est le mécanisme le plus souvent mis en jeu par les cellules pour obtenir des activations-inactivations et en l'occurrence l'oscillation d'effecteurs (enzymes, récepteurs) entre deux états distincts à haute et à basse affinité ou forte ou faible activité. Le récepteur oscillerait ainsi entre les deux états, sensible (R) et insensible (D). À l'état sensible, le récepteur active l'enzyme, l'adénylate cyclase augmentant ainsi la production d'AMPc. À la suite de sa phosphorylation, le récepteur bascule dans l'état « insensible » et n'active plus la cyclase. Quant à l'AMPc excrétée dans le milieu, elle doit se fixer sur son récepteur présent sur d'autres cellules et enclencher un phénomène similaire. Outre cette auto-amplification du processus, la fixation de l'AMPc sur le récepteur de la cellule contactée doit déclencher le phénomène de migration d'autres cellules (chimiotactiques*) vers la cellule émettrice de signaux, tandis que l'excès d'AMPc est détruit par une enzyme (une phosphodiesterase*). Goldbeter a développé une théorie quantitative basée sur ce modèle ; elle permet d'estimer les vitesses relatives des étapes individuelles de cette série de réactions et de comparer les mesures expérimentales avec la théorie.

Ces travaux montrent comment des mécanismes d'auto-organisation de type « donneur de temps » ont pu émerger au cours de l'évolution de la vie cellulaire. Un certain nombre de variables environnementales, comme l'abondance de la nourriture et la température, ainsi que des facteurs intrinsèques comme le « codage » des enzymes et des récepteurs intervenant dans ces échanges de signaux, influencent de façon critique le fonctionnement de ces systèmes. Un brin de mécanisme lamarckien se glisse dans une séquence d'événements évoluant théoriquement « au hasard » pour être ensuite « stabilisés » par la sélection évolutive.

De toute évidence, ces systèmes correspondent aux principes d'auto-organisation temporelle loin de l'équilibre (thermodynamique*) engendrant les oscillations du type cycle limite, obéissant au formalisme développé par Prigogine pour les « structures dissipatives* ».

Le transfert du « message » des récepteurs membranaires vers l'intérieur de la cellule, qu'il s'agisse de l'adénylate cyclase ou d'autres effecteurs, implique plusieurs étapes intermédiaires. Ce relais entre récepteur membranaire et effecteur intracellulaire est assuré par des « seconds messagers* », AMPc, GMPc, IP3, etc., maillons d'une chaîne de réactions qui comporte un nombre variable d'étapes offrant des possibilités de régulations et d'orientation sélective des messages vers des systèmes effecteurs différents (voir récepteurs* dans le glossaire). Nous envisagerons plus loin plusieurs cas spécifiques de ces oscillateurs donneurs de temps qui jouent un rôle particulièrement important dans le chronométrage des fonctions biologiques. C'est le cas des relais hormonaux, de la régulation des battements cardiaques et de la respiration. Un chapitre sera consacré au chronométrage des fonctions nerveuses et cognitives.

Les rythmes de sécrétion hormonale – l'exemple de l'hormone gonadotrope

Un grand nombre d'hormones interviennent dans la régulation et la coordination des fonctions de l'organisme. La grande majorité d'entre elles est sécrétée selon des rythmes oscillants entre des maxima et des minima de sécrétion. L'exemple le plus classique est la régulation de l'ovulation chez la femme, qui entraîne la périodicité du cycle menstruel. La régulation de l'émission des hormones agissant directement sur les cellules cibles, les ovaires et la muqueuse utérine, est assurée par des hormones activant la glande endocrine* chargée de sécréter ces hormones. Ainsi des cellules spécialisées de l'hypothalamus*, un prolongement du cerveau sécrétant des hormones de ce type, en l'occurrence la « *Gonadotropine Releasing Hormone* » ou GnRH*. Cette émission se fait par une pulsation par heure environ, chez l'homme et le singe rhésus (pour les références voir [74]). La GnRH agit sur des cellules de l'hypophyse*, une glande endocrine attachée par une petite tige à la partie inférieure du cerveau tout près de l'hypothalamus. Cette glande hypophyse sécrète de nombreuses hormones, dont celles qui régulent les ovulations et le cycle menstruel. Il s'agit de l'hormone lutéinisante ou LH* et de l'hormone stimulant les follicules des ovaires ou FSH*. Si l'on empêche la sécrétion de GnRH chez le singe rhésus, les fonctions périodiques – ovulation et autres – sont supprimées. On peut alors injecter la GnRH soit de façon continue – on ne provoque qu'une faible synthèse de LH ou FSH – soit de façon pulsatile, au rythme naturel d'une fois par heure (pendant 6 minutes environ pour chaque injection). Dans ce deuxième cas, on obtient une sécrétion normale des deux hormones, LH et FSH. Si l'on accélère le rythme d'injection de GnRH à deux ou trois fois par heure, on fait encore baisser le taux de sécrétion des hormones LH et FSH. Même résultat si l'on diminue la fréquence d'injection de GnRH : la synthèse et la sécrétion de LH et FSH baissent encore. Ces travaux de Knobil mettent clairement en évidence l'importance du codage temporel de la fonction de reproduction, codage par fréquence d'interaction hormone-cellule. Ce codage temporel relie ainsi une partie du cerveau – l'hypothalamus –, une glande endocrine, l'hypophyse, et les organes sexuels, les ovaires et l'utérus. Ces notions de codage temporel sont importantes non seulement pour la compréhension du fonctionnement de l'organisme mais aussi, en médecine et en thérapeutique, pour ajuster les administrations d'hormones aux rythmes requis pour leur efficacité maximale. D'après le modèle de Lacker, la phase folliculaire du cycle menstruel peut être assimilée à une dynamique de sélection d'un seul ovule (sur un grand nombre disponible, de l'ordre de 400 000 environ dans un ovaire) pour l'amener à l'ovulation après une phase de maturation sous le contrôle du relais hormonal cité. En l'absence de fertilisation, le corps jaune* dégénère et la phase lutéale du cycle est suivie d'une nouvelle phase folliculaire. Ces deux phases, de 14 jours chacune, donnent la périodicité de 28 jours des « règles », correspondant à l'élimination de la muqueuse utérine épaissie en vue de la réception de l'œuf fertilisé. Nous avons donc dans ce cas une succession de périodes très inégales des pulsations horaires d'émission d'hormones stimulant l'émission d'autres hormones jusqu'à des périodes plus longues de 14 et 28 jours au niveau des fonctions physiologiques des organes. Bel exemple de l'application d'oscillations élémentaires, « d'horloges biologiques », pour coordonner dans le temps la succession de fonctions très différentes de cellules spécialisées et situées dans différents organes, éloignés les unes des autres, en les intégrant ainsi d'une façon harmonieuse en vue de l'exécution d'une tache essentielle pour la survie de l'espèce, la reproduction. C'est d'ailleurs à ce niveau que le vieillissement de l'organisme peut être ramené d'une façon directe au ralentissement de ces horloges endocriniennes. Deux chercheurs japonais [98] ont comparé le rythme des décalages électriques au niveau de l'hypothalamus chez de jeunes rates (3 mois) et chez des rates âgées (26 mois). Le rythme d'émission des signaux électriques est de 35 minutes environ chez les secondes (ovariomectisées*), nettement plus espacé que chez les premières (22,5 minutes environ). Ce ralentissement électrique entraîne celui de la sécrétion hormonale (de l'hormone lutéinisante, LH) mesurée dans le sang, de 23 minutes entre les pics de sécrétion chez les jeunes, à 32 minutes chez les âgées. La quantité d'hormones sécrétée baisse aussi avec l'âge, comme en témoigne l'aplatissement des pics de concentration d'hormone dans le sang (de 3,40 ng/ml à 0,95 ng/ml). S'agit-il d'une perte des cellules neuronales capables d'émettre des signaux ou d'une moindre activité par cellule ? Cela reste encore à déterminer. D'après ces auteurs japonais, il y aurait une perte de la moitié des neurones qui peuvent émettre des signaux électriques au cours du vieillissement. Il est intéressant de remarquer que l'activité sécrétrice ne s'arrête pas au moment où la fertilité de ces animaux se tarit. Une baisse relativement modérée de la sécrétion suffit à empêcher le déroulement normal de la séquence d'événements cellulaires impliqués dans le maintien de la fertilité. Il est aussi intéressant de constater que des animaux très âgés (26 mois sur environ

30 mois de durée de vie maximale) ont néanmoins préservé une activité électrique et une sécrétion hormonale mesurables.

Le chapitre suivant, consacré à la chronobiologie, comporte d'autres exemples de coordination spatio-temporelle des fonctions cellulaires. Il semble bien que la quasi-totalité des fonctions de l'organisme, des cellules individuelles à l'animal entier, soit rythmée par des mécanismes élémentaires de nature « quantiques » similaires aux exemples précités.

Chapitre V

LES RYTHMES DE L'ORGANISME

Mesure et représentation

La discontinuité dans la vie cellulaire est une découverte récente, en grande partie attribuable à l'avènement des techniques microscopiques sophistiquées et de la culture *in vitro* des cellules. Elle a pu être observée avec précision grâce à l'utilisation des radio-isotopes, qui datent du milieu du XXe siècle, du moins pour cette application. L'étude des « temps de l'organisme » a également nécessité l'invention de nouvelles méthodes. Nous n'en ferons pas l'historique exhaustif, mais évoquerons quelques étapes essentielles de ce parcours qui débuta au XIXe siècle. Certes, les périodicités des comportements humain et animal, et surtout végétal, furent observés bien avant cette date. Sans doute déjà chez les chasseurs-cueilleurs et, à un stade systématique, depuis « l'invention » de l'agriculture. Dans le monde rural, la périodicité des actes élémentaires – semences, récoltes, etc. – se transmet de génération en génération et contribue au fondement de la conscience paysanne. De la traite des vaches aux transhumances des troupeaux, tout est rythmé dans la vie des éleveurs. C'est le cas aussi chez les cultivateurs et les agriculteurs. Il s'agit de rythmes lents, de changement d'activités saisonnières, auxquels n'échappe pas le rythme des occupations quotidiennes. Les premières observations que l'on peut qualifier de « scientifiques » datent du début du XVIIIe siècle. Jean d'Ortous de Mairan, astronome et botaniste français, observa en 1729 le mouvement des feuilles de la plante de la sensitive (*Kalanchoe blossfeldiana*) qui se rétractent le soir, mouvement préservé même dans l'obscurité totale et donc régi par un mécanisme (horloges) intrinsèque. Confirmé par Henri Louis Duhamel du Monceau en 1758, ce mouvement rythmique est insensible à la température ambiante. Darwin a reconnu l'importance de cette observation et la cite dans son ouvrage consacré à la *Puissance du mouvement chez les plantes* (1880). A.P. de Candolle en 1832 étendit cette observation au *Mimosa pudica* dont les feuilles présentent un mouvement rythmé sur 22 à 23 heures. Nous reprendrons plus loin ces observations qui fondent une nouvelle science, la chronobiologie. Pour devenir plus précis et s'appliquer à des mouvements plus rapides, les plus communs dans le règne animal, il fallait encore disposer de méthodes d'enregistrement performantes. Cette tâche fut menée à bien avec succès par les adeptes d'une discipline presque nouvelle au XIXe siècle, la physiologie. Xavier Bichat intitula l'une de ses œuvres maîtresses *Anatomie générale appliquée à la physiologie et à la médecine* (1801), marquant ainsi la transition d'une science statique, l'anatomie, vers une nouvelle science dynamique, la physiologie. Bien que « vitaliste » (il définit la vie comme l'ensemble des fonctions qui résistent à la mort), il insiste sur l'importance de pouvoir soumettre les observations au calcul. Avec François Magendie (1783-1855) et Claude Bernard (1813-1878), la physiologie entre au Collège de France et, avec eux, une philosophie déterministe, invoquant des mécanismes basés sur la physico-chimie, en plein essor à la suite des percées de la thermodynamique* applicable aux phénomènes vitaux. Étienne Jules Marey (1830-1904), médecin et physiologiste, fut l'« inventeur » astucieux de toute une série de méthodes d'enregistrement rapides, dont certaines sont plus connues dans le domaine du cinéma que dans celui des sciences [113]. Né à Beaune, destiné à la prêtrise par sa mère, à la médecine générale par son père, il devient adepte de la philosophie positive d'Auguste Comte (1798-1857) et se consacre à la physiologie. « Le meilleur moyen de perfectionner rapidement l'étude des signes extérieurs d'une fonction consiste à reculer les limites de nos sens, à suppléer à leur perception trop bornée, ou, par certains artifices, à rendre visible ou palpable des phénomènes qui ne le sont pas naturellement. » [114]. Sa thèse de médecine, consacrée à la circulation du sang, lui a donné l'occasion de créer une méthodologie originale, en usage jusqu'à la seconde moitié du XXe siècle. La « capsule de Marey » intercalée entre l'animal et le cylindre enregistreur avec du papier noirci au bec Bunsen a été utilisée jusque dans les années 1950 dans de nombreux laboratoires de physiologie. Marey a enregistré les battements cardiaques, le pouls et ses variations pathologiques, nécessitant une précision de l'ordre de 1/100e de minute (figure 14). Quelques décennies plus tard, grâce à des instruments de plus en plus perfectionnés, il est parvenu à enregistrer les battements des ailes d'insectes, dont la fréquence est de l'ordre de 1/25 000 de secondes.

L'enregistrement du pouls d'une demoiselle de 18 ans (74 pulsations par minute) par Charles Ozanam, en 1869, est un autre exemple des applications médicales des inventions de Marey. Le pouls qui ralentit, qui accélère selon les circonstances et les pathologies, représente certainement le phénomène physiologique le plus anciennement exploité par la médecine. Depuis la « découverte » de la circulation du sang par William Harvey (1578-1657), on pouvait rattacher le pouls au fonctionnement cardiaque. La prise du pouls reste un geste essentiel chez bien des médecins, bien que l'enregistrement routinier de l'électrocardiogramme puisse en dispenser les étudiants en médecine aujourd'hui. De nombreuses études de grands précurseurs de la médecine moderne ont été consacrées au pouls. Nous y reviendrons dans le chapitre consacré aux rythmes du système circulatoire. Le goût prononcé de Marey pour les arts et pour le lien qu'ils entretiennent avec la physiologie et la médecine explique sans doute que son nom demeure davantage associé au cinéma qu'à la médecine. Ses enre-

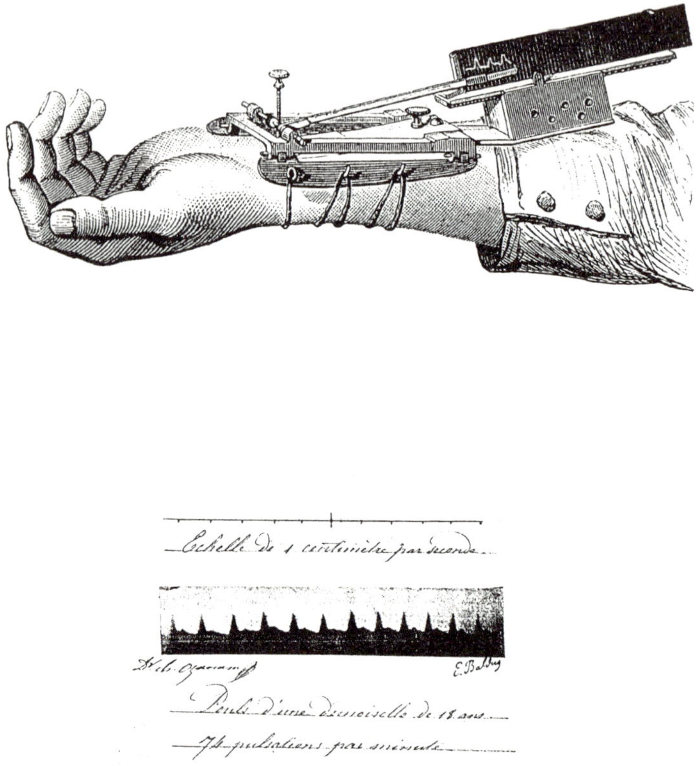

Figure 14. Le sphygmographe de Marey, gravure extraite de *La Méthode graphique*, 1878 (coll. privée) ; l'enregistrement du pouls d'une demoiselle de 18 ans (74 pulsations par minute) par le docteur Charles Ozanam, photographie de E. Baldus, 1869.

gistrements de mouvements rapides – le galop du cheval, la course de l'athlète, le vol de l'oiseau –, préservés en grande partie à la Cinémathèque, sont toujours célèbres.

Une nouvelle science des rythmes biologiques

Bien que ses origines remontent à l'Antiquité, la chronobiologie n'est devenue une science « exacte » qu'au début du XXe siècle. J. Boissin et B. Canguilhem dans une monographie récente [105] en font remonter les origines aux philosophes grecs qui ont reconnu le rapport entre les mouvements des astres et les rythmes du comportement humain. Ils attribuent à Descartes, en 1664, la reconnaissance du « ressort » intrinsèque de ces rythmes : « Je sais bien que les bêtes font beaucoup de choses mieux que nous, mais je ne m'en étonne pas, car cela même sert à prouver qu'elles agissent naturellement et par ressort ainsi qu'une horloge qui montre mieux l'heure qu'il est de notre jugement. Et c'est sans doute lorsque les hirondelles viennent en printemps qu'elles agissent en cela comme des horloges. » Voici donc l'origine (probable) de la double nature possible des « donneurs de temps » qui entraînent les rythmes biologiques et leur imprègnent leur fréquence. L'importance des « donneurs de temps » externes aurait été prouvée pour la première fois, selon les auteurs ci-dessus cités, par Augustin Pyrame de Candolle en 1832. En inversant les séquences lumière-obscurité, il observe qu'après une période de « tâtonnement » les feuilles de la sensitive s'ouvrent la nuit quand elles sont illuminées par des lampes (5/6e de la lumière du jour), et se ferment le jour, dans l'obscurité. Une autre observation importante qui nous ramène à la reconnaissance des « donneurs du temps » endogènes, également due à Candolle, a été l'exposition de la plante à la lumière continue pour voir reparaître, malgré cela, le rythme « veille-sommeil » observé dans la nature, avec toutefois une légère accélération des périodes devenant un peu plus courtes sous l'effet de cet artefact. C'est la démonstration du « libre cours » d'origine endogène des rythmes, pouvant néanmoins être « entraînés » par des influences extérieures à des périodicités différentes. Au cours du XIXe siècle (et avant), ces observations concernent quasi exclusivement des plantes. Ce qui n'est pas sans rappeler les découvertes de la cellule (p. 81). Pourtant, la méthodologie très performante de Marey et d'autres physiologistes aurait pu servir à des études de plus longue durée, accélérant ainsi la découverte de la périodicité de presque toutes les fonctions physiologiques. Selon Boissin et Canguilhem, ce retard pourrait être dû à la doctrine de Claude Bernard concernant la constance du « milieu intérieur ». Cette « constance » est cependant relative et n'exclut nullement des oscillations autour d'une « moyenne », codifiée comme « constante biologique », comme la glycémie* dont la régulation complexe a été aussi décrite pour la première fois par Claude Bernard.

L'histoire des sciences nous montre que les termes adroitement choisis rendent inexpugnables des concepts dont l'inexactitude est cependant devenue patente. Ainsi le terme « homéostasie » proposé par le physiologiste de Harvard Walter Cannon en 1929 désigne-t-il la régulation par l'organisme de cette constance de son milieu intérieur, condition indispensable de son bon fonctionnement. Il faut cependant reconnaître avec Boissin et Canguilhem que le terme « homéo » = semblable, choisi par Cannon se démarque déjà de la constance absolue (*homo* = le même) et admet donc des fluctuations autour de la moyenne. Fluctuations qui ont été largement prouvées par l'étude des rythmes biologiques à l'aide de méthodes physiques et chimiques « modernes » depuis les années 1950. Les exemples que nous citerons plus loin à ce sujet illustrent amplement l'importance de la finesse des enregistrements. Cannon choisit comme exemple des variations des paramètres biologiques, la glycémie qui peut osciller entre de relativement larges limites (70 à 130 mg % selon Cannon). Prise à jeun, au réveil, la détermination de la glycémie est entrée dans la routine médicale dès le début du XXe siècle. Cette valeur est variable d'un individu à l'autre et pour un même individu, d'un jour à l'autre. Elle a en outre tendance à augmenter avec l'âge. Chez certains individus, cette augmentation peut devenir plus importante et l'on parle alors de diabète* non insulino-dépendant (ou DNID) ou encore de diabète « gras », relativement fréquent chez les personnes au-dessus de 60 ans, surtout dans les pays industrialisés. Les oscillations « physiologiques » de grande amplitude sont parfois dangereuses – elles menacent le cœur, les vaisseaux, les fonctions rénales et même la vue (rétinopathie diabétique*), si elles ne sont pas soignées. Il y a deux ans, la société américaine de diabétologie a fortement abaissé le seuil d'alerte de la glycémie, de 1.40 g/l de glucose dans le sang à 1.20 g/l. Précaution utile mais qui devrait obliger la majorité des personnes au-dessus de 60 ans à consulter un médecin. L'effet du vieillissement en chronobiologie est extrêmement utile, médicalement parlant. Pourtant, lors de la rédaction d'un précédent ouvrage, *Les Horloges biologiques*, paru en 1989, j'ai pu constater qu'elle était parfois négligée. Finalement, des auteurs comme Y. Touitou se consacrent à l'étude de l'influence du vieillissement sur les rythmes biologiques. Le titre même de mon livre a choqué certains de mes collègues chronobiologistes qui voulaient que leur discipline conserve l'exclusivité du terme « horloge ». Choisi sur le conseil de Louis Audibert, ce titre signifiait l'intrusion du temps linéaire (le vieillissement) dans un domaine réservé au temps cyclique (le retour invariable des phénomènes à l'heure prédite à la valeur qui leur est assignée par la chronobiologie). Or il s'est avéré que la plupart des rythmes changent avec l'âge. Comme le montre l'ouvrage qu'ont consacré Touitou et Hauss [124] à ce sujet en 1992, l'effet du vieillissement sur les phénomènes cycliques a de quoi rassurer et éclairer les gérontologues et gériatres concernant l'impact du temps linéaire sur l'évolution au long cours des phénomènes cycliques de l'organisme. La surprise que le titre de mon livre causa aux spécialistes de la chronobiologie est compréhensible, après tout : les horloges biologiques (ou autres) tournent en rond et « n'avancent » apparemment pas. Les cycles recommencent immuablement. Bien sûr, ce n'est qu'un vœu pieux. Rien n'est immuable dans l'organisme, tout change au cours du temps, seul notre besoin d'éternité nous porte à croire que ces cycles se répètent à l'identique à travers les décennies. Il s'avère même que la grande régularité des oscillations (autour d'une valeur moyenne) signe le déclin, tandis que l'irrégularité des oscillations (l'obéissance approximative des battements cardiaques à la théorie du chaos déterministe) est preuve de bonne santé. Ce débat entre gérontologue et chronobiologiste nous ramène au conflit entre temps cyclique et temps sagittal, discuté au premier chapitre. Mais avant d'approfondir ces réflexions, voyons quels sont les principes de la chronobiologie.

Le réglage des horloges circadiennes

Les observations précoces des botanistes ont vite été suivies par celles du règne animal, puis par celles de l'homme. Karl von Frisch fut l'un des premiers à observer le fonctionnement d'une horloge chez les invertébrés. Il constata, non sans surprise, que les abeilles venaient régulièrement butiner ses pots de confiture, sur la terrasse, tous les matins à la même heure, même s'il prenait son petit-déjeuner à l'intérieur. Avec Ingeberg Beling, il entraîna des abeilles à visiter des sources de nectar entre 4 et 6 heures du matin. Son équipe d'abeilles ne vint jamais à d'autres heures, mais continua imperturbablement ses visites à la même heure, y compris en absence de nectar à l'endroit indiqué. L'absence de lumière ne les empêcha pas davantage d'effectuer leurs visites rituelles. Entre l'observation qui permet de conclure à l'existence d'horloges internes et la reconnaissance explicite du fait, il s'est écoulé presque un demi-siècle. On attribue à Gustav Kramer et Klaus Hoffmann la démonstration des horloges internes. Dans les années 50, à l'aide d'un appareil ingénieux, ils montrent que les étourneaux utilisent le soleil pour s'orienter, en dépit de sa rotation autour de la Terre au cours de la journée. L'horloge interne de l'oiseau est constamment réorientée dans la direction de l'astre « circulant ». Hoffmann, qui établit que l'horloge fonctionne même au coucher du soleil, reconnaît ainsi sa nature endogène. La lumière du soleil, l'environnement jouent le rôle de synchroniseurs de l'horloge interne. À la même époque, Colin Pittendrigh, chercheur américain, apporte une autre constatation précieuse concernant la nature des horloges internes : il montre qu'elles sont relativement indépendantes de la température. Comme la plupart des processus métaboliques sont accélérés par l'augmentation de la température, il existe à l'évidence un mécanisme, encore mystérieux à l'époque, qui permet à ces horloges internes de se soustraire aux variations thermiques.

Ces observations ont été confirmées par la constance de la période d'éclosion des œufs de mouche – la drosophile (*drosophila pseudo-obscura*), période indépendante des variations de la température ambiante. De nombreuses études ont, depuis, confirmé le fonctionnement (relativement) autonome des horloges internes. L'homme moderne expérimente les difficultés d'adaptation de ses horloges internes lors de voyages à travers les fuseaux horaires. Selon la direction et l'écart de temps sidéral, le réajustement de l'activité physique nycthémérale demande plusieurs jours, et celui de nombreuses autres activités cycliques des cellules et des fonctions de l'organisme plusieurs semaines.

Au cours de la deuxième moitié du XXe siècle, plusieurs équipes ont cherché à identifier le codage génétique des horloges biologiques. Leur localisation dans l'organisme a conduit les chercheurs vers le système visuel, à cause de l'importance du soleil dans l'entraînement des rythmes. Nous avons déjà mentionné les expériences sur la rétine chez l'escargot (p. 116) dont l'excision partielle entraîne la perte progressive de la fonction rythmique de l'animal. L'importance des rythmes endocriniens a permis de « remonter » des recherches de la rétine vers celles de l'hypophyse* puis de l'hypothalamus*. De ce dernier émergent les « ordres » de fonctionnement pulsatile des glandes endocrines, jusqu'à une paire symétrique de groupes de cellules, appelé « noyau suprachiasmatique », localisé juste au-dessus du croisement des nerfs optiques ou rétiniens. Chez l'homme et, peut-être chez des vertébrés, ce centre nerveux semble jouer un rôle important sans pour autant représenter le seul et unique centre chronologique de l'organisme. Sa fonction peut se modifier avec l'âge et générer des perturbations des cycles nycthéméraux veille-sommeil, par exemple. C'est le cas chez le hamster syrien (*mesocricetus auratus*). L'alternance des périodes activité-repos, en course libre (sans entraîneur externe) se raccourcit au cours du vieillissement. Si l'on transplante le noyau suprachiasmatique d'animaux jeunes à des animaux âgés, on rétablit la longueur des cycles activité-repos, et l'on « rajeunit » le comportement rythmique de l'animal. Ces études sont basées sur l'enregistrement de l'activité de veille des animaux à l'aide de roues tournantes dans lesquelles ils effectuent leur « jogging ». Curieusement, le « vieillissement » artificiel des noyaux suprachiasmatiques prélevés chez des animaux jeunes leur fait perdre cette propriété de « rajeunissement ». Après l'implantation de ces amas de neurones artificiellement vieillis chez l'animal âgé, on ne remarque pas de modification, son rythme se ralentit [118]. Malgré son intérêt certain, ce mécanisme d'horlogerie n'est forcément pas identique chez tous les animaux.

• Les gènes de l'alternance

En chronobiologie, et en particulier sur sa composante génétique, les études les plus poussées ont été effectuées sur des invertébrés, la mouche *drosophile* et le ver plat, *caenorhabditis elegans*. Michael W. Young, à l'Institut Rockefeller de New York, a pu reconstituer avec des mouches à vinaigre le phénomène du décalage horaire. À l'aide d'un décalage de quelques heures du réglage de l'illumination de leur étuve, il les fait « voyager » de New York à San Francisco. Le « voyage » s'accomplit en transférant les tubes de verre contenant les mouches d'un incubateur à l'autre selon des périodes d'illumination décalées. Les mouvements des mouches à l'intérieur des récipients sont enregistrés par un rayon infrarouge invisible pour ces animaux. Ce système relativement simple permet de préciser le fonctionnement de l'horloge nycthémérale au niveau du génome. L'arrivée de la lumière sur la rétine de ces mouches provoque la dégradation d'un complexe macromoléculaire* composé de deux protéines, appelées PER et TIM, codés par deux gènes (per et tim). Ces protéines font partie d'un circuit de rétrocontrôle inactivant les deux gènes qui codent leur séquence. Vers le milieu de la journée, le complexe protéique PER-TIM est dégradé et c'est un autre complexe, composé de deux protéines, CYCLE et CLOCK, qui se fixe sur les gènes per et tim pour les inciter à se réexprimer et produire l'ARN messager* permettant la resynthèse des protéines PER et TIM. Leur complexe se reconstitue au coucher du soleil et commence à freiner le fonctionnement des gènes cycle et clock qui codent les deux protéines éponymes, dont le complexe active l'expression des gènes per et tim. Le complexe protéique PER-TIM supprime ainsi, dès le coucher du soleil et pendant la nuit, sa propre production par la répression des gènes qui codent ces protéines. Le lever du soleil active les enzymes protéolytiques* qui dégradent le complexe PER-TIM, permettant ainsi la resynthèse de l'autre complexe, CYCLE-CLOCK. Ce dernier peut à nouveau activer les gènes per et tim et le cycle recommence. Ce même mécanisme de tic-tac moléculaire a pu être confirmé, avec quelques variantes et selon une complexité accrue, de la mouche à l'homme. D'ailleurs, bien « avant » la mouche, des animaux et végétaux plus anciens procèdent apparemment par des mécanismes similaires. Une confirmation spectaculaire des oscillations moléculaires chez la souris a été obtenue par une équipe japonaise [125] en utilisant une astuce moléculaire génétique : elle introduit un marqueur fluorescent dans le gène mPer1 chez la souris vivante. À l'aide d'une fibre optique, elle enregistre l'expression oscillante de ce gène chez la souris éveillée. On constate alors l'expression oscillante de ce gène-horloge, conformément au schéma proposé pour la drosophile. En décalant la période lumière-obscurité de 12 heures, la période d'activation du gène se décale aussi de 12 heures. Au niveau génétique, l'étude détaillée de ce cycle de rétrocontrôle a permis d'élucider certaines des bizarreries du réajustement de l'horloge nycthémérale. Des gènes similaires ont été identifiés chez la souris, puis chez l'homme, rendant plausible l'extrapolation de ces observations à nos problèmes d'ajustement aux horaires décalés au cours des voyages. La situation est un peu plus compliquée chez la souris. Les circuits de rétrocontrôle de la souris comportent les homologues des gènes « période » identifiés chez la drosophile (mPer1, mPer2, mPer3) ainsi que des gènes de cryptochrome* (mCry 1 et 2) et les gènes codant les activateurs de transcription des gènes « horloges » (Clock et Bmal 1). Chez la souris, les gènes Clock et Bmal 1 ne fonctionnent plus sous l'action des protéines codées par les gènes mCry ; l'entraînement central de ces circuits de rétroaction est assuré par la lumière reçue par la rétine. Le rôle des gènes comme Clock codant les protéines activatrices est capital, leur expression est continue, non soumise aux oscillations comme les protéines codées par les gènes-horloges (per 1, 2, 3 dbp et Cry 1). Cry 1 atteint sa phase culminante 4 à 8 heures après celles des Per.

Ces mécanismes de réglage permettent de mieux comprendre les problèmes engendrés par le travail de nuit. Chez l'homme, les pionniers de la spéléologie, Michel Siffre en tête [120], ont prouvé l'autonomie de l'horloge interne, dont le cycle veille-sommeil est décalé de plusieurs heures en l'absence de lumière : le « jour » est plus long et la « nuit », donc le repos, plus court. Le signal du repos est produit par l'augmentation de la sécrétion de la mélatonine* par la glande pinéale, à la base du cerveau, près de l'hypothalamus. Il est déclenché par la (faible) baisse de la température du corps et aussi par le creux de production de l'hormone des glandes surrénales*, le cortisol*. Ces fonctions (et d'autres encore) possèdent un cycle indépendant de la lumière, même si celle-ci peut (légèrement) décaler ces cycles. L'étude sur des volontaires d'âges différents effectuée récemment à l'université de Harvard suggère que ces cycles sont permanents chez les personnes âgées, ce qui va à l'encontre de la notion généralement admise de la désorganisation des rythmes jour-nuit au cours du vieillissement. Cette présentation du fonctionnement de ce que l'on pourrait appeler l'« horloge centrale », localisée dans les neurones* du noyau suprachiasmatique, est nécessairement simplifiée. D'autres gènes, codant d'autres protéines, interviennent également. Un de ces gènes est frq codant la protéine FRQ identifiée dans l'horloge d'un champignon, *neurospora crassa*, dont la fonction et une partie de la structure sont similaires à celle de PER. Or *neurospora* et la drosophile sont séparés par plus d'un milliard d'années d'évolution, sans parler de la souris et de l'homme. Voici un autre exemple de la remarquable conservation des gènes et de la structure protéique, essentiels à la survie des cellules, des organismes et de l'espèce. Il paraît en effet logique d'admettre que l'adaptation au rythme circadien dicté par les révolutions de notre planète a dû être une condition précoce et nécessaire pour la survie des cellules et organismes dès l'émergence de la vie et plus encore de la vie pluricellulaire. Une autre similitude a été découverte entre ces protéines, roues dentées de notre horloge centrale ; elle concerne leur remarquable adaptation (« compensation ») aux variations de la température. Une telle adaptation a dû s'avérer indispensable au cours de la migration de nombreuses espèces animales sous des latitudes et longitudes à climat fort variable. Le bon fonctionnement de ces protéines constituant le rouage de l'horlogerie est conditionné par leur conformation, la structure tridimensionnelle qu'elles peuvent prendre dans l'espace. Cette conformation conditionne l'efficacité de leurs interactions avec les autres constituants de ce système de rétrocontrôle de l'horloge centrale. Or ces conformations changent avec la température (et aussi avec la composition du milieu intracellulaire, voire intranucléaire, où ces réactions se répètent à intervalles réguliers). Les travaux récents de l'équipe d'Antonio Tamburro et de ses collègues à l'université de la Basilicata dans le sud de l'Italie, en collaboration avec d'autres équipes, ont en bonne partie élucidé ce problème [106]. Ces protéines comportent des séquences répétitives composées de deux et parfois cinq aminoacides comme la thréonine-glycine (Thr-Gly ou avec la nomenclature* à une lettre des aminoacides T-G) qui se répètent 3 fois (ou plus) et le pentapeptide* NSGAD (asparagine-sérine-glycine-alanine-acide aspartique) qui se répète aussi dans ces protéines. L'étude physicochimique de ces peptides a montré qu'ils peuvent adopter des conformations différentes dans l'espace grâce à leur flexibilité, selon la composition et la température du milieu environnant. La suppression de ces séquences $(TG)_3$, par exemple par mutagenèse dirigée*, a fait perdre aux mouches drosophiles la capacité d'adaptation de leur horloge aux variations de la température. La longueur de ces répétitions rend l'horloge apte à s'adapter à des températures différentes. Ces séquences séparent des domaines de la protéine PER impliqués dans les interactions avec les autres protéines (TIM, par exemple) de l'horloge. Leur orientation dans l'espace est donc capitale ; elle doit rester identique et résister aux variations de la température. C'est le rôle qui semble être dévolu à ces séquences $(TG)_n$ intercalées entre les domaines d'interaction. On comprend donc que les mutations modifiant ces séquences, détectées par Konopka et Benzer [111], puissent modifier le comportement rythmique des mouches. L'administration de poisons mutagènes* a permis d'identifier quelques rares mutants de l'horloge (sur les 2 000 mouches observées). Des trois mouches mutantes ainsi détectées, l'une a présenté un cycle de 19 heures, la deuxième de 28 heures et la troisième a perdu toute rythmicité. Plusieurs équipes, dont celle de Young à Rockefeller, ont montré que ces trois mutations touchent le même gène per (de période) [105]. L'une de ces mutations se situe près de la séquence PAS (proline-alanine-sérine) impliquée dans la dimérisation* de la protéine PER. On peut donc admettre que ces séquences qui séparent les domaines d'interaction ont coévolué à travers la diversification des habitats des espèces animales émergentes. La sélection naturelle devait (et pouvait) s'exercer sur les séquences répétitives $(TG)_n$, ce qui suggère une plus grande longueur chez les mouches vivant au nord de l'Europe et plus courte au sud [107]. Le modèle tridimensionnel proposé par l'équipe de Tamburro pour le pentapeptide NSSAG de la protéine PER de *drosophila pseudo-obscura* montre clairement les possibilités de changement de conformation selon la température et la composition du milieu environnant. Cette conformation est d'ailleurs très similaire à celle de la séquence $(TG)_3$, qui remplace le pentapeptide chez l'autre mouche au ventre noir, *drosophila melanogaster* (de type coude ß II*). Ces études représentent un bel exemple de solution aux problèmes posés par l'évolution et la migration d'espèce et « résolus » au cours de la sélection naturelle par des mécanismes qui nous échappent encore.

L'homme étant beaucoup plus compliqué que la mouche drosophile dont l'observation a permis d'élucider (en partie) les bases génétiques de l'horloge principale, nous pouvons nous attendre à des complications supplémentaires concernant notre horloge centrale. Mentionnons un exemple. Une maladie rare mais grave touche l'hématopoïèse* chez l'homme. La formation des globules rouges et blancs doit être relativement constante dans le temps pour remplacer les cellules « vieillies ». Dans la neutropénie* cyclique, maladie autosomale* dominante, la production des globules blancs dans la moelle osseuse devient oscillante, avec des périodes de 21 jours. Ainsi le taux circulant des neutrophiles*, des globules blancs indispensables pour la défense de l'organisme contre les microbes, oscille entre un taux pratiquement normal et un taux très faible, voire nul. À ces moments, ces malades sont susceptibles de contracter des infections graves. L'équipe de M. Horowitz [116] a localisé la mutation responsable de cette anomalie au niveau du gène codant l'élastase* de ces globules blancs. Cette protéase (ainsi que ces inhibiteurs, les serpines*) intervient dans la régulation de la production des globules blancs (neutrophiles). Mais au-delà des fonctions biologiques rythmées de l'organisme, l'homme possède des capacités semi-conscientes ou inconscientes qui facilitent son adaptation aux rythmes dictés par la vie active. Ainsi, nous sommes nombreux à posséder la capacité combien précieuse de nous réveiller spontanément, sans réveil, à l'heure voulue. Il existe cependant une maladie génétique qui provoque un réveil très matinal constant, abrégeant le sommeil des personnes touchées. Cette maladie, le syndrome familial de la phase avancée du sommeil (*Familial advanced sleep phase syndrome*) est la conséquence d'une mutation d'un seul nucléotide* dans le gène Per-2 (la phosphorylation* par une caséine kinase), ce qui provoque le raccourcissement de la période nycthémérale des personnes affectées par cette maladie autosomale dominante [123]. Cette mutation décale de 4 heures vers l'aurore non seulement le réveil, mais aussi la variation rythmique de la température et de la sécrétion de la mélatonine de ces « oiseaux du matin », comme on les appelle aux États-Unis. La mutation, identifiée par une équipe de Salt Lake City au niveau du gène hPer-2, équivalent du gène Period de la drosophile, dont le fonctionnement a été détaillé plus haut, suggère fortement que la capacité d'autoréveil est en étroite corrélation avec le codage génétique de l'horloge centrale. Vu la complexité de ces mécanismes à peine effleurés ici, des variations individuelles sont largement possibles et prévisibles. D'ailleurs, de récents travaux ont permis d'identifier certains des neurones impliqués dans ce réveil autonome [104].

Les horloges périphériques

Ces gènes de l'horlogerie – per, tim, cycle et clock, notamment –, impliqués dans le réglage de l'horloge « centrale », sont présents dans toutes les cellules de l'organisme, en plus des neurones* et de cellules gliales* du noyau suprachiasmatique. Ces gènes sont-ils réprimés dans les très nombreuses autres cellules de l'organisme ou bien peuvent-ils s'exprimer et jouer un rôle d'horloge secondaire ? L'équipe de Jadwiga Guibultowitz, à l'université d'Oregon, a identifié les protéines PER et TIM dans les tubules malpighiens de la mouche, tubules qui fonctionnent comme les tubules rénaux des animaux supérieurs et sont chargés de l'élimination des déchets de l'organisme, de la formation de l'urine. La production de ces protéines PER et TIM augmente la nuit, baisse pendant le jour, et cela en l'absence du stimulus lumineux qui joue un rôle d'entraîneur par la voie rétinienne. La régularité de l'alternance de synthèse de ces protéines régulatrices pendant le jour et la nuit dans les tubules malpighiens résiste même à la décapitation des mouches. Il est donc évident que ce système d'horlogerie est autonome au niveau de ces cellules, indépendamment d'autres donneurs de temps de la mouche. L'équipe américaine de Stevens Kay à la Scripps Clinique en Californie a mis en évidence ce type d'horlogerie au niveau d'autres organes de la mouche, dans les ailes, les pattes, autour de la bouche ainsi que dans les antennes. Chacun de ces tissus possède donc son horloge photosensible, capable de réagir à la lumière. Ce système d'horlogerie présent dans plusieurs tissus continue à fonctionner même après le prélèvement de ces tissus, isolés ainsi du reste de l'animal.

Ce type de fonctionnement extracérébral des gènes mentionnés se retrouve chez les vertébrés : dans les fibroblastes, les cellules ubiquitaires des tissus conjonctifs, le système d'horloge fonctionne aussi d'une façon cyclique. Le récent travail de l'équipe de K. Yagita [122] a étendu ces résultats aux fibroblastes de rat et de souris. Car la périodicité d'expression des gènes-« horloges » est pratiquement identique dans les fibroblastes en culture et dans le noyau suprachiasmatique. Contrairement aux cellules de ce centre nerveux, les fibroblastes en culture ne démarrent pas spontanément les boucles rétroactives des gènes-horloges, il faut ajouter des substances pouvant mettre en marche le système. Les chercheurs japonais ont utilisé un peptide vasoactif*, l'endothéline. En présence de ce peptide, ils notent le démarrage de la transcription des gènes Per et l'oscillation du système avec une périodicité comparable à celle du noyau suprachiasmatique. Un contrôle intéressant du fonctionnement de cette horlogerie périphérique a été apporté par Yagita et ses collègues en utilisant des cellules de souris mutantes dont les gènes mCry 1 (ou 2) ont été éliminés (notés mCry1-/-). L'addition d'endothéline à des fibroblastes ne possédant pas ces gènes n'a pas eu pour résultat le démarrage des gènes Per. Il apparaît donc que l'appareillage génétique de cette horlogerie cellulaire peut bien fonctionner dans d'autres cellules que celles du noyau suprachiasmatique, à quelques différences près. L'entraînement chimique des fibroblastes est remplacé par l'entraînement photochimique des cellules rétiniennes. Une autre différence, encore à l'étude, est la « fatigue » progressive du système d'horlogerie des fibroblastes, contrairement à celle du noyau suprachiasmatique, apparemment infatigable, du moins en culture cellulaire.

Parallèlement à l'horloge circadienne cérébrale (le noyau suprachiasmatique), de nombreuses autres horloges tissulaires fonctionnent de façon autonome pour régler le fonctionnement temporel de nos tissus et organes. On connaît en effet des rythmes circadiens de la sécrétion rénale des sels, et de nombreuses autres molécules éliminées dans les urines. Même la dégradation (et le remplacement) de constituants tissulaires suit une périodicité circadienne. D.J. Newton et ses collègues (1979) ont mesuré l'élimination urinaire des glycosaminoglycannes*, des polysaccharides* des tissus conjonctifs. En déterminant la quantité de ces substances éliminées toutes les 4 heures dans les urines, ces chercheurs retrouvent une périodicité nycthémérale avec un pic d'élimination à 6 heures du matin par exemple pour les héparanes sulfates, des polysaccharides négativement chargés qui hérissent les membranes cellulaires et jouent un rôle important dans la régulation de leurs activités.

La mélatonine

Ces rythmes sont lents à se reconstituer après un décalage horaire. Bien après le rétablissement du cycle veille-sommeil de retour d'un voyage transatlantique, le rythme de sécrétion rénale tarde encore à retrouver son réglage original. La mélatonine, l'hormone de la glande pinéale, de structure relativement simple et en étroite relation avec une famille de neuromédiateurs dérivés du tryptophane* (un aminoacide essentiel), est couramment utilisée pour éviter les inconvénients du décalage horaire. La mélatonine aussi a été « inventée » très tôt au cours de l'évolution. Elle a été retrouvée à des concentrations relativement élevées dans de nombreuses cellules et espèces chez les eucaryotes, des unicellulaires à l'homme. Des études intéressantes ont été effectuées chez une dynoflagellée unicellulaire (*Gonyaulax polyedra*) qui produit des quantités de mélatonine supérieures à celles trouvées dans la glande pinéale. Sa concentration atteint sa valeur la plus élevée la nuit. La transduction du signal photopériodique procède probablement par la transformation chimique de la mélatonine en 5-méthoxytryptamine (5 MT), dont la production suit celle de la mélatonine. Ces deux substances induisent la formation de cystes*, médiée probablement par l'acidification du cytoplasme*. La mélatonine est ensuite photo-oxydée dans la cellule. La photo-oxydation de la mélatonine a dû jouer un rôle important dans le « choix » par les cellules du médiateur de la photopériodicité. Mais la mélatonine possède une autre propriété importante, qui a pu favoriser sa conservation à travers l'évolution des unicellulaires à l'homme : son efficacité en tant que capteur de radicaux libres*. Elle se combine rapidement avec le radical superoxyde* et arrête ainsi la propagation de réactions radicalaires en chaîne, qui peuvent être fort nuisibles à la cellule [105 et 109]. Un à deux jours après la naissance, le petit rat montre un comportement rythmique dans son alimentation ; une semaine environ après sa naissance, les biocatalyseurs de la formation de la mélatonine apparaissent. La mélatonine atteint son taux le plus élevé dans le sang au milieu de la nuit pour baisser vers la matinée et suit donc un cycle nycthéméral, qu'elle aide à entretenir. Plusieurs études récentes insistent sur l'importance des régulations des rythmes de l'organisme pour la préservation des fonctions physiologiques essentielles ainsi que pour la longévité. Une étude récente compare le personnel navigant sur des vols de longue durée (plusieurs fuseaux horaires et peu de repos) à un personnel navigant non exposé à des tels stress. Elle permet de noter une baisse plus rapide des capacités cognitives du premier équipage [112 et 125]. L'imagerie cérébrale a même révélé un « rétrécissement » de l'hippocampe dans le cerveau des navigants au long cours. Or l'hippocampe joue un rôle important dans la mémoire, ce qui explique en partie la baisse de performance des fonctions cognitives chez ces personnes. D'autres études portent sur la longévité des mouches drosophiles. Là encore, les mutations affectant les fonctions périodiques modifient aussi leur espérance de vie [110]. Preuve que l'organisation temporelle des fonctions physiologiques est essentielle pour la longévité.

La coordination des horloges centrales et périphériques. Le rôle de la nutrition

La présence des horloges périphériques et leur fonctionnement relativement autonome soulève le problème d'une possible coopération entre l'horlogerie et les autres fonctions cellulaires. Tout récemment, une possibilité de corégulation a été mise en évidence entre la fonction métabolique (sous l'effet de la nutrition) et le réglage de l'horloge cellulaire. Des messages neuronaux et hormonaux assurent déjà une telle coordination. Cependant, celle-ci paraît s'interrompre en cas de restriction calorique chez les mammifères. On constate alors le découplage des rythmes d'organes vitaux comme le cœur, le foie et le rein, par rapport au rythme que dicte le noyau suprachiasmatique. En effet, les travaux de l'équipe de Mc Knight [121] ont permis de préciser la nature de ce couplage entre métabolisme et rythmes circadiens. Deux protéines-clés de l'horloge, CLOCK et NPAS-2 (des facteurs de transcription*), se fixent sur les séquences de reconnaissance des gènes de l'horloge cellulaire mentionnés précédemment. Mais cette fixation sur l'ADN dépend de l'état oxydé ou réduit d'une coenzyme (NAD et NADH*), étroitement impliquée dans les réactions métaboliques au sein des mitochondries, sites de la production d'énergie (ATP) de la cellule. En effet, le rapport entre NAD et NADH, l'état oxydé ou réduit de cette coenzyme est en étroite dépendance avec la fonction métabolique des mitochondries. Ainsi l'activation et l'inactivation de l'horloge cellulaire dépendent-elles de la fonction métabolique des mitochondries. Les gènes CLOCK et NPAS-2, notamment, ont un rôle important dans le fonctionnement de l'horloge cellulaire. L'hétérodimère CLOCK-BMAL-1 stimule l'expression des protéines Per1 et 2 ainsi que des cryptochromes CRY-1 et -2. Ces derniers, présents chez la drosophile et chez les plantes, répriment la transcription de gènes activés par la forme réduite de ces coenzymes (NADH et NADPH) inhibés par leurs formes oxydées (NAD et NADP). Ainsi, l'activité de ces gènes est placée sous le contrôle de la disponibilité de sources d'énergie comme le glucose par exemple. Les biocatalyseurs qui interviennent dans le métabolisme énergétique sont ainsi promus régulateurs de l'horloge centrale. L'équipe de Mc Knight a montré la présence de cette horlogerie dans le lobe frontal du cerveau, en plus du noyau suprachiasmatique. Ce constat ouvre la voie à d'autres interactions entre les fonctions cérébrales (la cognition) et l'horlogerie cellulaire. Il ouvre également de nouvelles perspectives pour la manipulation nutritionnelle et pharmacologique de l'horloge centrale.

Nous allons nous tourner vers des rythmes beaucoup plus courts que les alternances veille-sommeil auxquelles nous reviendrons dans le chapitre consacré à l'effet du vieillissement sur le fonctionnement cérébral. En effet, les rythmes les plus essentiels de l'organisme concernent les systèmes cardiovasculaire et respiratoire. Dans les chapitres qui suivent, nous explorerons les mécanismes de réglage de ces deux systèmes qui rythment, minute après minute, seconde après seconde, et pendant toute la vie, le fonctionnement circulatoire et respiratoire de l'organisme.

Chapitre VI

LES HORLOGES DES FONCTIONS VITALES

Le système cardio-vasculaire

William Harvey (1578-1657), médecin des rois Jacques Ier et Charles Ier de Grande-Bretagne, découvre la circulation du sang au milieu du XVIIe siècle. On prenait néanmoins le pouls depuis l'Antiquité pour apprécier l'état de santé des patients, mais sans en comprendre la signification. « Découvrir » ne suffit pas à « tout » comprendre : entre l'observation, l'expérience et la compréhension, il peut s'écouler un temps très long. Pourtant, la mesure et l'interprétation du pouls (donc le rythme des contractions cardiaques) ont été étudiées par les écoles de médecine à travers le monde et les siècles et développées en un véritable art. « Le pouls ne peut se connaître que par le tact ; il n'y a qu'à le tâter pour en avoir une idée, et pour s'en former une image : c'est ainsi qu'on acquiert par l'expérience et par le raisonnement l'idée des couleurs, celle du mouvement, celle du son et de la chaleur. » Ainsi parle l'un des grands médecins du XVIIIe siècle, Théophile de Bordeu, auteur d'un *Traité de médecine théorique et pratique*. On pouvait donc déduire du pouls de nombreux renseignements sur la maladie : on interprétait sa « couleur », son mouvement, c'est-à-dire son rythme, le « son » et la « chaleur ». « L'égalité et les inégalités des espaces qui se trouvent entre elles sont les sources principales d'où nous tirons les différences du pouls. » Il s'agit, bien entendu, de la régularité des contractions cardiaques, assurant celle du flux sanguin. Le pouls peut être « dur ou mou, faible ou vigoureux, lent ou fréquent, grand ou petit, etc. ». « Il n'y a que la fréquence et la lenteur tout au plus, qui soient susceptibles de calcul, et puissent être mesurées exactement », écrit Bordeu, dont la rigueur se démarque de l'imagination débordante de beaucoup de ses confrères. Il insiste sur sa qualité essentielle et mesurable – la fréquence. Bordeu admet néanmoins la nécessité d'avoir parfois recours à d'autres qualificatifs pour mieux circonscrire le diagnostic : « il y aura, par exemple, des pouls que nous appellerons petits, serrés, durs, pleins, dilatés, développés… ». Cette interrogation indirecte du fonctionnement cardiaque, dont l'origine remonte probablement à la médecine des civilisations anciennes, perdure au moins jusqu'à la découverte de l'auscultation par R.T.H. Laennec (1781-1826), surnommé « l'Hippocrate français » [128]. La mise au point d'instruments permettant une auscultation optimale des bruits de l'organisme a certainement représenté un progrès considérable dans la pratique et le diagnostic médical. Avant Laennec, aucun de ceux qui ont « écouté » l'organisme n'a pensé à instrumentaliser et systématiser cette écoute par l'intermédiaire d'un instrument, le stéthoscope*. C'est grâce à ce nouvel instrument dont Laennec est l'inventeur que les rythmes des grandes fonctions, la circulation sanguine et la respiration, sont devenus l'objet d'une attention systématique. Il n'est guère surprenant que le stéthoscope soit devenu le symbole du médecin (et remplace la ventouse), puis dans une certaine mesure, celui de la médecine. L'auscultation reste un outil indispensable pour le médecin. Si on a pu construire une sémiologie* précise des maladies cardiaques et pulmonaires grâce à l'auscultation (aidée par la percussion, introduite et systématisée par Auerbach), c'est que le rythme de ces grandes fonctions s'est révélé remarquablement constant. Nous verrons plus loin que l'application de la théorie du chaos a entraîné la remise en cause de cette régularité, mais pour le moment il importe d'insister sur la régularité des bruits du cœur, ces « bou-top… » qui se répètent 70 à 80 fois par minute ainsi que ceux de la respiration, plus lents, 10 à 16 fois par minute, car toute déviation de cette régularité a pu être interprétée comme signe de maladie. La base de la médecine du XIXe siècle, l'anatomie pathologique, la description précise et scrupuleuse des tissus et organes telle que la découvre le médecin lors de l'autopsie, permettait dès lors comparer les structures et les fonctions des organes et rapprocher les bruits anormaux, les rythmes trop rapides ou trop lents et surtout irréguliers aux structures modifiées des tissus et organes tels que les détectent le scalpel et le microscope. Introduite au cours de la deuxième moitié du XIXe siècle, l'histologie* – l'image microscopique des tissus malades – demeure un des fondements de la pratique médicale, complétée et étendue par l'imagerie moderne et la pathologie cellulaire et moléculaire de la deuxième moitié du XXe siècle. Mais retournons aux rythmes cardiaques et à l'interprétation de ses troubles par Laennec et ses successeurs. Voici un exemple intéressant. Le 13 mars 1824, à la suite de l'auscultation d'une femme souffrant de « phtisie pulmonaire », Laennec note la « mélodie » suivante (figure 15) :

Figure 15. Laennec, *Traité*, 1826, 2 : 424-425 [d'après 128].

À ce « concert artériel » (lettre de Cruveilhier à Laennec, 13 avril 1824) devait s'ajouter la confirmation des anomalies *in vivo*, sous autopsie, de nombreuses maladies des systèmes circulatoires et respiratoires diagnostiquées par auscultation et confirmées par la découverte de W.C. Röntgen (1845-1923) à la fin du XIXe siècle.

L'électricité cardiaque

Si l'auscultation et la percussion se pratiquent de nos jours moins systématiquement qu'il y a quelques décennies, c'est que l'électrocardiographie la remplace partiellement. « L'électricité animale » a été découverte par Luigi Galvani (1737-1798), médecin à Bologne, à la suite de la contraction du muscle de la grenouille au contact d'un scalpel – objet métallique. Doctrine corrigée et étendue par Alessandro Volta (1745-1827) (promu comte par Napoléon Bonaparte), inventeur de la pile électrique. Parmi les successeurs de Galvani, mentionnons surtout Koellicker et Muller, deux physiologistes allemands. Ils ont observé, en 1855, que le contact entre le cœur isolé de la grenouille et le nerf moteur d'une patte de l'animal provoque la contraction de la patte à chaque battement cardiaque. Ils concluent, à juste titre, que les contractions cardiaques génèrent de « l'électricité » pouvant faire contracter les muscles de la patte. Vingt-cinq ans plus tard, Ludvig et Woller montrent que « l'électricité » cardiaque peut être « sensée » à partir de la peau d'un individu. Ces observations ont été faites grâce au montage astucieux d'un capillaire rempli de liquide et placé dans un champ électrique. Relié à la peau par des électrodes, le niveau du liquide dans le tube présente des oscillations synchrones avec les battements cardiaques. Mais cet « électromètre capillaire » n'est pas assez sensible pour être appliqué systématiquement en clinique. C'est le physicien hollandais William Einthoven (1860-1927) qui a mis au point un appareil cliniquement utilisable. Son galvanomètre très sensible, composé d'un fil d'argent suspendu entre les pôles d'un aimant puissant et muni d'un petit miroir, a parfaitement convenu à cette tâche. Relié aux électrodes placées sur la peau, le miroir effectue des vibrations rapides que l'on peut enregistrer photographiquement sur un papier sensible se déroulant à une vitesse suffisante pour étirer le signal dans le temps. De petites vagues sont apparues sur le tracé, qui représentent chaque contraction cardiaque (désignées par les lettres P, Q, R, S, T – voir figure 16).

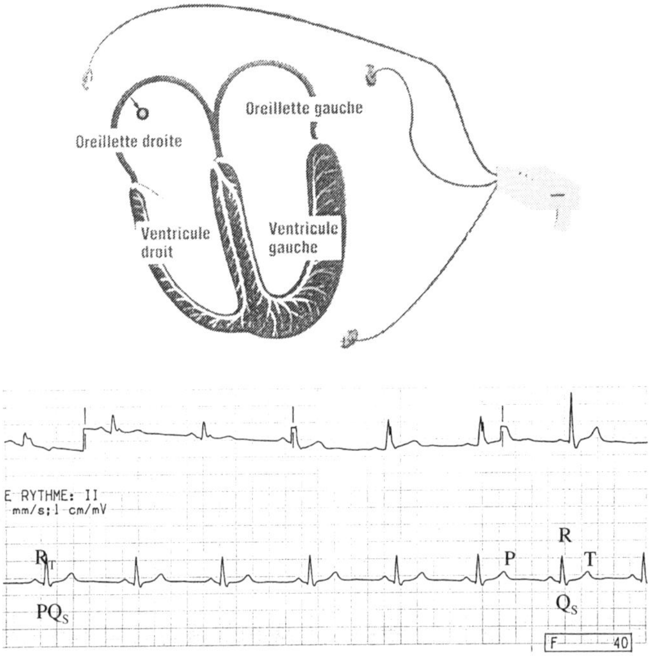

Figure 16. L'électrocardiogramme (ECG), l'origine et la conduction de l'onde d'excitation entre l'oreillette droite du nœud sino-auriculaire (flèche) et la cloison interventriculaire, au système de conduction interventriculaire représenté par des lignes blanches [dans 165, © Maloine].

Cette mise au point astucieuse a rendu possible la mesure exacte du temps de chaque contraction mais aussi celui de chaque étape d'une seule contraction, étapes dont l'étude physiologique et pathologique a ouvert la voie, dès 1901, à la cardiologie moderne. L'électrocardiogramme est enregistré de nos jours par une infirmière spécialisée, avant même de procéder à l'examen du malade par le cardiologue. Ce diagramme, le tracé de l'ECG, permet de suivre dans le temps et dans l'espace le fonctionnement du muscle cardiaque, la dynamique de sa contraction ainsi que ses modifications pathologiques. Les carreaux du papier d'enregistrement représentent, sur l'axe horizontal, le temps, 25 mm par seconde. L'axe vertical correspond à la variation de la charge électrique des cellules musculaires cardiaques. Charge résultant de la distribution asymétrique des cations* (Na^+, K^+, Ca^{++}) et des anions* (Cl^-) à travers la membrane cellulaire. Pour résumer, l'intérieur de la membrane cellulaire est négativement chargé au repos. Lors de l'arrivée de l'onde d'excitation, la membrane se « dépolarise » et se charge positivement. Cette onde prend naissance au niveau du nœud sino-auriculaire (voir figure 16) ou nœud sinusal situé en haut de la paroi de l'oreillette droite. D'ici, l'onde d'excitation (l'onde de dépolarisation) se propage à travers les deux oreillettes, à l'image des vagues concentriques formées par une pierre jetée sur une surface d'eau immobile. Cette première phase de la propagation de l'onde de contraction correspond sur le dessin de l'ECG à l'onde P. Arrivée aux valvules qui séparent les deux oreillettes des deux ventricules gauche et droit, l'onde rencontre un système de conduction plus sophistiqué que celui des oreillettes, un réseau formé de cellules nerveuses spécialisées dans la conduction de l'onde d'excitation venant du nœud sino-auriculaire. Il débute dans la séparation de l'oreillette droite du ventricule droit, c'est le faisceau de HIS. Après une courte distance, il se divise en deux branches qui parcourent le muscle cardiaque à l'intérieur des ventricules gauche et droite. Ces deux branches se divisent en de fines fibrilles, appelées « fibres de Purkinje » (voir chapitre IV). La contraction ventriculaire dessine le complexe QRS sur l'ECG. Chaque déviation du tracé vers le haut représente une dépolarisation, c'est-à-dire le changement de charge de la membrane des cellules contractiles, de négative en positive. Chaque déviation du tracé vers le bas, en dessous de la ligne horizontale, correspond à la repolarisation de la membrane cellulaire, à son retour à la charge négative. Lors de cette contraction du ventricule, le sang est expulsé vers la périphérie, du ventricule gauche vers l'aorte qui apporte le sang vers les organes et tissus et du ventricule droit, vers les poumons où le sang se décharge du CO_2 et se recharge en oxygène. Le ventricule gauche éjecte ce sang réoxygéné vers la périphérie. C'est ce circuit du sang, du cœur « gauche » vers les organes et du « cœur » droit vers les poumons que Harvey a décrit au XVIIe siècle et que l'ECG enregistre avec beaucoup de finesse. L'onde P correspondant aux contractions des oreillettes dure environ 0,30 seconde, elle est suivie par une période de « repos », puis par le passage de l'onde d'excitation des oreillettes jusqu'au faisceau de His, d'une durée similaire. Survient ensuite la contraction des ventricules (0,20 seconde), symbolisée par le complexe QRS, puis une courte période de repos, le segment S-T suivi par l'onde qui correspond à la repolarisation des ventricules terminant la contraction. La durée totale de cette séquence de dépolarisation-repolarisation (la contraction cardiaque) dépasse de peu la demi-seconde. Un rythme sinusal normal correspond à environ 60 à 100 contractions par minute.

Durant une demi-seconde, le temps d'une seule contraction cardiaque, différents types d'enregistrement sont effectués, qui permettent une grande finesse d'analyse : la superposition de l'ECG, du phonocardiogramme (l'enregistrement des sons émis par le cœur lors de sa contraction, dans l'intervalle des fréquences entre 15 et 400 hertz*) avec le pouls carotidien (correspondant à peu près au pouls radial tâté depuis l'Antiquité par les médecins) et le pouls veineux, celui de la veine jugulaire.

L'origine de l'onde d'excitation

Parmi les découvertes précoces de la physiologie cardiaque figure la constatation que le cœur isolé du corps d'une grenouille continue à battre à une vitesse uniforme jusqu'à l'épuisement de ses sources d'énergie. Le système qui génère les ondes de contraction et qui en détermine le rythme de base se trouve donc dans le cœur même. Une des particularités des cellules musculaires cardiaques est de former un réseau continu, un syncytium*. Les cellules qui forment les fibres musculaires contractiles anastomosent, se fondent les unes dans les autres. L'excitation qui parvient à une fibre est ainsi rapidement communiquée aux autres fibres. Les faisceaux de fibres musculaires sont entourés par une enveloppe conjonctive, une lame basale* formant une véritable corbeille autour des fibres musculaires, riche en collagène* autour des faisceaux contractiles. Nous reviendrons sur l'arrangement particulier des fibres contractiles et de leur support conjonctif lors de la discussion du vieillissement du système cardiovasculaire. Le rapport entre les éléments contractiles et les fibres de collagène se déséquilibre avec l'âge en faveur de ces dernières, ce qui contribue aux troubles du rythme, voire à l'arrêt cardiaque. La conduction de l'onde d'excitation est basée sur le passage de cations, Na^+ et K^+, à travers des canaux situés dans la membrane cellulaire. Plusieurs types de canaux possédant des particularités de régulation spécifique composent ce système. Le fonctionnement de ces échanges d'ions à travers la membrane cellulaire est relativement rapide, mais beaucoup plus lent que la vitesse de passage du courant électrique à travers un fil conducteur métallique. La vitesse de conduction du nœud sinusal est de l'ordre de 5 cm/seconde, celle du nœud atrioventriculaire de même ordre (de 5 à 10 cm/seconde) et celle des fibres de Purkinje de l'ordre de 2 à 4 m/seconde. Les anomalies de structure des cellules et molécules du myocarde peuvent donc fortement influencer les rythmes cardiaques et ses composants. Les divers types de « blocs », les arythmies et autres anomalies se traduisent par des changements de vitesse (baisse du nombre d'événements moléculaires par seconde) des diverses phases de la contraction. Bien qu'ils soient autonomes, les rythmes du cœur sont soumis à l'effet régulateur du système nerveux sympathique* : le nerf vague le ralentit, le nerf sympathique l'accélère. Il s'accélère au cours d'efforts physiques pour fournir l'organisme en nourriture (glucose*) et en oxygène. C'est à ce niveau que se situe l'effet de l'entraînement qui habitue le cœur à augmenter son rendement au prix d'une moindre accélération. Certains artifices du dopage qui défraie la chronique concernent aussi la régulation de l'effort cardiaque, d'autres modifient l'efficacité du transport d'oxygène (nombre de globules rouges) ou son utilisation dans les muscles.

Le système respiratoire

La deuxième fonction vitale dont le chronométrage nous intéresse ici est la respiration. Pour tous les organismes utilisant l'oxygène de l'air pour « brûler » les nourritures et produire de l'énergie nécessaire à toutes ses fonctions, la « respiration », c'est-à-dire l'apport d'oxygène et l'élimination du CO_2, est capitale. L'oxygène, véhiculé par le sang (les globules rouges avec leur hémoglobine chez les vertébrés) est rapidement utilisé dans les tissus périphériques. Son utilisation par les cellules, dans les mitochondries, produit essentiellement du CO_2 qu'il faut rapidement éliminer. Cet échange – l'évacuation du CO_2, l'arrivée de l'oxygène – s'effectue dans les alvéoles pulmonaires. Les minces parois alvéolaires sont en effet parcourues par des vaisseaux sanguins capillaires, et c'est à travers ces parois que s'effectue l'échange entre l'oxygène de l'air inspiré dans les alvéoles pulmonaires et le CO_2 du sang circulant dans les capillaires. À chaque inspiration, le poumon se remplit d'air que l'oxygène va diffuser à travers la paroi alvéolaire et capillaire dans le sang et sera échangé ainsi contre le CO_2 qui diffuse du sang vers les alvéoles. Cet échange nécessite l'expiration périodique de l'air usé et le remplissage des alvéoles avec de l'air frais. Il s'effectue grâce au fonctionnement « autonome » de la cage thoracique. Les muscles intercostaux se relaxent et permettent aux poumons de se dilater et de se remplir d'air. Peu après, leur contraction expulse l'air des alvéoles et ce mouvement « involontaire » de la respiration continue pendant toute la vie, comme celui du cœur pour satisfaire aux fonctions les plus élémentaires de l'organisme – l'apport d'oxygène et de substances nutritives aux tissus et organes. Contrairement au cœur, les poumons isolés du reste de l'organisme ne continuent pas à se contracter et à se dilater automatiquement. Les muscles de la cage thoracique sont reliés à des centres situés à la base du cerveau qui fonctionnent d'une façon autonome, à l'instar du nœud auriculo-ventriculaire de l'oreillette droite du cœur, pour générer l'impulsion nécessaire aux dilatations et contractions de la cage thoracique. La fréquence de ces mouvements respiratoires est de l'ordre de 16 par minute au repos et peut monter à 40 environ en plein exercice. La quantité d'oxygène fournie au cours de ces respirations varie entre 0,3 et 3,0 litres par minute. On peut assez facilement déterminer la capacité et le rythme respiratoires en faisant souffler dans un spiromètre*. La capacité pulmonaire totale est de l'ordre de 6 à 8 litres, le volume échangé au repos à chaque respiration n'est que de 1 à 3 litres. La capacité vitale, le volume d'air inspiré lors d'un effort inspiratoire maximal est de l'ordre de 5 litres. C'est ce volume (à raison d'environ 20 % d'oxygène) et ce rythme qui fournissent l'oxygène aux nombreuses cellules de l'organisme. Au cours d'une respiration au repos, chaque phase du cycle respiratoire dure environ 3 à 4 secondes, l'inhalation étant plus courte que l'expiration.

Cette capacité respiratoire détermine les possibilités de performance sportive et physique. Sa baisse quasi linéaire avec l'âge est l'un des principaux facteurs qui limitent les performances d'un individu. L'essoufflement lors d'une montée d'escalier en est un des symptômes. Cela traduit, entre autres, la perte de la surface d'échange gazeux. La surface totale des parois alvéolaires est de l'ordre de 70 à 90 m^2 chez un adulte ; elle baisse considérablement avec l'âge, et plus rapidement encore chez les fumeurs. L'épaisseur de la paroi alvéolaire, de l'ordre de 1 mm, peut également augmenter, à la suite d'une infection ou d'une intoxication (certains herbicides peuvent provoquer une fibrose pulmonaire souvent fatale), diminuant ainsi l'efficacité des échanges gazeux. La perte d'élasticité de la paroi, principalement due à la dégradation de ses fibres élastiques* et à leur remplacement par des fibres de collagène, est pour beaucoup dans la perte d'efficacité de la fonction pulmonaire au cours du vieillissement et les pathologies qui s'ensuivent comme l'emphysème.

La régulation nerveuse de la fonction respiratoire

Les mouvements rythmiques des muscles qui assurent la dilatation et la contraction de la cage thoracique du diaphragme, des muscles intercostaux et d'autres muscles accessoires, viennent essentiellement de centres nerveux du tronc cérébral – le noyau* appelé ambigu – et des cellules nerveuses formant les complexes de Bötzinger* et pré-Bötzinger, situés à la base du cerveau. Ce groupe de neurones ventraux du tronc cérébral* régule la respiration. On y trouve des neurones sympathiques*, des neurones bronchomoteurs*, des neurones du système vagal cardiaque ainsi que les neurones du système chémosenseur, tous regroupés dans cette région limitée du tronc cérébral. Pour caractériser les rythmes de décharge de ces populations neuronales, on les compare à celui du nerf phrénique, qui régule les contractions du diaphragme. On distingue six classes de neurones impliqués dans la régulation du rythme respiratoire. Le premier groupe règle la phase précoce de l'inspiration, le deuxième la phase essentielle de l'inspiration, le troisième, la dernière phase de l'inspiration. Le quatrième groupe est appelé post-respiratoire, le cinquième expiratoire et le sixième encore pré-inspiratoire, phase précoce. Voici une première indication de la complexité de la régulation des rythmes respiratoires. Tous ces réseaux neuronaux fonctionnent par l'intermédiaire de neuromédiateurs*, molécules déchargées par les terminaisons nerveuses au niveau des synapses* neuromusculaires ou au contact avec d'autres cellules nerveuses. Nous n'aborderons pas ici les mécanismes de génération de conduction et de transmission de l'influx nerveux. Nous nous intéresserons plutôt à l'origine des impulsions nerveuses qui déterminent et communiquent les rythmes respiratoires. Leur origine se trouve dans les neurones « pacemakers » (ou donneurs de rythme), dans les amas cellulaires ci-dessus mentionnés ou encore au niveau de la formation réticulaire* située à proximité des « noyaux » neuronaux. Ces régions de la base du cerveau (en particulier la région pré-Bötzinger) continuent à générer des impulsions régulières après l'isolement d'une coupe de cerveau contenant ces neurones. Plusieurs types de neurones, reconnaissables sur coupes histologiques, sont capables d'activité spontanée, dont au moins 3 à 4 groupes de neurones des 6 groupes énumérés ci-dessus. Des canaux calciques* impliqués dans la dépolarisation semblent être responsables de cette activité rythmique « spontanée ». Parmi les régulations de cette activité rythmique, les neurones chémosensibles jouent un rôle important. Ces neurones, implantés dans la circulation sanguine, réagissent à de minimes variations de l'acidité du sang – à sa teneur en CO_2 en particulier. Contrairement au cœur, des modulations volontaires du rythme respiratoire sont possibles. On admet d'ailleurs l'existence d'un réseau neuronal de contrôle, conjoint cardio-respiratoire dont l'utilité découle du nécessaire couplage entre ces deux fonctions vitales, la respiration et la circulation. Nous devons à cette régulation complexe et spontanée, à la fois réflexe et modulable, notre extraordinaire capacité d'adaptation à une variété de sites, des hautes montagnes aux fonds marins, sans oublier la variété d'efforts que nécessite la vie quotidienne, et encore notre faculté de fournir un effort musculaire et sportif en altitude par exemple.

Les « pacemakers » ou les cellules donneuses de temps

Comme il ressort des chapitres précédents, tous les événements à l'intérieur de la cellule suivent des rythmes. En outre, nous avons mentionné des réactions chimiques rythmées en dehors de toute cellule vivante. Donc, théoriquement, toute cellule pourrait jouer le rôle de « pacemaker » ou « donneur de temps ». Dans l'organisme, cependant, certaines cellules, ou plus exactement certains groupes cellulaires se spécialisent dans cette tâche. Les autres cellules, bien qu'elles soient capables d'assumer ce même rôle, acceptent et suivent le rythme dicté par ces quelques cellules que l'on a identifiées comme les véritables chefs-d'orchestre. Nous en décrirons certaines, qui dictent le rythme de fonctions physiologiques essentielles.

• Les cellules « pacemakers » de la respiration

Nous avons déjà mentionné le groupe cellulaire qui fait partie des « noyaux » (des groupes cellulaires identifiables au microscope et parfois visibles sans agrandissement) à la base du cerveau, dit « région de Bötzinger » – incluant aussi des cellules se trouvant en amont et appelées « pré-Bötzinger » –, lequel fonctionne comme « donneur de temps » de la respiration. Leur rôle dans les rythmes respiratoires a été confirmé par les travaux récents de deux chercheurs à l'Institut de neurologie du National Institute of Health (NIH), Naohiro Koshiya et Jeffrey C. Smith [140]. Il apparaît en effet que les décharges rythmées proviennent d'un petit groupe de cellules de la région pré-Bötzinger, reliées par des synapses* transmettant des signaux d'excitation, signaux qui passent rapidement d'un neurone à l'autre dans ce groupe de cellules, assurent une synchronisation des décharges qui seront transmises aux nerfs, déclenchant les contractions des muscles respiratoires. Pour détecter l'activation d'une cellule ou d'un groupe cellulaire, on utilise un colorant fluorescent qui pénètre dans la cellule et émet une lumière fluorescente proportionnelle à la concentration intracellulaire du calcium libre (Ca^{++}_i). Nous avons déjà évoqué le rôle central du calcium dans le déclenchement de toutes les réactions cellulaires (voir chapitre III). La grande sensibilité de cette méthode permet de visualiser individuellement les cellules qui déclenchent « spontanément » un signal et de suivre sa propagation à d'autres cellules. Le fait que ces cellules maintiennent leur activité rythmique même dans des coupes de cerveau, *in vitro*, facilite ce repérage. Des microéletrodes branchées sur une seule cellule (« *patch clamp** ») permettent d'enregistrer les décharges rythmiques de ces cellules. Les neurones, dont l'activité est ainsi enregistrée, sont visualisés simultanément par imagerie infrarouge. En inhibant les transmissions synaptiques médiées par le glutamate*, un neuromédiateur excitateur, les cellules continuent à émettre des signaux oscillants mais de façon désordonnée. Preuve que c'est bien par le couplage avec les synapses glutaminergiques* que la coordination des décharges est acquise. Le rythme des décharges a pu être réglé par le potentiel électrique de base de leurs membranes, lequel dépend de la distribution des cations et anions des deux côtés de la membrane au repos. Ce travail illustre la façon dont un nombre restreint de cellules nerveuses peuvent coordonner leur décharge et entraîner l'activité d'autres cellules, nerveuses et musculaires, afin de coordonner et de rythmer les mouvements respiratoires.

Le nœud sinusal

L'étude histologique fine de ce groupe cellulaire situé dans la partie supérieure de l'oreillette droite du cœur (*supra*, figure 16) a révélé son hétérogénéité : une variété de formes cellulaires, en contact avec des cellules musculaires, parcourues par des petits vaisseaux sanguins et maintenues ensemble par un tissu conjonctif*, riche en collagène* sécrété par les fibroblastes. Seule une petite fraction de ces cellules nodales identifiées au microscope produit des décharges rythmiques. Les autres cellules réagissent à ces cellules « autonomes » et transmettent l'excitation aux cellules musculaires contractiles. Les faisceaux de collagène séparant les cellules du nœud sinusal en petits groupes forment des logettes conjonctives. Le rôle important de compartimentation des cellules « actives » par les faisceaux de collagène ressort déjà de leur proportion importante : environ 70 % de la structure nodale est composée de collagène, d'après les études de L.N. Bouman et H.J. Joungsma à l'université d'Amsterdam [136]. Les fibroblastes qui sécrètent les fibres de collagène entourent les cellules nodales et établissent des contacts avec les vaisseaux. Bouman et Jougsma suggèrent que ces faisceaux de collagène séparant les cellules nodales jouent le rôle d'isolants électriques. En effet, l'excitation passe apparemment par des contacts cellulaires appelés jonctions de type gap ou jonction ouverte (« gap junctions* »). Ces jonctions comportent des pores de communication entre cellules voisines. Peuvent passer par ces pores des substances chimiques, des métabolites*, ainsi que le « courant » électrique né de la dépolarisation de la membrane cellulaire. Les cellules nodales « typiques » capables d'émettre des signaux d'une façon autonome et rythmée possèdent les caractéristiques des cellules musculaires peu différenciées mais néanmoins pourvues d'appareils contractiles (fibres de myosine*). Ces cellules sont plus ou moins allongées, certaines possèdent plusieurs extensions (cellules « araignées »), toutes capables de déclencher spontanément des oscillations. Il ne semble pas que la variété des formes de ces cellules modifie en quoi que soit la fréquence ou l'intensité des signaux émis. On estime que ces cellules sont au nombre de 5 000 dans le nœud sinusal du lapin. Leur décharge est parfaitement synchronisée. Il n'y a pas de transition abrupte de ces cellules pacemakers vers les cellules musculaires contractiles de l'oreillette, la transition des formes cellulaires paraît plutôt graduelle. Les cellules musculaires en contact avec ces centres autonomes émetteurs de signaux possèdent des myofilaments de plus en plus développés au fur et à mesure qu'elles s'éloignent du centre du nœud sinusal. Ici aussi, comme pour le centre respiratoire, la synchronisation des décharges de ces quelques milliers de cellules est assurée par leur couplage. Les cellules isolées deviennent désynchronisées (émettent leurs signaux dans le désordre). Ce couplage par les jonctions de type « gap » assure la synchronisation des décharges de ces groupes cellulaires émetteurs autonomes.

Hormis ces connexions de cellules à cellules dont la nature et la densité varient de façon systématique à l'intérieur et autour du nœud sinusal, il existe aussi une innervation des terminaisons nerveuses qui établissent un contact entre le nœud sinusal et le système nerveux autonome*. On sait de longue date que l'excitation du nerf vague* ralentit le cœur et que celle des nerfs sympathiques l'accélère. Ces effets sont médiés par la libération de neuromédiateurs au niveau des terminaisons nerveuses dans le nœud sinusal. On trouve d'ailleurs des cellules nerveuses (des cellules ganglionnaires*) dans le nœud sinusal, mélangées aux autres types cellulaires (voir L. Robert dans [136]). On trouve aussi des cellules dites « chromaffines » produisant la dopamine*, un neuromédiateur important. Mais la régulation du rythme cardiaque se joue essentiellement entre les fibres du nerf vague*, libérant de l'acétylcholine* et les terminaisons nerveuses du nerf sympathique*, libérant de la noradrénaline* et d'autres substances similaires. L'acétylcholine fut le premier neuromédiateur identifié, à partir du liquide de perfusion du cœur par Otto Loewi à Graz en Autriche vers la fin des années 1930 d'un cœur isolé de grenouille et dont le nerf vague avait été stimulé ([189] p. 191 sq.). Ce neuromédiateur est rapidement détruit après sa libération par des enzymes* spécifiques (appelées acétylcholinestérases*). Ces enzymes peuvent être visualisées sur coupe microscopique par des méthodes de coloration spécifiques qui permettent d'identifier les terminaisons nerveuses cholinergiques*. Ces méthodes furent utilisées pour mettre en évidence la riche innervation par ces nerfs libérant l'acétylcholine dans la paroi de l'oreillette et à l'intérieur du nœud sinusal. D'autres méthodes histochimiques, mettant en œuvre des anticorps* spécifiques, ont permis de marquer des terminaisons nerveuses adrénergiques* et peptidergiques* dans l'oreillette et le nœud sinusal. Ces mêmes terminaisons se trouvent d'ailleurs sur les fibres musculaires cardiaques. La régulation du rythme cardiaque par le système nerveux sympathique-parasympathique paraît donc pouvoir outrepasser les ordres donnés par les cellules « pacemakers » du nœud sinusal en agissant directement sur le muscle cardiaque pour en moduler les contractions. Ce réseau cellulaire comportant muscle, nerfs et cellules pacemakers est capable de réagir à d'autres stimuli encore (des émotions par exemple) pour adapter le rythme cardiaque et le débit sanguin à des situations très variables. Ainsi, une soudaine augmentation du retour veineux (les veines caves amènent le sang « usé » par l'organisme dans l'oreillette droite pour être ensuite expédié dans les poumons et réoxygéné) entraîne une augmentation de la tension de la paroi de l'oreillette. Cette dilatation forcée sera « sensée » par des terminaisons nerveuses qui accélèrent la ré-oxygénation du sang et vont libérer des hormones capables de modifier le métabolisme de l'eau de l'organisme (le facteur natriurétique*) augmentant ainsi l'élimination du sodium (Na +) qui entraîne une augmentation de l'élimination de l'eau par les urines.

Le rôle du calcium

L'étude électrophysiologique des cellules sinusales permet d'étudier les « courants ioniques » impliqués dans l'activité autonome de ces cellules (cf. A. Zaza et al. (p. 117) et O.F. Schanne et al. (p. 133) dans [136]). L'activité autonome de ces cellules « donneurs de temps » est le résultat d'interaction complexe de plusieurs systèmes de « courants » qui convergent vers un « courant » dirigé de l'extérieur vers l'intérieur de la cellule et qui l'entraîne (le potentiel diastolique) vers des valeurs positives. Les paramètres électrophysiologiques de ces cellules nodales sont calibrés de telle façon (surface ~ 1 000μ2, capacité spécifique membranaire 1 μFcm^{-2} (microfarade) incrément de potentiel $50nVsec^{-1}$ (nanovolts)) qu'un minime courant vers l'intérieur de 0,5 pA (picoAmpère) seulement renverse le potentiel diastolique pour le rendre positif, ce qui déclenche le courant d'activation de la contraction cardiaque. Ce « courant » vers l'intérieur de la cellule paraît être associé au passage d'ions Ca^{++} par des canaux particuliers. Ces canaux calciques spéciaux seraient l'apanage et la caractéristique essentielle des cellules « pacemakers ».

L'étude de cellules cardiaques isolées obtenues par dispersion (à la trypsine*) du muscle cardiaque de rat nouveau-né fournit de nombreux éléments. Certaines de ces cellules se contractent spontanément à un rythme pouvant atteindre 150 par minute, mais la plupart d'entre elles adoptent un rythme de 30 à 80 par minute et ce, pendant environ 40 jours. Au cours de passages* successifs en culture, ces cellules perdent la capacité de contraction. Ces expériences confirment que certaines populations de cellules musculaires cardiaques, pourtant éloignées du système autonome de génération du rythme sinusal, sont capables de générer des rythmes autonomes, qui aboutissent à des contractions de rythme régulier, similaire à celui observé *in vivo*. Grâce aux expériences de Schanne et al. [136], cette activité spontanée en culture a pu être maintenue pendant 6 mois. Elle est sans doute apparue dans ces cellules au cours de la culture *in vitro*. Chez l'animal vivant, les cellules musculaires répriment l'activité spontanée, qui cependant se « réveille » après explantation en culture.

Les pacemakers de la digestion

Le tube gastro-intestinal est en mouvement péristaltique* continu. Le repas terminé, la digestion commence dans l'estomac puis dans l'intestin grêle pour finir dans le côlon ou gros intestin. Cette longue tuyauterie est en mouvement lent et continu, les contractions circulaires d'un segment se transmettent aux segments suivants, tout le long de l'intestin dans la direction bouche-anus. Au cours de ce cheminement, les aliments prédigérés dans l'estomac continuent à l'être par des enzymes pancréatiques* déversés dans l'intestin (le duodénum*) puis par des enzymes digestives sécrétées par les cellules bordant la paroi intestinale. Ces cellules sécrètent aussi des « lubrifiants », des mucines* qui se mélangent aux aliments pour en faciliter la dispersion et la digestion, et protègent aussi la paroi intestinale.

Il apparaît que ces mouvements péristaltiques de contraction et de relaxation de l'intestin, segment par segment, sont initiés d'une façon autonome par des cellules spécialisées, décrites par le grand histologiste espagnol Ramón y Cajal au début du siècle. Les cellules interstitielles de Ramón y Cajal forment un réseau continu, insérées entre les couches concentriques et longitudinales des cellules musculaires de la paroi intestinale. Ces cellules comme celles du nœud sinusal sont capables de générer des impulsions rythmiques de façon autonome. Ici aussi les couches musculaires sont innervées par les fibres du système nerveux sympathique-parasympathique. L'excitation du parasympathique accélère les contractions, celle du sympathique les ralentit. Le rythme de ces mouvements péristaltiques est relativement lent, environ 4 fois par minute. Le potentiel de membrane* au repos est de l'ordre de – 80 mV et l'amplitude des oscillations de l'ordre de 50 mV. Les ondes de contraction avancent de 3 à 20 cm/mn (valeurs établies pour le côlon du chien). Le couplage électrique des couches musculaires superposées dans l'épaisseur de la paroi intestinale explique cette coordination des contractions, poussant le contenu intestinal dans la direction bouche-anus. Il apparaît que ce couplage est effectué à ce niveau aussi par les jonctions de type gap (« *gap junctions* »).

La très grande différence entre la fréquence des excitations dans le cœur et dans l'intestin s'explique par l'arrangement des cellules produisant le signal. La rapidité de passage du signal dans le cœur et sa grande fréquence ne nécessite qu'un nombre restreint de cellules capables de le générer. Celui-ci se propage très rapidement vers le muscle cardiaque pour produire la contraction des ventricules. Dans l'intestin, en revanche, les contractions sont lentes, et peuvent être espacées par des minutes, voire des heures de repos (voir L.W.C. Linch et al., p. 159 dans [136]). L'étalement dans le temps des signaux est dû à la construction d'une véritable couche circulaire de cellules « pacemakers » reliées entre elles par de nombreux prolongements cellulaires en contact avec les couches musculaires contractiles. Les membranes (faites de tissus conjonctifs*) qui séparent les couches musculaires superposées isolent ces couches musculaires afin de préserver leur autonomie au cours des contractions et assurent ainsi leur succession dans le temps dans la direction estomac-anus. Le déclenchement des signaux est dû à une « dépolarisation » électrique (de négative à positive) de la membrane cellulaire. Ce changement de potentiel active des canaux ioniques* (voltage dépendant*) qui font passer le Ca^{++} de l'extérieur vers l'intérieur de la membrane cellulaire. Ce signal calcique déclenche à son tour la vague de dépolarisation membranaire et la propagation du signal. Ce même phénomène peut être obtenu par la voie métabolique : une substance chimique produite au cours du métabolisme cellulaire peut aussi activer des canaux ioniques (appelés « métabotropes »). La rapidité et la fréquence élevée des signaux déclenchant les contractions cardiaques plaident en faveur d'un mécanisme « électrique » : le très faible changement de potentiel nécessaire pour dépolariser les cellules nodales explique la rapidité et l'efficacité de la propagation du signal déclenchant les contractions cardiaques. La faible fréquence des contractions intestinales plaide plutôt en faveur d'une activation « métabolique » de déclenchement du signal de contraction. Ce processus est similaire à celui de la régulation de la glycolyse par des produits métaboliques (ADP, ATP, cAMP) et agissant sur des enzymes allostériques (chapitre IV).

Les rythmes de la sécrétion de l'insuline

L'insuline est une des toutes premières hormones peptidiques* identifiée dès les années 1920 par F.G. Banting et C.H. Best. L'isolement, puis la synthèse de cette hormone a radicalement changé la vie des diabétiques. Au prix de quelques injections d'insuline, leur glycémie* peut être normalisée. L'insuline est produite par des cellules spécialisées formant un îlot à l'intérieur du pancréas* (îlots de Langerhans). Comme nous l'avons vu dans le chapitre précédent, la sécrétion d'hormones n'est pas un processus continu. Elle est discontinue dans le temps, mais, cette fois, la fréquence et l'amplitude des rythmes doivent s'adapter aux besoins instantanés de l'organisme. Le glucose* est la source d'énergie la plus essentielle pour toutes les cellules de l'organisme et en particulier pour celles du cerveau. Le taux sanguin du glucose doit rester constant, aux environ de 1g/l de sang (environ 5,5 mM). Cette constance est le résultat d'une régulation complexe dans laquelle l'insuline joue un rôle essentiel. Il doit donc exister une relation entre le taux de sucre dans le sang circulant et la production d'insuline. En effet, lors des repas la teneur en glucose du sang augmente. Pour la ramener au taux normal, la sécrétion d'insuline doit augmenter. Dès que la glycémie est redevenue normale, la sécrétion d'insuline doit baisser. En cas de sur-sécrétion (comme chez les malades porteurs d'une tumeur sécrétant l'insuline ou insulinome, ou encore au cours d'une sur-administration d'insuline chez le diabétique), le taux sanguin de glucose baisse et un état comateux (coma* hypoglycémique) s'installe. Pour éviter ces dangers et maintenir la sécrétion d'insuline par les cellules ß* des îlots de Langerhans, il existe un couplage électrochimique permettant au glucose de réguler le potentiel de membrane de ces cellules (voir D.L. Cook et W.F. Hopkins dans [136]). La sécrétion d'insuline est induite par la dépolarisation des cellules ß, activant des canaux calciques voltage dépendants qui permettent au calcium du milieu extracellulaire d'entrer dans la cellule. La spécificité des cellules ß est due à ce que la dépolarisation de leur membrane est déclenchée par une molécule neutre, non chargée électriquement, le glucose. La nature des signaux électriques émis par ces cellules est donc contrôlée par la teneur en glucose du sang. Les cellules ß sont de petites tailles (~12 μm ou micromètres) et enserrées entre d'autres cellules dans les îlots de Langerhans de 100 à 300 μm de diamètre. Les cellules ß forment aussi un syncytium avec un couplage électrique assurant la synchronisation de l'activité biosynthétique (d'insuline) de ces cellules. Dans ces mêmes îlots, les cellules α et γ secrètent (ou médient la sécrétion) respectivement du glucagon et de la somatostatine*. On connaît aussi des cellules sécrétrices d'autres hormones peptidiques, les cellules PP (la proportion dans les îlots de Langerhans de ces cellules à activité sécrétrice distincte mais complémentaire est la suivante : 60 à 80 % pour les cellules ß secrétant l'insuline, 15 à 20 % de cellules α sécrétant le glucagon, 15 à 20 % de cellules PP et 5 à 10 % de cellules α à somastostatine). Ces autres cellules produisent aussi des signaux électriques et modulent l'activité des cellules ß. Le glucagon en particulier peut être considéré comme un antagoniste de l'insuline. Il existe ainsi une régulation complexe et réciproque de la sécrétion hormonale modulant la gluco-régulation de l'organisme. La dépolarisation de la membrane cellulaire produite dans ces cellules commande aussi l'ouverture de canaux calciques spécifiques. L'entrée du calcium est en effet nécessaire à la sécrétion de l'insuline. L'effet du glucose sur le potentiel de membrane procède en deux étapes. L'augmentation de la concentration en glucose du sang à partir d'un taux très faible jusqu'à la concentration physiologique de ~1 g/l (5,5 mM) produit une sorte de prédépolarisation, amenant le potentiel de membrane à la limite de la décharge (de – 80 mV à environ – 60 mV). Cette dépolarisation de la membrane cellulaire par le glucose paraît être médiée par une réduction de la perméabilité membranaire au potassium (K^+). Quand la concentration du glucose monte encore (à plus de 5,5 mM), comme après un repas, les cellules produisent des décharges déclenchées par l'entrée du calcium. C'est bien le glucose qui régule le passage des cellules ß d'une phase d'inactivité à une phase active en déclenchant la sécrétion d'insuline, selon un rythme déterminé par les caractéristiques électrophysiologiques de ces cellules. Le rythme des repas régule ainsi le rythme de sécrétion d'insuline.

Le passage de l'état quiescent à l'état actif semble obéir à la règle du tout ou rien. Le rythme de production d'insuline des cellules ß est déterminé par les caractéristiques des canaux ioniques et ne permet que des rythmes d'activité discrète, relativement rapide, 2 à 5 pics par minute, ou plus lents, une décharge toutes les 5 minutes. Ces oscillations plus ou moins rapides de l'activité électrique de la cellule ß correspondent à des intensités de sécrétion d'insuline plus ou moins importantes, permettant à l'insuline sécrété de ramener rapidement le taux de glucose circulant à sa valeur normale (environ 1g/l). Ce rôle modulateur du glucose est unique pour ces cellules : aucune autre substance ne permet de le remplacer. Il existe des systèmes de transport rapide du glucose du milieu extérieur vers l'intérieur de la cellule, le principal étant le Glut-2* pour ces cellules. Deux enzymes vont ensuite phosphoryler* le glucose (l'hexokinase et une glucokinase) permettant aux cellules ß d'ajuster la vitesse d'utilisation du glucose – pour ses besoins énergétiques – à sa concentration sanguine normale (1g/l).

La connaissance précise de ces mécanismes a permis d'élaborer des médicaments qui régulent la sécrétion d'insuline. Certains de ces médicaments (la classe des sulfonylurée comme le tolbutamide) stimulent la sécrétion d'insuline par le blocage des canaux potassiques sensibles à l'ATP (canaux K^{+}_{ATP}). Ces derniers jouent un rôle primordial dans la régulation de la sécrétion d'insuline. Ils présentent une très grande sensibilité aux variations de la concentration en ATP*. À la concentration physiologique « normale » d'ATP (2 à 5 mM), ces canaux sont fermés. Or, concentrations en ATP et en ADP* sont en rapport avec l'utilisation du glucose. C'est en utilisant, en « métabolisant » le glucose que la cellule fabrique l'ATP qui à son tour ferme ces canaux potassiques pour permettre la dépolarisation de la membrane cellulaire, la production des signaux « électriques », accompagnant la production et l'excrétion de l'insuline. En réalité, le dispositif est plus complexe, puisque le calcium peut également « activer » ces canaux potassiques. Le calcium pourrait aussi activer la destruction de l'ATP (par activation d'un ATP-ase* Ca-dépendante) et inhiber la production d'ATP par les mitochondries. L'image globale que l'on peut retenir de la régulation de la sécrétion rythmée d'insuline comporte donc : 1) la pénétration accrue du glucose dans les cellules ß, des îlots de Langerhans du pancréas, 2) le blocage des canaux potassiques K^{+}_{ATP}, 3) l'activation des canaux calciques qui entraîne l'augmentation de la sécrétion d'insuline.

C'est par ce mécanisme sophistiqué que l'organisme assure la nutrition équilibrée des nombreuses cellules qui le composent. L'insuline libérée par les cellules ß du pancréas est véhiculée par le sang (où l'on peut la doser et suivre ainsi sa régulation) et réagit avec les cellules en agissant sur un récepteur spécifique. La sensibilité et le couplage de ce récepteur baissent avec l'âge, ce qui prédispose les personnes âgées à un diabète de l'âge adulte (dit aussi « non insulino-dépendant », différent du diabète juvénile), dont la fréquence et la gravité augmentent dans les sociétés industrialisées, avec, pour corollaires, les complications suivantes : rétinopathie diabétique*, néphropathie diabétique* et athérosclérose* accélérée. Pour toutes ces raisons, on considère aujourd'hui qu'une glycémie qui dépasse 1.2 g/l doit être considérée comme pathologique. D'un certain point de vue, en particulier du point de vue du « temps » de la cellule, ce découplage du rythme des cellules ß des îlots de Langerhans montre l'importance des réglages temporels de l'activité cellulaire pour le bien-être de l'organisme.

Caractéristiques communes des cellules pacemakers

Ce rapide parcours des fonctions vitales de l'organisme révèle la présence, à la racine de ces fonctions, d'un groupe de cellules « chef d'orchestre » qui rythme les fonctions considérées. Rythme rapide pour le cœur, plus lent pour la respiration et encore nettement plus lent pour les contractions péristaltiques des intestins. Ces cellules « donneurs de temps » ne sont pas isolées ; il s'agit d'un groupe de cellules formant une unité fonctionnelle sans pour autant nécessairement représenter une unité morphologique. Nous avons vu que les cellules « pacemakers » peuvent être mélangées à d'autres cellules sans perdre leur autonomie fonctionnelle. Ces cellules sont complexes, forment des syncytiums, et leur couplage est le plus souvent réalisé par la formation de jonction de type gap entre cellules. Elles produisent périodiquement des décharges qui entraînent l'activation de l'organe, musculaire ou endocrine* le plus souvent. Dans une certaine mesure, la densité de couplage peut déterminer la fréquence des oscillations du calcium intracellulaire. Une autre caractéristique de ces cellules « chef d'orchestre » est de nature électrophysiologique, définie par la nature et la sensibilité de certains canaux ioniques membranaires. C'est la distribution des cations, Na^+, K^+ et Ca^{++} et anions (Cl^-) qui détermine essentiellement le potentiel membranaire. Pour obtenir la dépolarisation de la membrane, le potentiel au repos peut être modifié par un effet de charge électrique imposée (influx-efflux de cations ou anions, arrivée d'une décharge d'origine nerveuse), par un métabolite* (comme le glucose ou l'ATP agissant sur des canaux ioniques), ou encore par l'intermédiaire d'un récepteur. C'est donc la nature particulière des canaux ioniques, leur sensibilité à tel ou tel métabolite qui sous-tend le fonctionnement périodique des cellules « pacemakers ». La périodicité des décharges peut venir de la production périodique d'un produit du métabolisme comme dans le cas des cellules ß du pancréas. Le métabolisme du glucose produit l'ATP qui bloque les canaux potassiques K^+_{ATP} permettant ainsi à la cellule de « signaler » la décharge d'insuline. Ces « horloges métaboliques » sont souvent utilisées dans la nature (voir chapitre IV). Les oscillations du calcium libre intracellulaire (Ca^{++}_i), synchrones avec les décharges des cellules ß du pancréas peuvent agir de plusieurs façons, en facilitant l'ouverture d'autres canaux ioniques ou encore en activant des « kinases* » et en provoquant la phosphorylation de protéines régulatrices. La nature de ces canaux ioniques couplés à des récepteurs et des kinases est la cible d'intenses recherches. La récente identification d'une mutation modifiant le fonctionnement d'un canal sodique (du Na^+) par H.L.Tan [151] en représente une étape importante. La mutation du gène SCN5A affectant ce canal provoque des arythmies cardiaques parfois mortelles. Cette mutation (la substitution d'une cystéine en position 514 par une glycine*) dans la protéine constituant le canal provoque des ralentissements de rythme qui peuvent être partiellement corrigés par la dexaméthasone (un dérivé de la cortisone). Ce ralentissement de la conduction du signal de contraction peut provoquer un arrêt cardiaque. Une meilleure connaissance des canaux et de leur régulation permettra sans doute d'élargir les possibilités thérapeutiques, au-delà de l'implantation d'un pacemaker, laquelle permet déjà de sauver de nombreuses vies.

L'intrusion du chaos

L'essentiel du fonctionnement des pacemakers ne nous échappe plus. Grâce au couplage électrochimique des cellules donneuses de temps, qui communiquent entre elles par des jonctions de type gap, on arrive à synchroniser les décharges et à obtenir un fonctionnement relativement précis dans le temps de nos organes vitaux. Relativement précis seulement car l'absolue régularité, comme dans une gamme jouée au piano, n'est pas compatible avec le fonctionnement normal des organes. La théorie du chaos a fait son intrusion dans la physiologie cardiovasculaire. L'enregistrement sur de longues durées de l'électrocardiogramme (par « holter* ») a permis à une équipe de gérontologues de Boston [131 et 132] de montrer qu'à l'état normal, le rythme sinusal des oscillations de l'électrocardiogramme (ECG)*, les ondes PQRST (voir *supra*, figure 16, p. 155) ne sont pas si régulières dans le temps qu'on le pensait en regardant de courtes séquences, mais obéissent aux lois du « chaos* ». Une équipe finlandaise [146] a étudié plus de cent sujets entre 1 et 82 ans en enregistrant pendant 24 heures leur ECG. L'intervalle de temps entre chaque battement du cœur a été analysé par la méthode des fractales de la théorie du chaos pour en déterminer la complexité (la pente de la courbe log puissance log fréquence, de la variabilité de l'intervalle R-R – 10^{-4} à 10^{-2} Hz, l'entropie approximative et d'autres paramètres dérivés de la théorie des fractales). Les résultats montrent une augmentation de la variabilité du rythme cardiaque chez l'enfant et le jeune adulte, suivi par sa baisse régulière avec l'âge au cours du vieillissement. La perte progressive de la complexité de la dynamique du rythme cardiaque constatée par l'équipe de cardiologues finlandais est attribuée à la fois à des modifications de structure et à la fonction du système de « pacemakers » cardiaques au cours du vieillissement. La perte de cellules dans le nœud sino-auriculaire et la perte d'efficacité de leur couplage expliquent ces altérations. Ces modifications sont à la base de l'expérience déjà très ancienne montrant une baisse progressive de l'adaptabilité du rythme cardiaque à l'effort chez les personnes âgées. La première surprise de l'équipe de gérontologues américaine d'Ary Goldberger a été de constater que la « constance » des paramètres physiologiques, concept central du fonctionnement normal de l'organisme selon les physiologistes classiques depuis Claude Bernard et Walter Cannon, n'est qu'apparente. Les paramètres physiologiques ou biocliniques que l'on peut enregistrer avec une précision suffisante oscillent autour d'une valeur moyenne et ses oscillations obéissent aux lois de la théorie du chaos*. Il me paraît néanmoins exagéré de souscrire aux critiques que ces auteurs adressent aux physiologistes classiques (pour simplifier – le chaos est la norme, la régularité par contre annonce la mort), car ceux-ci ne disposaient certainement pas de l'outillage qui eût permis un enregistrement précis. Quiconque a visité la maison de la famille de Claude Bernard dans le Beaujolais a pu comprendre que les résultats concernant la régulation du glucose, nécessitant des dosages répétés de la glycémie réalisés avec un appareillage rudimentaire exposé dans une des pièces de la maison, n'ont pu atteindre une précision suffisante pour détecter des irrégularités, des oscillations autour d'une moyenne. L'intérêt des travaux récents est d'avoir révélé la complexité du fonctionnement des systèmes de chronométrage cellulaires et rendu possible une nouvelle approche à la fois théorique et expérimentale de l'exploration des pathologies liées à l'âge. Une de ces applications concerne justement un des problèmes quotidiens de la régulation de la tension artérielle, sa chute postprandiale (après les repas). Cette chute augmente avec l'âge et peut provoquer des pertes d'équilibre au sortir de table. S.M. Ryan avec l'équipe d'Ary L. Goldberger à Boston [130] a montré que cette baisse de tension après les repas est de l'ordre d'une dizaine de mm de mercure chez les jeunes (24 ± 4 ans), à une heure, après le repas, et atteint une trentaine de mm de mercure chez les personnes âgées (89 ± 6 ans). Ces gériatres attribuent la chute importante de tension après les repas à une perte de l'efficacité du baroréflexe*, l'activation des nerfs sympathiques, qui permet de corriger la baisse de tension chez les personnes âgées. Il en est de même quand on étudie la réponse du rythme cardiaque à une modification posturale : le redressement rapide du corps (de 60° avec la tête droite). Là encore, la complexité de la variation de la fréquence cardiaque a été analysée par l'équipe d'Ary L. Goldberger [132]. Chez les jeunes sujets, le cœur s'adapte pendant le redressement, au contraire des sujets âgés. Néanmoins, six des douze sujets jeunes (18-35 ans) ont présenté des syncopes au cours de ce redressement, en corrélation avec une augmentation de la variabilité (de haute fréquence) de leur rythme cardiaque. Cette perte de complexité du rythme cardiaque avec l'âge explique la plus grande résistance des personnes âgées à une syncope dans la même situation.

De nombreuses études, inspirées par l'application astucieuse de la théorie des fractales et du chaos au rythme cardiaque, confirment la complexité des régulations de l'activité des cellules « pacemakers ». Ainsi, cette même équipe de Harvard, en collaboration avec des spécialistes de la théorie du chaos, a révélé la grande complexité mathématique de la loi qui décrit la variabilité dans le temps des battements cardiaques. Exemple intéressant de l'application d'une théorie physique moderne à la physiologie cardiovasculaire.

Chapitre VII

LE CERVEAU ET LE TEMPS

Ce chapitre nous entraîne aux confins de la biologie, de la psychologie, des sciences de la cognition, et même de la philosophie. Car tous les événements, quels qu'ils soient, qui influencent notre comportement temporel, sont élaborés, filtrés et synthétisés dans le cerveau. Aucune activité consciente n'échappe donc à l'analyse des modalités du fonctionnement temporel du cerveau. Bien entendu, dans le cadre de ce livre, il n'est pas concevable de prolonger nos réflexions à tous ces domaines. Mais il est tentant de se demander si un dialogue entre biologiste, philosophe, psychologue ou historien peut être engagé.

Tant de mécanismes cérébraux paraissent reliés au temps… il faut ici aussi faire des choix judicieux. En outre, le cerveau peut s'imposer à lui-même une obéissance à des temps divers et variés, en partie dictés par l'environnement de l'organisme et ses besoins (le sommeil et la nutrition) mais surtout par les normes et contraintes socioculturelles. Le fait que le cerveau puisse se référer à lui-même (« *self reference* ») complique singulièrement la tâche du biologiste. C'est l'une des raisons qui expliquent l'absence de théorie satisfaisante du fonctionnement cérébral. À l'instar de la physique d'avant la relativité et la théorie des quanta, des notions élémentaires quant au fonctionnement complexe des réseaux neuronaux nous font encore défaut. Il n'est pas question d'entrer ici dans une description détaillée du cerveau et de son fonctionnement, de nombreux livres y ont été consacrés au cours des dernières décennies. Nous nous proposons d'isoler quelques faits et observations qui permettent d'illustrer le principe selon lequel le fonctionnement cérébral, comme celui d'autres organes, est discontinu dans le temps, rythmé selon des règles et des mécanismes sujets à l'expérimentation et qui rendent possible l'adaptation de l'individu à son environnement. Le cerveau fonctionne selon plusieurs « constantes de temps », s'échelonnant entre les fractions de secondes (des millisecondes) et des heures ou des intervalles plus longs encore. Commençons avec l'observation la plus étonnante, la découverte de « l'électricité cérébrale » chez l'homme.

L'électricité cérébrale, l'électroencéphalographie

Hans Berger, en 1924, à Iéna, fut le premier à enregistrer, grâce à des électrodes disposées sur le crâne et reliées à un amplificateur, des oscillations électriques régulières sur l'homme vivant. Il distingue deux types majeurs d'ondes (figure 17). Le rythme α, voisin de 10 cycles par seconde et le rythme ß, plus rapide, d'environ 15 cycles par seconde. En réalité, le tracé est plus compliqué, il comporte des rythmes compris entre un et plusieurs dizaines de cycles par seconde. Parmi les nombreuses tentatives d'interprétation de ce tracé, les plus intéressantes pour notre propos sont celles qui se proposent de créer une représentation spatio-temporelle de l'origine et du mécanisme de ces émetteurs bioélectriques. De telles « nappes » spatio-temporelles de potentiel cérébral ont été proposées par plusieurs auteurs [188 et 190]. Cette tâche est facilitée par les déviations de la régularité (relative) du tracé au cours du vieillissement et par certaines pathologies (crises d'épilepsie, produisant des décharges de très haute fréquence, jusqu'à la mort cérébrale qui se reconnaît par le tracé plat). Encore faut-il se montrer prudent dans l'interprétation de ces anomalies, car pratiquement chaque individu présente un tracé légèrement différent qui peut changer selon les « états

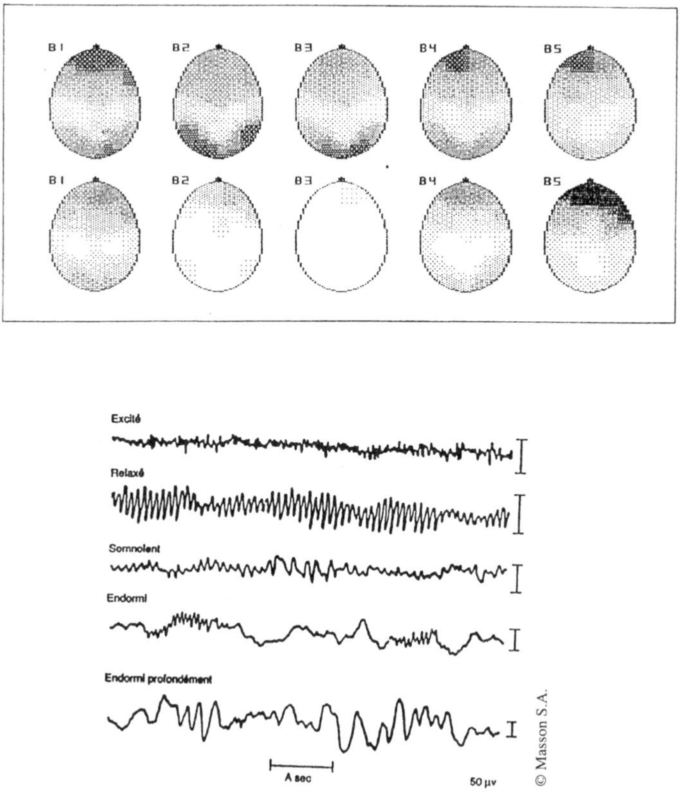

Figure 17. Localisation cérébrale de l'origine des bandes EEG chez un adulte sain, d'après Cl. Sebban (A) et modification de l'EEG selon l'état de la personne enregistrée, entre excitation et sommeil profond (d'après [71]).

d'âmes » et les conditions extérieures. Les tissus protégeant le cerveau, les méninges, l'os crânien et le scalp atténuent aussi les signaux électriques émis par les neurones. Ces tissus réalisent un moyennage spatial et une transmission préférentielle des basses fréquences. Il en ressort que seuls des générateurs spatialement étendus, suffisamment synchronisés et de basses fréquences seront détectables. Il est d'autant plus intéressant de constater la bonne synchronie des enregistrements de l'électroencéphalogramme (EEG) avec les potentiels relevés sur des neurones individuels.

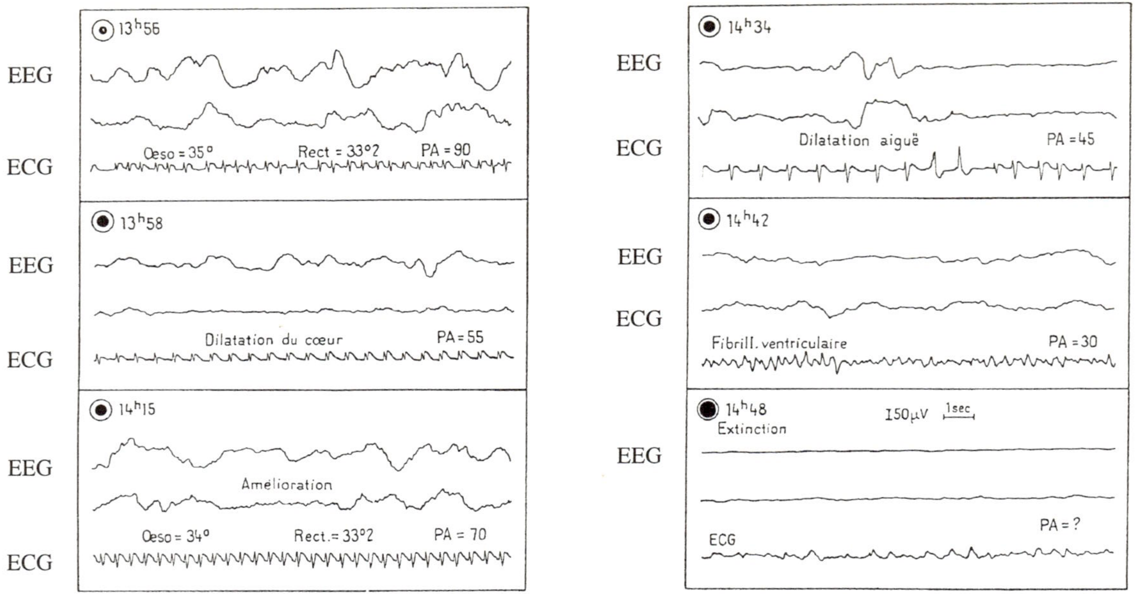

Figure 18. Enregistrement de l'électrocardiogramme (ECG) de l'électroencéphalogramme (EEG) d'une jeune fille de 8 ans opérée pour une malformation cardiaque. L'opération est effectuée en hibernation (11,5 °C dans l'œsophage), avec un arrêt cardiaque de 28 mn. Après la réparation cardiaque (obturation d'une communication interventriculaire) et le réchauffement à 34 °C, le cœur se défibrille et retrouve son rythme normal. Après une dizaine de minutes, le cœur se met à fibriller mais retrouve son rythme normal, après défibrillation électrique. Une demi-heure plus tard, nouvelle fibrillation, interrompue électriquement. Quarante minutes plus tard, on note une distension cardiaque. Nouvelle fibrillation, irréversible cette fois. On note l'évolution des EEG au cours de ces événements : la première fibrillation à 13 h 58 ne l'affecte pas, mais à 14 h 42, lors de la seconde, l'EEG devient de plus en plus [illegible]

Dans le cas d'un coma profond, le tracé change considérablement mais de façon transitoire [73]. Le tracé « physiologique » manifeste des variations selon l'activité cérébrale. Il suffit d'ouvrir puis de fermer les yeux pour voir le tracé se modifier. Le rythme régulier n'apparaît que lorsque les yeux sont fermés. Il dérive d'ailleurs des régions occipitales et pariétales du cerveau correspondant (entre autres) aux aires visuelles*. En gros, on admet que le tracé « normal » reflète l'activité « électrique » de larges populations cellulaires assurant l'intégration et la modulation sensitive et motrice du cerveau. Aux activités motrices – dérivant essentiellement de la région pariétale-centrale du cortex cérébral – correspondent un rythme plus rapide qui s'atténue lors de mouvements réels. Le lobe frontal, siège d'activités cérébrales « supérieures », donne aussi un rythme rapide de 13 cycles/seconde environ (rythme ß). Les ondes thêta, plus lentes (5-7 cycles/seconde) dérivent du lobe temporal et seraient le reflet d'activités émotives.

Ces rythmes changent au cours de la vie : chez le nouveau-né, il n'existe qu'un rythme lent, appelé δ, de 4 cycles/seconde environ. Les ondes α apparaissent vers 4 ans et ne se stabilisent qu'à la fin de la croissance. En effet, le cerveau se développe plus lentement que d'autres organes (le cœur démarre *in utero* à partir du trente-deuxième jour du développement). Il n'atteint son plein développement que vers 25-30 ans et entame son déclin après la cinquantaine. Des modifications caractéristiques ont été notées au cours du vieillissement. Les ondes α se ralentissent, leur fréquence diminue et gagne les régions frontales en perdant de leur modulabilité. Leur atténuation lors de l'ouverture des yeux disparaît progressivement et s'homogénéise sur tout le scalp avec une réduction de l'asymétrie droite-gauche (Le Roch et Sebban, dans [190]).

Pendant le sommeil prédominent des ondes lentes de 6 à 7 cycles/seconde, interprétées comme le reflet d'une « hypersynchronisation » de l'activité neuronale. Ces séquences régulières sont parfois interrompues par des fuseaux rapides de 5 cycles par seconde, d'origine souscorticale. Au cours du sommeil profond, le tracé retrouve les caractéristiques du stade de développement cérébral du jeune enfant : des ondes lentes, amples et irrégulières. Au cours des périodes de « sommeil paradoxal » qui correspond apparemment aux rêves, le tracé se modifie encore et suit les mouvements oculaires qui traduisent ces phases profondes de sommeil. C'est l'enregistrement de l'électroencéphalogramme au cours du sommeil qui a permis de vérifier cette alternance de sommeil léger et profond. Ces régularités s'atténuent ou se modifient plus ou moins profondément au cours du vieillissement. Une des modifications du tracé EEG attribuée au vieillissement est l'apparition d'activités de basse fréquence – des « bouffées thêta » – sur les régions temporales de l'hémisphère gauche notamment. L'augmentation précoce de la puissance thêta serait un signe de démence débutante. Les modifications des composantes à fréquence supérieure à 13 Hz – les ondes ß – se modifient aussi avec l'âge mais les avis d'experts à ce sujet sont discordants (Cl. Sebban). Tous ne s'accordent pas sur l'effet probable des anxiolytiques, souvent consommés par les personnes âgées. De bonnes corrélations ont été enregistrées entre les modifications de l'EEG selon l'âge et les tests psychomoteurs. Parmi ces tests, ceux qui explorent le vocabulaire semblent liés aux composants α, et ceux qui relèvent de l'agencement des figures dans l'espace aux composants β. L'étude de R.E. Dustman (1999), qui porte sur 222 mâles en bonne santé, âgés de 4 à 90 ans, permet de relever un facteur héréditaire (42 % de coïncidence sur certains paramètres pour les jumeaux identiques contre 7 % seulement pour les jumeaux non identiques) ainsi que la baisse irrégulière mais continue de l'amplitude des ondes enregistrées (*delta, thêta, alpha, bêta* 1 et 2). Il est intéressant de noter que cette baisse d'amplitude est rapide entre 4 et 24 ans et ralentit ensuite jusqu'à 76 ans environ. D'après les auteurs de cette étude, les pathologies liées à l'âge, plus que le vieillissement « normal », modifieraient donc le tracé.

Ces résultats suggèrent une certaine corrélation entre les caractéristiques du tracé EEG et les fonctions cognitives supérieures. La démence se manifeste par des cycles dominants inférieurs à 8 par seconde avec une forte réduction des fréquences dominantes. Il s'agit souvent d'une amplification des modifications notées au cours du vieillissement normal. On note ainsi un accroissement des ondes *thêta* et *delta* dans les régions frontales et occipitales avec une augmentation relative de la puissance delta qui serait liée à une démence sévère. La forte baisse des fréquences β (> 13 Hz) aurait la même signification.

Nombreuses sont les théories et tentatives d'interprétation des tracés de l'EEG, normal et pathologique. En ce qui nous concerne ici, ces tracés peuvent être considérés comme une preuve indirecte de l'activité rythmée dans le temps des populations neuronales du cerveau. Selon certains électrophysiologistes comme F. Bremer (1949), les ondes α seraient l'expression de l'activité autonome et rythmée dans le temps des cellules pyramidales* du cortex cérébral. Le « donneur de temps », ou pacemaker, de ces rythmes serait localisé au niveau du diencéphale*, le message passant par la voie thalamo-cortico-thalamique. Plus récemment, les électrophysiologistes s'accordent à attribuer les ondes cérébrales aux variations du potentiel au niveau des dendrites*, présents en grand nombre sur la plupart des neurones. Par contre, l'existence d'un « pacemaker » diencéphalique a été mise en doute car l'activité rythmique reste présente sur des coupes de cerveau, sans connections au diencéphale. On retrouve la situation apparemment paradoxale que nous évoquions plus haut : un grand nombre de neurones paraissent capables d'une fonction rythmique autonome, ce qui n'exclut pourtant pas leur entraînement par des systèmes de « pacemakers » plus ou moins bien localisés.

Depuis les années 1950, il est possible d'insérer une microélectrode dans une seule cellule pyramidale du cortex cérébral, d'enregistrer simultanément l'activité électrique d'une cellule et de la comparer à celle du cerveau entier. De telles études comparatives ont été effectuées par Otto Creutzfeld (1963) chez le chat. Le « potentiel de repos* » des cellules corticales, de l'ordre de 50 à 70 mV, présente de faibles oscillations, appelées « bruit synaptique » : les milliers de synapses attachées aux nombreuses dendrites de chaque neurone véhiculent des décharges électriques de nombreuses cellules – ce phénomène qu'on appelle métaphoriquement bombardement produit le bruit synaptique. Le cumul de ces décharges à faible densité peut atteindre le seuil de tolérance du neurone sondé, lequel déclenche alors une décharge qui sera enregistrée. La fréquence de ces décharges est de l'ordre de 10 à 30 par seconde, mais peut varier d'un individu à l'autre, selon le degré de vigilance. Ces séries de décharges s'interrompent pendant 1 à 2 secondes. En superposant l'enregistrement d'un seul neurone et l'EEG de l'animal, on se rend compte que ces deux tracés peuvent occasionnellement concorder. Il suffit de faire baisser légèrement l'apport de glucose au cerveau (de 0.65 g/l à 0.4 g/l de glucose dans le sang) pour voir s'aplatir le tracé du neurone sondé : le rythme et l'amplitude du tracé de l'EEG se modifient simultanément. À la suite d'études comparatives similaires, Creutzfeld a proposé une interprétation qui confirme la nature des modifications pathologiques (par exemple les salves de décharges rapides au cours de crises d'épilepsie), leur sensibilité aux agents pharmacologiques (anti-épileptiques, par exemple), et surtout la concentration en glucose et en oxygène du sang qui irrigue le cerveau.

Étant donné la forme différente des ondes de l'EEG par rapport au potentiel d'action* de cellules nerveuses isolées, on a eu tendance à attribuer aux potentiels d'action, cheminant le long des axones, la transmission des messages « inchangés », et à penser que les formes variables des ondes d'EEG traduiraient une activité « inventive » des neurones pouvant modifier le message [73]. De récentes études de l'équipe de Francisco Varela [198] semblent confirmer le rôle de la synchronisation des décharges de populations neuronales dans l'état cognitif. C'est surtout la synchronisation des oscillations gamma (fréquences comprises entre 30 et 80 Hertz) qui serait concernée. Si l'on présente à des volontaires des images reconnaissables (des visages), on observe une synchronisation à longue distance de populations neuronales (par EEG ou magnéto EEG*). La présentation d'images similaires mais sans structure reconnaissable (taches dissymétriques) ne permet plus d'observer cette synchronisation. Elle s'interrompt aussi dès que la reconnaissance du visage est suivie par un acte volontaire, un mouvement par exemple. Cette désynchronisation serait nécessaire pour passer d'un état cognitif à un autre.

Sans entrer plus en détail dans l'interprétation des ondes EEG, insistons seulement sur la complexité de la densité des connections entre neurones : il y a environ 10 000 « boutons » synaptiques* sur une seule cellule pyramidale du cortex cérébral, laquelle émet des dendrites en grand nombre, occupant une surface 10 fois supérieure à celle de la cellule elle-même. Le nombre de contacts entre neurones est donc très élevé. La forme des cellules nerveuses est très variable, elles sont entourées et en contact avec les cellules gliales* dont certaines assurent leur nutrition en formant des « ponts » reliant les vaisseaux capillaires du cerveau aux cellules nerveuses. Les enregistrements au niveau de la formation réticulée du cerveau* ont permis à M. Jouvet et à d'autres chercheurs [172] d'effectuer des études sur les corrélations entre activité neuronale et comportement. Ces études ont clairement montré l'existence de corrélations entre la fréquence et l'amplitude des décharges neuronales et l'attention, l'activité éveillée du sujet. Le « silence cérébral » a aussi suscité des études. L'aplatissement du tracé EEG peut être temporaire ou définitif, en cas de « mort cérébrale » (figure 18, *supra* p. 182). Un grand nombre de cas individuels ont été analysés par Argel et al. (1963). L'intérêt de ces études est l'enregistrement simultané, chez certains malades, de l'EEG et de l'ECG au cours d'opérations ou de ressuscitations cardiaques. Certains de ces enregistrements (figure 18) montrent la lutte acharnée mais vaine pour ressusciter une fillette de 8 ans opérée pour une malformation cardiaque. Après de premières tentatives couronnées de succès (les pulsations cardiaques et le tracé EEG le montrent), le cœur entre en fibrillation irréversible et s'arrête progressivement. L'arrêt du rythme cardiaque s'accompagne de l'aplatissement du tracé de l'EEG. Les aplatissements au cours des ralentissements cardiaques précédents ont été réversibles dès que la fibrillation cardiaque a pu être arrêtée. Ce cas et beaucoup d'autres ont révélé la très étroite corrélation entre le rythme cardiaque et cérébral. Si la pompe qui fournit le glucose et l'oxygène au cerveau mais aussi au muscle cardiaque se ralentit, l'activité cérébrale se tarit aussitôt. Ces études fonctionnelles ont largement profité des acquis plus récents de l'imagerie cérébrale fonctionnelle (PET-scan et autres), complétant les méthodes électro-physiologiques comme l'EEG. C'est ainsi que la limite supportable de privation de nutriment et d'oxygène du cerveau, ne dépassant que de peu la minute, a pu être établie.

Y a-t-il un sens inné du temps ?

Il me semble que le don de se repérer dans le temps est acquis et non pas inné. Comme pour plusieurs autres capacités de l'esprit, l'inné détermine seulement les possibilités et les limites d'acquisition et définit les « fenêtres » temporelles d'apprentissage – entre tel et tel âge du stade de développement du cerveau, ni avant ni après. Mais le « sens du temps » paraît acquis. Du développement intra-utérin à la naissance (le cerveau nécessite aussi des années pour achever son développement au cours de la période postnatale), puis pendant des années, nous faisons son apprentissage. *In utero*, l'enfant paraît suivre les rythmes de sa mère. Depuis les travaux pionniers de Serge Lebovici et de son école, la psychologie des premiers âges a fait de sérieux progrès. Des conséquences pratiques commencent à se manifester. On apprend aux jeunes parents à chanter pendant la grossesse des chansons dont le rythme serait perçu par l'embryon *in utero*. Dès sa naissance, il saurait d'ailleurs distinguer la voix de sa mère des autres sons de son entourage. On considère que ces premières temporalités apprises *in utero* se concrétisent, après la naissance, dans le rythme de l'alternance veille-sommeil-nourriture. Selon Piaget, le sens du temps apparaît plus tard que le sens spatial chez le très jeune enfant. C'est l'apprentissage de la langue qui le rend capable de concrétiser la notion de temps. Des études récentes suggèrent d'ailleurs l'identité des aires cérébrales impliquées dans l'analyse de la musique et de la parole. Les chercheurs de l'Institut Max Planck de Leipzig ont montré [179] que l'aire principale du cerveau qui s'active lors de l'analyse d'une « phrase » musicale est la même que celle impliquée dans l'analyse de la syntaxe du langage. Il s'agit de l'aire de Broca, la première aire cérébrale identifiée comme spécialisée dans une fonction cognitive. Il existe en effet un rapport étroit entre musique et parole, nous y reviendrons avec « l'effet Mozart ». Toujours selon Piaget, c'est vers 18 mois que le présent, le « maintenant » devient tangible. Après 2 ans, l'enfant commence à se rendre compte que « bientôt » est dans un futur proche, accessible. Il faut attendre 3 ans pour espérer la compréhension par l'enfant du verdict, parfois douloureux : « pas aujourd'hui, demain ». Donc, a partir de 3 ans environ, le passé, le présent et le futur (proche) se mettent en place. À partir de 7-8 ans, on peut enseigner l'heure et apprendre la gestion du temps à l'enfant. Parents et enseignants veillent traditionnellement sur ce difficile apprentissage. Selon la qualité (très bonne en France) de l'école maternelle, ces dates peuvent être avancées, comme d'ailleurs celle de l'apprentissage de la lecture.

Selon P. Fraisse, le jeune enfant possède le sens de la durée sous la forme d'une intuition primitive. Il serait intériorisé en tant qu'intervalle entre son désir et sa satisfaction. Michaud a interrogé, vers la fin des années 1940, 2 000 enfants de 10 à 15 ans, et il a noté que seuls les enfants ayant dépassé 13 ans réalisent que le temps est une abstraction, et seuls les adolescents comprennent la différence entre le temps abstrait et les horloges, ce qui donne raison à Fraisse, selon qui l'adaptation au temps est une question d'intelligence et d'apprentissage.

Les chercheurs de l'époque classique de la psychophysiologie, et en particulier Wilhelm Wundt (1832-1920), considéré comme son fondateur, ont cru à l'existence d'un « sens du temps », c'est-à-dire à l'existence d'une unité de temps psychologique. Cet intervalle de temps, qui serait en quelque sorte en rapport avec une fonction physiologique des neurones, serait de l'ordre de 0,75 seconde. En effectuant des études psychophysiologiques, ces auteurs (et en particulier Estrel en 1884) se sont aperçus que les durées de temps supérieures à 0,75 seconde sont sous-estimées, et que les durées de temps plus courtes sont surestimées. Néanmoins, ces résultats restent controversés. Il paraît probable que l'unité de temps psychologique varie d'un individu à l'autre et dépende de ses capacités d'observation. Paul Fraisse parle du développement d'une tendance centrale en rapport avec les intervalles de durée perçus dans une situation donnée, ce qui confirmerait les surestimations et sous-estimations d'intervalles dépassant environ 0,7 seconde. Cette « unité psychologique » du temps doit, selon lui, correspondre à un processus mental bien défini.

Calais-Brézy (1930) a étudié les groupes de lettres perçues dans un seul processus perceptivo-mental : il correspondrait à environ 4,1 lettres dans un intervalle optimal de 1,2 à 1,5 seconde. Selon lui, le processus perceptif complet nécessiterait de 0,7 à 1 seconde. Ainsi, la culture pourrait bien influencer l'unité de temps de l'individu. Chez les Indiens, par exemple, l'unité de temps a été mesurée par le temps que met le bol de riz pour bouillir, ce qui témoigne de l'importance de la culture locale pour le sens du temps psychologique.

L'unité de temps psychologique dépend aussi des organes des sens que l'on considère : l'oreille peut distinguer deux signaux séparés de seulement 2,5 millisecondes, c'est-à-dire environ le vingtième de ce que l'œil peut distinguer comme des signaux séparés. L'unité de temps, pour des processus neurophysiologiques sériés, est de l'ordre de la milliseconde. Ainsi, une projection d'une durée de 1 milliseconde peut être perçue, mais non identifiée avec précision. La conscience exigerait une durée minimale de temps pour identifier une impression visuelle. Par exemple, la perte de conscience pendant une attaque épileptique serait due à la très grande vitesse à laquelle les décharges neuronales se succèdent. On voit que la plus faible capacité de distinction du système visuel par rapport au sens auditif protégerait le cerveau en filtrant et en espaçant les impressions visuelles trop rapprochées qu'il reçoit.

La durée minimale de l'expérience visuelle peut être ainsi définie par la vitesse nécessaire de présentation d'images statiques pour donner l'impression de mouvement, par exemple au cinéma. Il s'agit de 16 à 18 images par seconde, ce qui donne environ 0,06 seconde par image. Pour notre oreille, 16 à 18 cycles par seconde sont nécessaires pour être distinctement perçus. Pour le sens tactile, c'est une fréquence de 18 cycles par seconde qui permet d'appréhender des stimuli distincts ; ensuite, nous percevons une vibration quasi continue.

On peut ainsi définir une durée pour l'unité de temps perceptif, de l'ordre de 50 millisecondes ; la durée approximative du « moment mental », c'est-à-dire l'intervalle nécessaire entre deux signaux pour qu'ils soient perçus distinctement, ou la vitesse de lecture des mots dans un livre facile, est aussi de l'ordre de 20 par seconde.

De nombreuses pages pourraient être consacrées à l'analyse du « présent psychologique » qui correspond probablement à une construction mentale et intellectuelle. Pour percevoir un changement, il faut en effet se représenter simultanément un événement dans ses phases distinctes de présentation. La combinaison de simultanéités et de successions dans notre perception peut être plus facilement représentée comme une ligne mouvante que par une succession de points.

On retrouve, depuis la fin du XIXe siècle, ce concept selon lequel un segment spécifique du présent représente une entité de temps finie qui fait l'objet de notre donnée immédiate de la conscience, et de notre expérience subjective. Ainsi, Janus, dès 1890, parlait du chevauchement des stimuli qui atteignent notre cerveau, et de la densité de ces chevauchements qui déterminerait la sensation de la durée ([96] p. 181). La perception de deux événements comme successifs ou simultanés dépendrait donc de l'organe qui les perçoit. Ainsi, comme nous l'avons mentionné, l'oreille distingue plus facilement que l'œil deux stimuli séparés dans le temps. Néanmoins, quelle que soit la sensibilité de nos organes, c'est finalement le cerveau, c'est-à-dire notre conscience, qui intègre ou sépare les stimuli reçus. Janet, en 1928, assure même qu'il ne suffit pas de faire appel à notre conscience ; le présent serait un acte intellectuel réunissant l'action et la narration : « un récit de l'action que nous nous faisons à nous-mêmes pendant que nous sommes en train d'agir ».

Un argument en faveur de cette conception est fourni par la découverte, en neuropathologie, du syndrome de Korsakoff*, syndrome post-encéphalique qui désorganise la succession des événements dans le temps ([96] p. 283). Au moins 8 jours ont été nécessaires à Mme D., une patiente de Charcot qui présentait le syndrome de Korsakoff, pour organiser dans le temps une observation. Ainsi, le présent n'acquiert de consistance que si notre mémoire immédiate fonctionne. Notre présent psychologique serait donc le résultat d'une construction cérébrale compliquée, intimement liée au passé et dépendant donc de notre mémoire immédiate ainsi que de notre attention vis-à-vis du futur proche. La construction même du présent semble empêcher qu'on puisse en déterminer précisément la durée. Il en découle également que le rapport entre le passé et le présent n'est pas simple. Là aussi, la psychopathologie quotidienne vient au secours de l'analyse psychophysiologique, en particulier avec le phénomène bien connu du « déjà-vu ». Dans ce phénomène, certaines parties du cerveau (l'hippocampe) joueraient un rôle prépondérant. L'impression de familiarité du phénomène observé nous le font considérer comme relevant de notre passé ; or il s'agit probablement d'une « absence du présent ». L'étude scientifique plus poussée de ce phénomène est malaisée car il est impossible de reproduire la même expérience sur un large échantillon de personnes et d'effectuer des mesures sur la fiabilité de la mémoire. Bertrand Russell a analysé la sensation de familiarité, mais ses arguments paraissent discutables. Plus récemment, des psychophysiologistes ont insisté sur le rapport entre l'imagination et le souvenir : dans les souvenirs, il est parfois très difficile de distinguer ce qui relève réellement de notre expérience du passé et ce que notre imagination y ajoute. D'autre part, la mémoire s'apprend chez l'enfant, tout comme d'autres fonctions cérébrales. Freud fut parmi les premiers à analyser le rapport complexe entre fonctionnement de la mémoire et le comportement. L'analyse des rêves, mais surtout les bases cognitives des contraintes socioculturelles (*Totem et Tabou, L'Homme Moïse et la religion monothéiste*), ont conduit Freud à distinguer les sites et fonctions cérébrales cognitives comme le « conscient » et « l'inconscient » selon la première topique, et entre les deux le « préconscient » faisant déjà partie du « moi » et du présent. Le « ça », selon la deuxième topique, serait « intemporel » [189].

Les études sur le fonctionnement du système nerveux central ont reçu une impulsion considérable depuis l'avènement de la cybernétique et la construction des ordinateurs. Bien que le codage, la rétention des messages et leur possibilité de sélection et d'utilisation (*retrieval*) soient de nature très différente pour l'ordinateur et pour le cerveau, ce sont précisément ces comparaisons qui ont permis de préciser les deux types différents de fonctionnement. Ainsi, environ 7 bits* d'information sont directement accessibles sous la forme d'une unité de rétention, du moins dans la mémoire à court terme du jeune enfant. Cette quantité unitaire baisse avec l'âge, surtout à partir de la trentaine. Selon G.B. Miller (1956), cet intervalle serait invariant en termes d'unités utilisées et indépendant de la quantité d'informations contenues dans chaque unité. La mémoire à long terme dépend de la réorganisation du matériel accumulé par l'observation immédiate et la mémoire à court terme. On distingue, selon E. Tulving

(1972), une mémoire à long terme avec des engrammes épisodiques et une autre, dépourvue de telles images. C'est pourquoi on parle de mémoire sémantique. Seule la mémoire à long terme serait en rapport direct avec le temps. Par contre, selon D. Broadbent (1973), le temps pourrait être une catégorie plus fondamentale que l'espace pour la mémoire à court terme. L'inverse pourrait être vrai pour la mémoire à long terme. Quant aux aspects psychologique et physiologique de la mémoire, on a essayé de les assimiler par analogie au logiciel des ordinateurs. Toujours selon Broadbent, les personnes de cultures différentes, voire les personnes de même culture, organisent très différemment leur mémoire. L'aspect psychologique de l'étude de la mémoire pourrait nous renseigner de façon beaucoup plus profonde sur la perception subjective du temps. Bien que nos connaissances de la neurophysiologie, de la neurobiochimie et du fonctionnement du système nerveux central aient considérablement progressé depuis le milieu du XXe siècle, les mécanismes cellulaires qui sous-tendent le fonctionnement de la mémoire se précisent progressivement.

Parmi les constatations importantes des cybernéticiens, il convient de rappeler les pertinentes remarques d'un des pères de la cybernétique, John von Neumann. Son livre, *L'Ordinateur et le cerveau*, paru en 1958, attirait l'attention sur les différences entre le fonctionnement dans le temps du cerveau et celui de l'ordinateur. Le temps de réaction entre deux décharges successives de neurones serait de l'ordre de 10^{-2} secondes et, entre les diodes de l'ordinateur de son époque, de l'ordre de 10^{-6} à 10^{-7} secondes. Sur les modèles récents à « puce », ce temps est encore beaucoup plus court. Le cerveau travaille avec plusieurs câblages simultanément, et l'ordinateur avec des câblages en série. Il n'est pas du tout évident qu'on puisse transformer des opérations sérielles en opérations parallèles, sauf en changeant toute la procédure logique. D'autre part, les neurones utilisent un code modulé par la fréquence et non par l'intensité : plus le stimulus est important, plus sa fréquence est grande. Cela diminue l'interférence avec les « bruits » moléculaires et augmente la précision de transmission des signaux. Il s'agit donc pour le cerveau de transformer un patron* (*pattern*) spatial en patron temporel avec une série de fréquences communiquées de neurone en neurone. Remarquons toutefois que les progrès considérables en informatique ont rendu possible récemment des approches plus adéquates de modélisation du fonctionnement cérébral sur l'ordinateur (voir bibliographie).

Quel que soit le mécanisme cellulaire et moléculaire de la mémoire, il est important de prendre conscience du fait que c'est notre mémoire qui nous donne la conscience de notre identité (le « moi » de Freud) et de notre « temps » personnels. Nos souvenirs emmagasinés sont beaucoup plus nombreux que ne le sont les images évocables. Néanmoins, c'est peut-être cette série inconsciente d'images, dont certaines seulement sont évocables, qui nous permet de nous inscrire subjectivement dans le temps et de partiellement reconstituer notre histoire temporelle.

Le temps de la conscience et la musique

J.R. Smythies et A. Koestler ont proposé une analogie entre la temporalité de la conscience (*mind*) et la mélodie musicale. Une analogie existerait entre le cerveau et l'esprit similaire à une mélodie et aux notes qui la représentent. La récitation rythmée, les « comptines », aident à mémoriser, cela est connu de longue date. Le chant qui rythme une tâche répétitive et pénible aide à la supporter. Les chants célèbres des bateliers de la Volga ainsi qu'un chapitre important de la musique noire américaine y trouvent leur source. Serait-il donc concevable que le temps rythmé de la musique, au sens le plus large du terme, soit inné ? Les historiens de cet art pourtant ancestral n'en sont pas persuadés. La mesure du temps en musique s'élabore progressivement à partir du Moyen Âge [155]. La musique devient un objet de contemplation dont l'écoulement dans le temps peut être perçu en dehors de sa manifestation sonore, comme un objet mathématique ou géométrique. Cet « arrêt sur image » du son permet de scruter le déploiement de la matrice sonore et de sa structure, et de créer ainsi, hors du temps, un objet temporel. Comme le rappelle M. Le Goff dans son introduction au colloque de Royaumont [155], le « rythme » est l'une des sept parties de l'art de la musique, elle-même un des quatre « arts libéraux ». Le son, unité non sécable de la mélodie, doit avoir une certaine durée, entre autres qualités. Cette « quantification du temps » attribuée par Le Goff à la « rationalisation dominicaine » daterait du XIIIe siècle, avec le traité de Robert Kilwardby *De tempora* (1260). Cette œuvre serait à l'origine de « l'invasion numérique ». Comme le rappelle Le Goff, *ratio* en latin signifie « raison » mais aussi « calcul ». C'est la combinaison harmonieuse (dans tous les sens du terme) qui serait à l'origine de la mesure du temps musical. Pendant une courte période, les pulsations du cœur ont été prises pour unité du temps musical. Les théoriciens de la musique du XIVe siècle, Marchettus, puis Vetulus, reprennent la définition d'Aristote du temps liée au mouvement. Pour le philosophe devenu le maître à penser de l'église catholique médiévale, le temps se définit par la durée du mouvement des corps. Et, selon Vetulus, le temps en musique résulte du mouvement mélodique et de la succession des notes réglées par la mesure. Le temps en musique est donc l'unité de mesure des valeurs des notes (« *tempus minimum* ») ou selon Pseudo-Theodoricus « le temps, dans la musique mesurée, se définit par la durée des valeurs successives ». Ce « temps musical » associe donc « mouvement, durée et mesure ». Et l'unité de temps est définie comme un « *minimum in plenitudine vocis* » (« la durée idéale d'un son chanté »). On s'achemine ainsi vers la définition d'une grille du temps « naturel ». La « brève » aurait une durée de 1/480e de l'heure soit 7.5 secondes, ce qui est nettement plus long qu'une pulsation cardiaque « normale » (en dessous d'une par seconde). Comme le note cependant M. Popin, Vetulus bien que physicien, mélange sciences, croyance et magie des nombres. Le déchiffrage et l'interprétation de son traité sont pleins d'embûches pour l'historien de la musique qui « cherche à séparer les résidus de l'obscurantisme médiéval des propositions originales ». Plus « scientifique » paraît le traité du dominicain Robert Kilwardby, composé vers 1260-1265 (voir la contribution d'Alain Boureau dans [155]). L'invention de l'horloge mécanique au XIIIe siècle a certainement facilité le découpage du temps continu en unités mesurables. En effet, on passe d'une mesure continue du temps avec les clepsydres à une mesure discontinue avec le tic-tac de l'horloge mécanique. Le mécanisme de l'échappement, découverte récente alors, offre automatiquement ce découpage du continu en unités discontinues. Les besoins de la société marchande naissante auraient facilité l'application de technique « moderne » à la musique ancienne. Le commerce et l'emploi salarié auraient créé ainsi la nécessité, du découpage et de la mesure du temps, devenue discontinue. L'introduction de la physique d'Aristote aurait motivé aussi la réflexion de l'église catholique sur la durée du monde, problème resté tabou et très controversé jusqu'à la fin du XVIIIe siècle (au moins). L'introduction des « temps angéliques » (*aevum*) au XIIIe siècle aurait provisoirement calmé les esprits. L'ange intemporel est appelé à des interventions ponctuelles – proposant ainsi une conciliation temporairement acceptable (pour le croyant) de ces deux aspects contradictoires du temps sacré et profane. Kilwardby s'est penché sur ce problème. Nommé maître régent des arts à Paris entre 1237 et 1245, il rejoint Oxford et l'Ordre des prêcheurs en 1256 où il devient maître en théologie. En 1272, il est nommé archevêque de Canterbury, puis cardinal en 1279. Son *De tempore* est entièrement consacré au temps. Avec Albert Le Grand et Thomas d'Aquin, il compte parmi les grands auteurs scolastiques ayant consacré une réflexion profonde à cette dimension mystique et insaisissable de l'existence. Il évite astucieusement le débat autour de l'existence du temps en demandant (toujours selon A. Boureau) : « si le temps existe quel est-il ? ». Les réflexions du dominicain comme celles de ses prédécesseurs et contemporains s'inspirent de la physique d'Aristote et de son commentaire par

Averroès, mais avec une note originale. Le temps, pour Aristote, est le « nombre du mouvement selon l'antérieur et le postérieur », mais dans les traités particuliers de la physique, il « cherche à atteindre une réalité empirique d'objet du monde ». Pour Kilwardby, le temps n'existe que dans l'âme humaine, c'est une catégorie générale de la perception de l'être. « Si le temps, occurrence du processus, est un accident du processus, il peut, comme tout accident de substance, se décrire et se mesurer. » Selon l'analyse pertinente de Boureau : « l'effort du maître dominicain consiste à cantonner le temps dans l'extériorité naturelle du monde… ». La temporalité serait donc la manière d'être propre aux êtres naturels.

Selon Alain Boureau, c'est la pensée la plus conservatrice des auteurs scolastiques qui aurait ouvert la voie à la séparation du divin et du naturel et donc aux sciences et techniques modernes. Près d'un demi-siècle plus tard (entre environ 1295 et 1348, date à laquelle on perd sa trace) Jean de Murs, à la Sorbonne puis à la cour du roi de Navarre, reprend l'analyse mathématique et physique de la théorie musicale [176]. Dans trois traités de jeunesse (*Notitia*, *Compendium*, *Musica Speculativa*), complétés par *Libellus* et *Ars Contrapuncti*, il élabore sa théorie de la temporalité en musique. Il rappelle la notion épistémologique formulée avant lui « la musique traite du son rapporté aux nombres, ou l'inverse » (« *musica est de sono relato ad numeros aut econtra* »). La musique se situe donc au croisement de deux disciplines, l'arithmétique, science du nombre et la physique, « science du son ». De Murs ajoute des « mouvements annexes » et introduit une sorte de « théorie atomiste » du son : « le son perçu par l'auditeur comme un événement continu, se décompose en particules sonores dont le nombre, plus ou moins grand, détermine l'acuité ou la gravité de son perçu ». Ses textes abondent en représentations graphiques des temps sonores. Après une longue période de relative négligence, la science acoustique suscita l'intérêt de physiciens et de physiologistes du XIXe siècle. On doit à Hermann von Helmholtz* le travail expérimental et théorique le plus complet, d'une part sur la physique de la production sonore et d'autre part sur le fonctionnement du système auditif qui communique aux centres supérieurs du cerveau les impressions sonores afin d'élaborer les sensations esthétiques évoquées par la musique.

Le chant d'oiseau

Un chapitre entier aurait pu être consacré aux chants d'oiseau et aux mécanismes du « codage » cérébral de leurs rythmes variés. Mentionnons seulement quelques exemples comme celui du merle récemment relaté par Paul Isenmann du Centre d'écologie fonctionnelle et évolutive du CNRS. Il lui attribue le « plus beau chant des oiseaux d'Europe », qui fait pâlir de jalousie rossignols, rouges-gorges et autres fauvettes. Les mâles possèdent un répertoire des chants très vaste, et sont capables d'improviser et de varier rythmes et mélodies à l'infini. Chaque motif du chant est composé de phrases distinctes au sein desquelles se succèdent des sons purs et des gazouillis d'environ 2 secondes en moyenne, qui recommencent après des pauses très courtes de 0,1 seconde. Ces séries d'émissions musicales, d'une durée totale de 3 secondes (pauses comprises), se répètent sans se copier l'une l'autre. Chaque mâle possède selon Isenmann de 6 à 30 motifs différents, tout en en préférant 2 à 5 de son répertoire, à l'instar des grands musiciens. Ce chant est la garantie, pour la merlette qui l'écoute, que ce mâle possède un territoire permettant au couple de se former et d'élever une progéniture. D'autres vocalises encore sont émises pour avertir les congénères d'un danger (« toct-tock » ou « douck-douck » isolé ou enchaîné selon l'intensité du stress). L'émotion suprême donne « dackderrigigigi douck douck » et aussi « tix tix tix », récité aussi en chœur avant de s'endormir ou encore au réveil. Le « allô-allô » de notre téléphone équivaut chez le merle à « sieh » ou « srieh » aigus, pour contacter un partenaire. Le chant du merle noir peut durer une demi-heure au lever ou au coucher du soleil.

L'expérience suivante effectuée avec le diamant mandarin (*Taniopygia guttata*) suggère un mécanisme mixte de « codage » génétique et d'apprentissage de capacités musicales assez extraordinaires. Ces capacités d'apprentissage sont conditionnées par un circuit nerveux central bien étudié [193], mais ne sont autorisées qu'à une période précise du développement postnatal, comme l'apprentissage de la langue et d'autres sens chez l'homme. Ces oiseaux développent leur capacité d'émission sonore musicale entre le trente-cinquième et le quatre-vingt-dixième jour après l'éclosion de l'œuf, c'est la période « sensible » pour l'apprentissage vocal. Un motif sonore est composé de « syllabes » différentes, répétées dans un ordre précis. Un nouveau-né élevé avec un adulte verra sa « chanson » copiée sur celle de l'adulte. Cette capacité d'imitation apparaît dès le vingt-cinquième jour, mais peut être retardée par l'absence de « modèle » si l'on isole l'oisillon de tout contact sonore. Comme chez l'homme, la capacité de mémoriser les motifs musicaux comme l'apprentissage de l'émission vocale apparaissent chez la plupart des oiseaux. Mais chez le diamant mandarin, ces deux périodes se recouvrent. L'équipe de Rockefeller [193] a également enregistré les émissions sonores « spontanées » d'oisillons isolés dès leur naissance, en l'absence de « modèle » adulte. En les exposant ensuite aux chansons d'adultes, ils ont pu suivre étape par étape le mécanisme de l'apprentissage par imitation, puis la modification individuelle de la succession de syllabes au cours de l'élaboration des chansons personnelles. Après 43 jours en isolement après l'éclosion et après l'enregistrement des séquences de syllabes spontanées, les oisillons ont pu déclencher la « chanson modèle » en tapant avec leur bec sur un levier placé sur un oiseau mâle en plastique déclenchant une émission sonore « modèle » préenregistrée, placé à l'intérieur de l'appât. Trois jours d'entraînement permettent d'obtenir une imitation partielle. La trajectoire de l'émission sonore spontanée vers le modèle suit une progression continue en quelques jours, à moins qu'elle ne dévie du modèle (à cause d'instabilité vocale de l'oisillon ou d'autres contraintes) pour s'y conformer par un doublement abrupt de la période correspondant à la première harmonique du modèle. Ce deuxième mécanisme d'imitation a été constaté pour les variantes dont la fréquence a été plus élevée que celle du modèle. Ainsi, la fréquence des premières émissions sonores est l'un des facteurs (mais pas le seul) déterminant l'évolution de l'apprentissage qui dure de 5 à 14 jours environ. L'amorçage par apprentissage (acquis) déclenche donc un mécanisme neuronal « inné » rendant capable le jeune oiseau de devenir « compositeur » à son tour. Ce travail expérimental fournit un bon exemple du jeu compliqué de l'inné et de l'acquis lors de la fixation de la temporalité des émissions sonores de ces oiseaux si inventifs en motifs musicaux.

Un troisième exemple concerne le cardinal d'Amérique du Nord (*Cardinalis cardinalis*), joli oiseau rouge « cardinal » dont la capacité « musicale » présente la particularité d'être partagée par les deux sexes. Il apparaît néanmoins, à la suite des études d'Ayako Yamaguchi [200], que les capacités musicales des deux sexes sont considérablement différentes. Dans des conditions comparables à celles de l'expérience précédente, les jeunes femelles apprennent environ trois fois plus vite à « chanter » que les mâles. Par contre, en l'absence de « mélodie modèle », les jeunes mâles réussissent à élaborer des chants « personnels », contrairement aux femelles. Dans le cas du cardinal, l'apprentissage musical dure toute une année, avec la présentation journalière de 4 mélodies types, 40 à 44 mélodies au total. À la fin de l'année, la mélodie retenue correspond à l'une ou l'autre des mélodies modèles. Le même apprentissage est « concluant » dans ces conditions après 48 jours environ chez les jeunes femelles, mais seulement après 187 jours chez leurs congénères mâles. Ceux-ci réussissent néanmoins à retenir davantage de mélodies que les femelles (1,5 fois plus). Curieusement, selon les régions où vivent ces oiseaux, le « dialecte » est différent. Les mâles qui migrent d'un territoire à l'autre assimilent le dialecte local, pas les femelles. Cette capacité a son importance : l'établissement d'un territoire permettant de fonder un « foyer ».

Voici encore un exemple de l'intrication de l'inné et de l'acquis, compliqué par la différenciation sexuelle. La temporalité cinétique du développement du cerveau et l'effet des hormones sexuelles pourraient expliquer ces curieuses différences entre l'apprentissage des rythmes et leur reproduction chez le cardinal. En ce qui concerne la localisation cérébrale de cette capacité d'apprentissage et de reproduction de rythmes, il semble qu'il faille remonter loin en arrière dans le temps de l'évolution, bien avant l'émergence de l'homme. Plus loin encore que les dinosaures dont dérivent apparemment les oiseaux. Selon la proposition de Patricia M. Gray et de M.J. Trano [167] pratiquement tous les vertébrés, baleines et éléphants compris, émettent des « sons musicaux » et sont sensibles à leur réception. Il convient donc de chercher le site de « codage » de ces activités au niveau du tronc cérébral que nous partageons avec un grand nombre d'animaux à partir des lézards. Seule l'élaboration conceptuelle des musiciens et compositeurs ferait appel au lobe frontal. Les octaves préférés des baleines seraient similaires à celles de nos musiciens et la longueur de leurs « morceaux » similaire à celle d'une symphonie. Selon ces suggestions, le « site » du sens musical serait très proche de celui des émotions les plus « primitives », ce qui correspond aux sentiments profonds que remuent certaines mélodies. Curieux croisement des voies de communication cérébrale du sens temporel sonore et émotionnel.

Musique et raisonnement – l'effet Mozart

L'étude de l'électroencéphalographie montre clairement qu'il existe une activité rythmique cérébrale constante et continue, englobant la quasi-totalité du cortex* cérébral. On est donc tenté de chercher une base physiologique de la temporalité de la conscience. Or ces derniers chapitres montrent plutôt qu'il n'y a pas de faculté prédéterminée à ce niveau ; dans tous ses aspects, la temporalité de nos actions conscientes est apprise. Seule la possibilité de les acquérir et de les fixer paraît être prédéterminée dans la structure cérébrale.

L'histoire de la musique en fournit un exemple intéressant. Bien que la « mélodie » soit venue « naturellement » à l'homme (peut-être l'australopithèque fredonnait-il déjà), la codification du temps musical s'échelonne sur des siècles avant d'atteindre le degré de perfection que l'on constate depuis les XVIe et XVIIe siècles. Les progrès étaient constants et lents ou rapides, épisodiques selon les époques, selon la capacité inventive des individus, facilitées ou retardées par les interdits, dogmes et préjugés de chaque époque. Gordon L. Shaw, à l'université de Californie, au campus d'Irwine, a effectué une expérience intéressante suggérant une corrélation fonctionnelle entre rythme et réflexion [191]. Après avoir écouté pendant dix minutes la sonate de Mozart pour 2 pianos en do majeur (K448), des étudiants de collège ont vu leurs performances cognitives mesurées par des tests de raisonnement spatio-temporel augmenter de façon significative. Ces expériences ont été répétées avec des enfants d'âge différents, puis avec des rats, soumis ensuite à un test permettant d'évaluer la rapidité et l'efficacité de leur réflexion spatio-temporelle : la « piscine » de Morris. Celle-ci est rendue laiteuse et contient une plate-forme qui devient invisible mais repérable grâce à des « marqueurs » disposés autour de la piscine. La rapidité de repérage de la plate-forme permet de mesurer, lors de tests successifs, la rapidité de la réflexion spatio-temporelle et sa rétention. Cette corrélation entre musique et réflexion spatio-temporelle a été étendue par ces mêmes auteurs (voir pour plus de détails le livre de Gordon L. Shaw, accompagné d'un disque CD-ROM avec la musique de Mozart) à des enfants préscolarisés qui étudient le piano. L'apprentissage de la musique améliore de façon durable les performances cognitives dans le domaine accessible à la réflexion spatio-temporelle. Un raisonnement d'un autre type, appelé « langage analytique » et utilisé lors de calculs avec manifestation de chiffres concrets, ne semble pas relever du même mécanisme neurocérébral. La théorisation comme la composition musicale relèveraient d'un mécanisme spécifique du fonctionnement du système nerveux cortical, celui-là même qui réagit à la musique. Conformément à ces constatations, il est apparu récemment, à la suite d'une étude par magnéto-encéphalographie que la perception consciente de la syntaxe musicale se situe au même endroit, le centre de Broca, où le cerveau analyse et comprend la parole [178]. Ce centre possède donc une capacité analytique qui s'étend de la parole à la musique. Le succès éducatif de cet « effet Mozart » a été suffisamment grand pour motiver l'introduction de cette méthode dans des écoles californiennes, soutenu par des programmes informatiques (appelé STAR pour *Spatial Temporel Animation Reasoning*) et approfondi par des recherches menées par Shaw et ses collaborateurs au sein d'un institut de recherche sur le cerveau (appelé MIND pour *Music Intelligence Neural Development Institut*). Le raisonnement qui sous-tend la théorie de Shaw s'appuie sur des données neurobiologiques bien établies comme l'utilisation des mêmes aires corticales pour la quasi-totalité des fonctions « supérieures » (créatives, inventives) du cerveau, le type (*pattern**) de fonctionnement des « unités » des réseaux neuronaux basés sur le modèle des « trions », groupe de neurones faisant partie de la structure en colonne des neurones corticaux [voir 177]. Ces « patrons » unitaires de fonctionnement des neurones corticaux disposés en colonnes seraient « innés » et avec eux notre capacité de raisonnement spatio-temporel en résonance avec certaines harmonies comme celle de la sonate en do majeur pour 2 pianos de Mozart.

De nombreux autres détails de cette intéressante théorie pourraient être cités, mais nous risquerions de nous égarer dans le domaine en pleine expansion de la neurobiologie cognitive. Nous renvoyons les lecteurs intéressés à la bibliographie.

Aspects temporels du fonctionnement cérébral conscient

Les manifestations de la conscience s'élaborent dans le cerveau, en interaction avec le reste de l'organisme. Ces manifestations se nourrissent des informations véhiculées par les organes des sens, mais l'élaboration s'effectue au niveau du système nerveux central, essentiellement dans le cortex* cérébral. Par contre, les modulations attribuables aux autres parties du corps passent régulièrement par les centres nerveux de nombreuses synapses* situés à la base du cerveau ainsi que dans la partie du cerveau qui le relie à la moelle épinière*. Pour faire sentir la complexité du fonctionnement cérébral, il suffit de rappeler quelques chiffres : on admet que le cerveau humain comprend environ 100 milliards (10^{11}) de neurones, chacun possède en gros 10 000 (10^4) synapses* à travers lesquelles ces neurones reçoivent des « informations » provenant de nombreuses autres cellules. Le nombre total de ces synapses serait donc de l'ordre de 10^{15} ou 10^{16} au niveau du cortex cérébral où la « conscience » s'élabore et se manifeste. Certaines de ces voies de connexions véhiculent des signaux excitateurs, d'autres des « messages » inhibiteurs. Le nombre de neuromédiateurs* est élevé (il est difficile de donner un chiffre, on en identifie de nouveaux assez régulièrement), certains sont des molécules « simples », d'autres des peptides* plus compliqués. Dès que ces influx parviennent aux synapses d'un neurone et atteignent un niveau d'excitation suffisant pour déclencher le « signal » (ou potentiel d'action*) de ce neurone, ce signal part à travers son axone, fil unique qui prolonge la cellule nerveuse, parfois très loin, mais qui peut envoyer de nombreuses « branches » par des subdivisions de ces extrémités – on estime leur nombre de l'ordre de 10 000 (10^4), contactant autant de dendrites* sur environ un millier de neurones. Cette complexité de « construction » de câblage est encore alourdie par le mécanisme de fonctionnement de ces cellules : au niveau de chaque synapse, de petites vésicules, contenant un nombre variable (en unités « quantifiables ») de molécules de neuromédiateur, peuvent être déchargées dans la fente synaptique pour entrer en contact avec leurs récepteurs* spécifiques et déclencher l'activation des neurones contactés. Cette complication de structure et de fonction entraîne une vitesse de fonctionnement relativement lente, du moins comparée aux ordinateurs actuels ou au simple fil électrique. Le « courant » voyage beaucoup plus vite le long d'un fil de cuivre par exemple qu'à travers un axone (environ 400 m/seconde comparé à un chiffre environ 10^3 fois supérieur pour le fil électrique). La vitesse de conduction nerveuse a été mesurée pour la première fois par Hermann von Helmholtz au milieu du XIXe siècle. Il a mesuré le « temps perdu » entre l'excitation d'un nerf et la contraction du muscle innervé. Ces mesures astucieuses ont soulevé l'incrédulité car le « sens commun » n'admettait pas de délai entre une décision et l'exécution de l'acte. Ces premières mesures ont donné pour cette préparation neuromusculaire (irritation d'un nerf et soulèvement d'un poids par le muscle) des vitesses de conduction de l'ordre de 25 à 43 mètres par seconde. Étienne Jules Marey, grand admirateur de Helmholtz, décrit dans son livre *La Machine animale* ces expériences de la façon suivante : « Supposons qu'une lettre parte de Paris pour aller à Marseille, et que résidant dans cette dernière ville, nous soyons avertis de l'instant précis où le train-poste quitte Paris, tandis que nous n'avons pour nous prévenir de son arrivée que la connaissance de l'instant où la lettre est distribuée à Marseille. Comment pourrons-nous, avec ces données, apprécier la vitesse de la marche du train ? Il est clair que l'instant où la lettre nous est remise n'indique pas celui de l'arrivée du train, car entre l'arrivée et la distribution, il se passe des actes préparatoires : classement des lettres, transport, etc., qui demandent un certain temps que nous ne connaissons pas. Pour avoir une idée plus exacte de la vitesse du train qui porte le courrier, il faut se faire envoyer le signal du passage de ce train à une station intermédiaire entre Paris et Marseille, à Dijon par exemple : on voit alors que la distribution des lettres arrive six heures plus vite après le départ de Dijon qu'après le départ de Paris. Connaissant la distance kilométrique qui sépare ces deux stations, nous déduirons, du temps employé à la franchir, la vitesse de marche du train. En supposant cette vitesse uniforme, nous saurons l'heure à laquelle le train sera arrivé à Marseille, ce qui nous donnera enfin la connaissance du temps employé au classement des lettres à et leur distribution. »

La vitesse ainsi déterminée est relativement faible. Elle peut être presque dix fois supérieure pour des nerfs parfaitement engainés dans leur couche myéline*, non interrompus par des synapses. Nous avons néanmoins l'impression que notre cerveau fonctionne rapidement. C'est en effet le cas lorsqu'il s'agit par exemple de reconnaître un visage, des fractions de seconde (environ 100-600 millièmes de seconde) suffisent. Mais quand on fait appel à des fonctions spatio-temporelles plus élaborées, comme au cours d'une partie d'échecs, cela prend beaucoup plus de temps. Le temps de réflexe par exemple en automobile peut être de l'ordre de la fraction de seconde et varie d'un individu à l'autre. Martin J. Tovee de l'université de Newcastle en Grande-Bretagne a consacré récemment [194] une monographie à la « vitesse de la pensée ». Une fraction non négligeable de ces « temps » de la « pensée » est consacrée à l'activation des commandes « moteurs » (dire « bonjour » à la personne reconnue ou tourner sa tête, appuyer sur le frein de la voiture, bouger un pion sur l'échiquier, etc.). La vitesse de fonctionnement de notre appareil de « cognition » est déjà limitée, au-delà de sa structure et des mécanismes de fonctionnement ci-dessus esquissés, par la multiplicité des centres cérébraux impliqués dans l'élaboration de la réponse. La plupart des « informations » (*input*) viennent du système visuel – les cellules sensibles de la rétine envoient leur « message » au centre visuel primaire, au niveau de la région occipitale du cerveau, d'où ces « messages » seront distribués à plusieurs centres visuels secondaires d'élaboration dont la version finale est composée au niveau du cortex temporal. Le nombre de neurones impliqués dans un tel processus peut être considérable. On divise les neurones corticaux en 6 couches superposées d'une épaisseur de 1,5 à 4,5 mm. Mais, contrairement à un petit rongeur comme le rat (dont la surface corticale est de l'ordre de 6-10 cm^2), chez l'homme cette surface globale est de l'ordre de 1 100 cm^2 pour contenir une partie importante des billions de neurones que comporte le cortex. L'étude détaillée du cerveau révèle néanmoins quelques principes « d'économie » qui ont permis d'optimiser son fonctionnement temporel, aspect important de la survie de l'espèce. Ainsi le volume de câblage (la substance « blanche »*) est minimisé, les ensembles neuronaux devant être étroitement connectés sont placés près les uns des autres (principe de « câblage local »). Certaines théories (contestées) admettent même la possibilité d'une « migration » de certains ensembles neuronaux (à travers les millions d'années de l'évolution) pour se trouver à proximité des centres avec lesquels leur connexion est la plus importante. Il existe heureusement d'autres façons de résoudre ce problème de câblage. Quels que soient les processus impliqués, le regroupement des ensembles neuronaux à forte connectivité a permis en effet de minimiser la longueur du câblage. La longueur totale de ces câblages est estimée chez l'homme à plus de 3 500 km (il s'agit, bien entendu, comme pour les chiffres ci-dessus cités de nombres de neurones et de connexions, d'approximations, d'ordres de grandeur). La compréhension du fonctionnement cérébral a été facilitée par la reconnaissance « d'aires » spécialisées dans certaines tâches (comme le centre de la « parole », identifié par Broca), notion largement confirmée par les méthodes d'imagerie modernes et dont l'interconnexion (par des milliers ou millions d'axones) est plus facile à évaluer. Le cortex des primates comporte environ 70 aires plus ou moins spécialisées dans des tâches fonctionnellement définissables – perception de la mobilité : aire V5 ou de la couleur : aire V4. Ce nombre d'aires corticales fonctionnellement distinctes n'est que de 15 chez la souris dont 5 pour la vision. Des 65 aires corticales du chat, 22 sont consacrées à la même tâche. Comme c'est l'œil qui communique la majeure partie des informations intéressant le cerveau qui l'incitent à « réagir » pour l'élaboration d'une réponse cognitive adéquate, cette augmentation rapide des aires visuelles au cours de l'évolution des espèces a dû jouer un rôle important dans l'adaptation à des conditions d'environnement variées et dans l'élaboration d'un « modèle intérieur » permettant « d'évoluer » dans le milieu choisi, en élaborant un mode de vie adapté aux conditions offertes par l'environnement, comprenant forcément l'élaboration spatio-temporelle d'un « code de conduite » adéquat. C'est peut-être une façon (légèrement lamarquienne) d'envisager l'évolution rapide des aires corticales chez l'homme. Il va sans dire que la rapidité d'élaboration des réponses adéquates aux contraintes de l'environnement a dû jouer un rôle capital dans la survie de notre espèce. D'autant plus qu'au niveau de nos « ancêtres » lointains, des rongeurs et vertébrés-mammifères jusqu'aux primates, l'odorat a dû jouer un rôle prédominant dans l'orientation spatio-temporelle. Les « messages » véhiculés par le système olfactif peuvent être à l'origine d'une organisation spatio-temporelle des réflexes et attitudes essentiels à la survie comme le montrent les travaux de J. Pager [181 et 182]. Une partie importante des aires corticales des rongeurs (par exemple) est consacrée à l'interprétation des stimuli odorifères. Chez l'homme, la persistance et le développement exceptionnel de l'odorat prédisposent à des carrières très appréciées dans la parfumerie par exemple.

Mesure de la vitesse d'élaboration cognitive

Parmi les difficultés que le neurobiologiste doit surmonter pour mesurer la vitesse du fonctionnement cérébral, la plus importante concerne certainement le décodage de la transmission des messages. Depuis l'enregistrement du fonctionnement des neurones isolés, puis de groupes de neurones, on connaît la variété des formes de décharges qui véhiculent les messages d'une cellule à l'autre, d'une aire cérébrale à l'autre. Il s'agit de comprendre, de déchiffrer le code qu'utilisent les cellules nerveuses pour communiquer entre elles. Nous saisissons le sens de ces élaborations complexes au moment où les « ordres » arrivent à exécution. Cette partie « motrice » de l'élaboration cognitive (« dis bonjour à la dame », « souris un peu... », « dois-je tourner à gauche à la prochaine rue... ? ») n'est déjà pas facile à déchiffrer. Pourtant, les modalités de codages possibles sont certainement limitées : le secret réside probablement dans le « patron* » de ces décharges neuronales (le « *firing pattern* »). Les premières hypothèses élaborées à ce sujet ont voulu voir dans la fréquence des décharges une équivalence à l'intensité des stimuli reçus (visuels, auditifs...). Cette théorie de la fréquence de décharges met donc l'accent sur le nombre d'impulsions produites par un neurone par unité de temps à la suite de la réception d'un signal (impulsion) d'une intensité donnée. Le neurone qui reçoit simultanément un grand nombre de décharges (en raison du nombre élevé de synapses par dendrite et par neurone) doit les intégrer dans une durée de temps déterminée pour produire (ou pas) sa propre décharge. Les neurones fonctionneraient en quelque sorte comme des unités d'intégration-décharge. De récents travaux suggèrent une modalité de codage plus complexe, tenant compte non seulement de l'intensité et fréquence des décharges mais aussi des intervalles de temps qui les séparent. L'exemple que cite Martin J. Tovee ([194] p. 53) concerne l'information visuelle. On peut admettre que l'information concernant la couleur d'un objet soit codée par la fréquence des décharges et la forme des objets par l'intervalle qui sépare ces décharges. Les centres nerveux d'intégration se chargeraient ensuite d'associer ces deux types distincts d'information reçus et transmis par des neurones distincts et spécialisés. En effet, on ne « voit » pas séparément la couleur rose d'un pétale et sa forme, on « voit » un pétale rose. Certaines pathologies comme les achromatopsies séparent pourtant ces deux types d'informations. Pour approfondir ces réflexions quant à la nature du codage neural, certains chercheurs ont recouru à la méthode d'analyse dite par composant principal et à la théorie de l'information. L'essentiel de cette approche est analysé dans la monographie de M.J. Tovee ci-dessus citée, mais dépasse le cadre de ce livre. Nous nous contenterons de rappeler quelques conclusions. Ces analyses sont en partie basées sur la détection de coïncidences de décharges, rendues délicates par le « bruit de fond » non négligeable généré par les neurones corticaux et par la variabilité (stochastique, c'est-à-dire au hasard) de la fonction synaptique. Il apparaît qu'environ 10 à 40 impulsions excitantes sont nécessaires pour provoquer une décharge dans le neurone cortical contacté. Chacun de ces neurones possède un grand nombre de contacts synaptiques (de 1 000 à 10 000 synapses sur les dendrites) dont environ 85 % sont de nature excitatrice, les autres étant inhibiteurs. Le potentiel de membrane* des neurones corticaux dépend des décharges reçues de ces nombreux contacts. Même pendant un intervalle de temps très court des centaines de décharges peuvent se produire sur un seul neurone. Même si la majeure partie de ces décharges individuelles reste sous le seuil de déclenchement du potentiel d'action du neurone contacté, cette activité « de base » représentera un « bruit de fond », difficile à extraire et à analyser, du « message ». C'est la raison qui fait envisager l'existence de « fenêtre » de reconnaissance d'activité neuronale. La fréquence temporelle des décharges passant par de telles fenêtres pourrait être perçue comme un « message signifiant » par rapport au bruit de fond. Selon cette variante de la théorie de codage neuronal, c'est le « patron de fréquence » des décharges passant par des « fenêtres » de reconnaissance déterminées plus que l'intervalle des décharges qui véhiculerait le message. Plus ces « fenêtres de reconnaissances » seraient longues, plus le message serait précis. Cette longueur est néanmoins limitée par la nécessité de développement par la cellule réceptrice d'un code de mémorisation, correspondant à la durée du message. La vitesse d'adaptation des réponses d'importance souvent vitale (les deux lumières brillantes qui approchent à grande vitesse sont-elles une voiture ou deux motos ?)

nécessite aussi des « fenêtres » de reconnaissance plus courtes et plus nombreuses. D'après les auteurs cités, le cerveau aurait « accepté » un compromis entre une détection par coïncidence et un code de fréquence de décharge, basé sur la différence de vitesses (moyenne) des décharges correspondant à des fenêtres discrètes de reconnaissance. La longueur de ces fenêtres doit être de l'ordre de quelques millisecondes. Ces fenêtres d'intégration pourraient coïncider avec les caractéristiques membranaires des neurones concernés (« constante de membrane* »), ce qui permettrait d'éviter la nécessité d'un codage supplémentaire de « mémoire ». Les caractéristiques temporelles (constante de membrane) des neurones sont suffisamment variées et distinctes pour justifier une telle hypothèse. La flexibilité d'un tel système permettrait de mieux adapter la résolution temporelle des messages à la « situation locale », c'est-à-dire au rapport bruit de fond/intensité du message.

Une des méthodes neurobiologiques qui permettrait d'avancer dans l'élaboration de ces hypothèses est le masquage (partiel, plus ou moins important) d'une image, comme la photo d'un visage et la mesure de la vitesse et de la précision de la reconnaissance, précédée (ou suivie) par la présentation de l'image entière, non masquée. Cette méthode permet d'obtenir la reconnaissance de codage d'information dans des populations neuronales plutôt que dans des neurones isolés. Dans ces tests, la précision et la rapidité de la reconnaissance augmentent, jusqu'à une certaine limite, avec le nombre des cellules impliquées dans la réponse. Cette augmentation paraît tendre vers un plateau correspondant à quelques dizaines de cellules. Parmi les problèmes non encore résolus par cette approche se trouve le mécanisme d'intégration, fortement hiérarchisé, d'un grand nombre d'informations décodées simultanément et cheminant en parallèle vers les centres corticaux chargés des intégrations. La forme, le contenu, la distance, les mouvements et autres qualités d'un objet reconnu (sans mentionner les réminiscences qu'il déclenche souvent) sont pris en charge par des populations neuronales distinctes. L'analyse finale intègre toutes ces informations afin de produire la réaction motrice (ou émotive) adéquate. Plusieurs hypothèses sont actuellement discutées à ce sujet ([194], p. 125). Toutes les modalités d'intégration actuellement envisagées doivent cependant répondre aux contraintes représentées par les données expérimentales et en premier par les temps de réactions effectivement mesurés. Les études effectuées sur les réponses à des stimuli visuels suggèrent un temps de reconnaissance assez court correspondant à une information de 400 millisecondes de durée. Les 87 % de ce message seraient déjà contenus dans un échantillon de décharge de 50 millisecondes seulement. 20 à 30 % de cette même information de 400 millisecondes seraient reconnaissables dans les premières 20 à 30 millisecondes des décharges produites par cette information. Il apparaît ainsi que la majorité de l'information véhiculée par une série de décharges serait « reconnaissable » dès les 20-30 premières millisecondes que dure cette décharge. C'est le temps minimal d'activité d'un neurone lors de la transmission et de la préservation de l'information. La hiérarchisation de l'information pourrait, en partie du moins, dépendre des caractéristiques des conditions de réponse des neurones. Les neurones des centres d'intégration pourraient posséder des sensibilités réceptrices plus étendues rendant possibles des réponses à des stimuli plus complexes grâce aux temps de latence plus longs de ces neurones. En jouant sur ces paramètres, une hiérarchisation des réponses – des simples réceptions au niveau de la rétine aux premières analyses de couleur ou de forme par les neurones spécifiques dans les aires visuelles primaires, jusqu'aux centres d'intégrations dans les aires corticales temporales –, serait possible. Chaque stade, de la réception de l'information par la rétine jusqu'à son intégration et sa conceptualisation, comporterait quelques étapes d'élaboration (« *processing* ») entre réception et transfert. Selon cette hypothèse, les étapes successives de transfert d'information fonctionneraient non seulement comme des relais mais comme des ministations d'élaboration impliquant un temps de réaction plus long. Cette tâche d'élaboration peut varier selon les voies de communication qu'emprunte le message. Entre chaque centre et relais, plusieurs voies de transfert existent, la plupart ayant été identifiés par des méthodes de traçage sélectifs et sensibles. Ainsi pour les réactions visuelles, on a noté deux types de temps de réponse, des réactions précoces, transmises rapidement et des réactions plus lentes, plus soutenues. Ces deux types temporels de réponse paraissent correspondre aux deux voies empruntées par la communication de stimuli visuels (voie dorsale pour les rapides et voies ventrales pour les lents, [194, p. 145]). Le passage d'informations concernant les mouvements et les positions spatiales dans le cortex des primates serait rapide (~28 millisecondes), tandis que le passage des informations concernant la forme, la couleur et d'autres détails de l'objet perçu serait un peu plus lent (39 millisecondes). Les réactions « supérieures » intégrées ont des temps de latence de l'ordre de 38 à 50 millisecondes dans les aires visuelles. De plus grandes différences dans le temps de latence existent entre d'autres aires cérébrales. Ces aires sont habituellement séparées par des « étapes » de 2 à 3 synapses, ce qui permet de calculer un temps de latence de l'ordre de 10 à 15 millisecondes pour la transmission du « message » d'une aire à l'autre. Des temps de latence similaires à ceux des primates ont été retrouvés chez le chat, autre animal favori des neurobiologistes. À chaque étape de nos systèmes de réception-intégration-réaction, les neurones sont en activité constante, il n'y a pas de pause entre la réaction, l'élaboration et la transmission des « messages », l'activité neuronale est permanente. Il existe néanmoins des interférences et des régulations (de type rétroaction négative ou positive, de « *feed forward* » et d'inhibition latérale) ce qui explique les temps de réaction de l'ordre de 200 millisecondes mesurées chez l'homme pour la simple reconnaissance (de visage par exemple) contre 4 à 500 millisecondes pour les tâches de discrimination plus complexes (le visage partiellement caché identique ou non au visage préalablement présenté). La durée d'activité du neurone serait ainsi proportionnelle à la difficulté de la tâche à résoudre. Ce temps de latence pour la discrimination est compatible avec celui de 20 à 30 millisecondes, nécessité par le passage d'une synapse séparant deux neurones. Rappelons cependant qu'une fraction non négligeable de ce temps de réaction servirait à l'activation des réactions motrices adéquates (donc « modulable » par l'apprentissage). Les estimations quant à la durée de cette partie motrice du temps de réaction nous ramènent à environ 200 millisecondes pour une tâche de reconnaissance sélective, durée confirmée par des enregistrements de l'activité de groupes de neurones au cours d'interventions chirurgicales. Ce temps de latence est plus court pour des tâches plus simples, de l'ordre de 150 millisecondes, correspondant à environ 10-15 millisecondes de temps de passage par étape synaptique. Toutes ces considérations concernent surtout l'élaboration de réactions cognitives à des stimuli visuels. La majeure partie des « informations » qui nous arrivent concerne en effet la sphère visuelle. La vie dans la « nature » a dû déjà privilégier cette voie de réception-réponse à cause de son importance vitale – fuir devant le prédateur, capturer sa nourriture, etc. Les voies auditives et l'odorat jouent à cet égard aussi un rôle important, mais qui s'émousse davantage chez l'homme au cours de la vie en société urbaine. Il paraît raisonnable d'admettre que les temps de latence ci-dessus cités correspondent aux réactions les plus rapides de notre système cognitif. Ces dizaines de millisecondes par étape synaptique paraissent très longues en comparaison des milliers d'informations traitées pendant ce même laps de temps par un ordinateur moderne. L'avantage du système cognitif humain réside dans le traitement simultané en parallèle d'un grand nombre d'informations ainsi que dans l'originalité de leur intégration. La latence (relative) de l'élaboration cognitive est compensée par l'originalité du traitement intégrateur au niveau du cortex frontal essentiellement.

Nous sommes loin encore de « tout » comprendre au sujet des mécanismes neuronaux qui sous-tendent ces capacités. Il y a fort à parier que nos successeurs souriront en lisant nos élucubrations explicatives. Mais il y a de fortes raisons d'espérer que les voies d'approche suivies finiront par conduire au but. Les progrès considérables accomplis au cours du siècle passé sont en bonne partie dus à des progrès techniques – l'électroencéphalographie date des années 1920-1930, l'enregistrement du potentiel d'action de neurones isolés des années 1950, l'imagerie performante et fonctionnelle est encore plus récente –, mais toutes ces améliorations n'ont pas fondamentalement altéré la nature de l'approche conceptuelle du problème.

Temps « objectif », temps « subjectif »

Dans les chapitres précédents, nous nous sommes intéressés aux rythmes des phénomènes physiologiques. Ces rythmes, de fréquence très variable d'un système ou d'un organe à l'autre, ont pu être attribués à des cellules « pacemakers » ou « donneuses de temps ». Nous nous sommes efforcés de décrire le fonctionnement des cellules ou des réseaux cellulaires autant que leur « compréhension » scientifique actuelle le permet. En proposant de décrypter le « temps de la conscience », nous nous sommes aventurés à la limite des possibilités de description « scientifique » rigoureuse. Le « temps dur » diffère du « temps mou » et sépare en effet les sciences de la nature des sciences humaines. Il ne s'agit nullement, pour ma part, de proposer des jugements de valeur sur ces deux branches ou domaines de l'investigation scientifique. Ce qui les sépare, c'est surtout l'approche méthodologique, c'est-à-dire la possibilité d'utiliser des instruments de plus en plus performants, de répéter les expériences effectuées sur un nombre suffisant d'échantillons pour satisfaire aux méthodes d'évaluation statistiques, procédure résumée par le terme « postulat d'objectivité » par Jacques Monod. Ce type de traitement est applicable à toutes les phases des recherches relatées dans les chapitres I à VII. Au niveau de la conscience, nous arrivons à une ligne de démarcation qui sépare les fonctions cérébrales mesurables des autres fonctions non moins importantes, mais plus difficiles à soumettre aux mêmes critères quantitatifs, bien que d'importants progrès aient été réalisés, surtout dans les systèmes modèles simplifiés. Cette ligne de démarcation s'est progressivement déplacée avec les progrès des méthodes d'investigation applicables au cerveau. De telles méthodes, entre autres le PET-scan fonctionnel*, ont permis de concilier les doctrines de localisation des fonctions cérébrales à des « centres » comme le centre de la parole de Broca, avec les doctrines qui attribuaient toute fonction à une partie importante ou même à la totalité du cortex cérébral. Le fait que des parties limitées du cerveau « s'illuminent » lors de l'exécution de certaines tâches (comme la réponse à des questions précises), révélé par des méthodes d'imagerie moderne, montre que le traitement de l'information commence bien d'une façon localisée, ce qui n'exclut pas avec un traitement plus élaboré la diffusion à d'autres aires corticales. Nous avons cité de tels exemples lors de l'étude du traitement des stimuli visuels. Cette « quantification » des réponses devient plus difficile quand on s'adresse à des fonctions « supérieures » de l'activité cérébrale comme la conscience. Je n'ai nulle intention d'entrer dans la description détaillée de ce sujet difficile, et controversé des sciences dites de la cognition. Commençons par un credo : je reste persuadé que la description actuelle du système nerveux central – avec ces milliards de neurones et connexions, réagissant par l'émission et la réception quantifiée d'un grand nombre de neuromédiateurs – est une base de description explicative satisfaisante pour aborder l'étude des mécanismes les plus délicats des soubresauts de notre conscience. Toutefois, les scientifiques qui ont pratiqué « la paillasse » et mené un travail expérimental original doivent savoir que les connaissances sont de nature provisoire. La doctrine de Popper s'applique à toute théorie scientifique : ce n'est que dans la mesure où elle permet de proposer des expériences pour l'invalider (« falsifier ») qu'une théorie peut être dite scientifique. Ce critère s'applique difficilement (ou pas du tout) à des branches de sciences non expérimentales à cause des raisons ci-dessus mentionnées. Cette précaution ne doit surtout pas faire cesser les réflexions dans le domaine des sciences cognitives. Pour ces raisons, je me propose de n'aborder que brièvement le temps subjectif de la conscience, me contentant d'indiquer un certain nombre de références (sur les centaines disponibles) concernant cet aspect passionnant mais très discutable et largement discuté du fonctionnement cérébral.

Conscience et temps subjectif

La première surprise quand on passe du temps « dur » au temps « mou » est la constatation de l'incommutabilité entre les fonctions cellulaires rythmées et la « conscience du temps ». L'électroencéphalogramme montre clairement qu'au repos comme au travail, les neurones corticaux sont en activité constante comme en témoigne l'émission rythmique de signaux. Ces rythmes sont modifiés selon la période de repos ou d'activité et même selon le type d'activité de l'individu. Les résultats de la neurobiologie évoqués ci-dessus laissaient attendre un « sens inné du temps ». Or comme nous l'avons déjà indiqué, il ne semble pas qu'un tel sens existe. Le « temps » doit être appris, il s'agit d'un processus lent, étalé sur une dizaine d'années ou plus après la naissance. La lenteur du développement du cerveau, par rapport à d'autres organes, y est pour quelque chose. Mais c'est une explication insuffisante. Rien en l'état actuel de nos connaissances ne permet d'admettre qu'il y ait un sens du temps comparable aux autres sens comme la vision, l'équilibre, etc. Petit à petit, en partie grâce à l'entraînement de nos fonctions rythmées selon le jour et la nuit, nous développons une conscience du temps, en nous appuyant sur des repères extérieurs comme le ciel (depuis toujours), la montre (depuis quelques siècles), l'agenda (depuis quelques décennies) et l'ordinateur de poche ou la télévision (depuis quelques années). Mais la perte de ces repères nous replonge dans un rythme différent, exploré par les spéléologues, sans repère externe, rythme « intrinsèque » décalé par rapport au rythme nycthéméral habituel. Le système génétique astucieux qui préside au fonctionnement de notre « horloge » suprachiasmatique perd le contrôle en l'absence des photons reçus par la rétine. Nos capacités de nous repérer par rapport au temps extérieur sont néanmoins ancrées dans le fonctionnement des cellules nerveuses. Les expériences déjà anciennes de l'école de physiologie de Harvard (W.J. Crozier, H. Hoagland et d'autres) en ont fourni une preuve intéressante dans les années 1930-1940. Elles ont montré que des fonctions cognitives élémentaires (comme compter de 1 à 10 à la vitesse présumée d'un chiffre par seconde) varient avec la température du corps selon la loi d'Arrhenius*, dont la validité a été démontrée pour de nombreuses réactions chimiques, catalysées* ou non par des enzymes* [96 et 189]. En augmentant la température du corps la plupart des réactions physiologiques et cognitives « élémentaires » s'accélèrent. Un test graphique relativement simple permet de savoir si le phénomène étudié suit ou non la loi d'Arrhenius. Selon les physiologistes d'Harvard, c'est bien le cas pour une variété de réactions de l'animal et de l'homme comme la vitesse respiratoire, les performances géotropiques du rat ou de la souris [161], qui suggère un processus chimique sous-tendant la réaction mesurée. Il est évident que de telles expériences ne sont pas applicables à des fonctions plus compliquées de la conscience. Le problème commence avec la définition même de ces concepts. Sans définition précise, l'étude et le débat scientifique restent flous.

Nous avons vu aussi la difficile émergence des concepts liés au temps dans les premières civilisations dont les écrits ont pu être déchiffrés (voir chapitre I). Stimulés par l'observation des astres, longtemps basé sur la mythologie locale, les temps circulaire puis linéaire sont apparus en Égypte et en Mésopotamie, probablement au cours de la même période (début-milieu du IVe millénaire avant notre ère). Nous n'en avons pas de preuve tangible et datable, mais il est probable que les conceptions linéaire et circulaire du temps soient apparues plus tôt en Chine. Le temps linéaire combiné au temps cyclique, couplage accompli en Égypte et peut-être en Mésopotamie, a rendu possible l'émergence des concepts du passé, du présent et de l'avenir. Une description didactique et fort intéressante de ces trois temps de la conscience a été donnée récemment par Nayla Farouki [208]. Je citerai les exemples qu'elle donne pour illustrer ces trois fonctions « temporales » de la conscience. La « perte de conscience » chez un malade ou chez un accidenté implique l'identification d'une « cause » antérieure ayant entraîné cet état et se réfère donc au passé. Le deuxième exemple : « je n'ai aucune conscience du temps » concerne justement cette incapacité de rester ancré dans les indicateurs extérieurs du temps pour suivre son programme du jour. Cette constatation paraît presque pathologique de nos jours et s'ancre dans le présent. Ce « symptôme », devenu rare en milieu urbain dans les pays industrialisés, confirme le rôle de la « volonté » et de la « discipline » dans l'ancrage temporel de l'individu. Le troisième exemple renvoie à la conscience du futur : « ma conscience m'interdit de faire cela ». Ces trois mode temporels de la conscience concernent des types distincts de fonctionnement cérébral, largement débattus par les philosophes et, surtout, par les psychologues, anthropologues et autres spécialistes de la conscience (« *mind** »). L'analyse historique du développement de la conscience par Nicolas Humphrey, à travers l'émergence de la vie sur Terre, montre qu'une telle étude peut parfaitement s'inscrire dans un récit scientifique de l'évolution de la vie. Pour remonter aux origines de la conscience, Humphrey commence par l'apparition de la membrane cellulaire ou plus généralement par l'isolement des structures vivantes à l'origine de la vie cellulaire de leur environnement hostile. Des « mécanismes » permettant à la cellule, puis aux organismes pluricellulaires, de « sentir » le danger, de reconnaître des stimuli (micro- et macroévénement) ont dû apparaître très rapidement. Tandis que d'autres stimuli furent facilement identifiés comme favorables – l'approche de la nourriture, par exemple. Ces « mécanismes élémentaires » ont pu être progressivement interprétés comme de mauvaises ou de bonnes « nouvelles ». Les réponses adéquates ont permis le développement de « programmes » de comportement, programmes dont la sauvegarde (ou stockage) a fini par incomber aux centres nerveux de plus en plus perfectionnés (ganglions* puis cerveau) au fur et à mesure de la complexification des connexions intercellulaires chargées de la transmission puis de la conservation des informations et de l'élaboration de la réponse. Ces représentations des stimuli « favorables » et « hostiles » accompagnées des « patrons » ou « programmes » de réactions qu'ils déclenchent sont déposées dans des « mémoires », des « souvenirs » de chaque espèce qui ont progressivement évolué (toujours selon Humphrey) vers deux types de représentation mentale, faisant appel à des élaborations d'information fort différentes. L'un de ces « chemins » a conduit vers les sensations subjectives, des impressions, des « connaissances » à la première personne. La deuxième voie a conduit vers les objets intentionnels de cognition, vers la connaissance objective du monde extérieur.

Ce récit de l'évolution de la conscience ne dit rien sur sa temporalité. Par contre, cette phylogenèse permet d'attribuer des formes plus ou moins évoluées de conscience (conformément aux définitions de l'auteur) à tous les êtres vivants. Sans entrer dans ce débat, on ne peut certainement pas écarter l'attribution d'une forme de « conscience » étroitement liée à l'affectivité (mais tous les souvenirs le sont) chez les animaux, domestiques en particulier. À quel niveau la conscience est-elle devenue « réfléchie » ? Cette conscience de la conscience, considérée comme le propre de l'homme, mais probablement présente au moins chez les primates, voire plus tôt encore, paraît nécessaire à la construction de récits « historiques » afin de définir sa personne et de se projeter dans l'avenir. La description neurobiologique (ici, biologique se réfère à l'organisme entier) de ces processus nous facilitera l'approche d'autres fonctions du cerveau, conscientes (et inconscientes) comme la « volonté », « l'âme », l'intention… La description du fonctionnement de l'ensemble corps-cerveau sera certainement facilitée par les progrès de la génomique* et plus encore de la protéomique*, l'étude de la régulation d'expression des protéines codées par les gènes qui s'expriment à un moment donné à la suite d'un stimulus précis (et, à ce niveau, il y a apparemment une grande différence de fonctionnement cérébral entre le chimpanzé et l'homme). Cette étude a été suivie par celle de nombreuses interactions entre les protéines synthétisées à la suite du même stimulus. Ces nouvelles connaissances, qui s'accumulent, formeront les bases de réflexions des chercheurs s'attaquant à ces problèmes difficiles. Il faut s'habituer à substituer des « mécanismes d'interaction » aux « causes » directes ou indirectes. De ces fonctions élémentaires ou compliquées ont surgi des « programmes » de réactions élémentaires évoqués dans le récit de Humphrey. Plus simples à aborder seraient les principes d'intentionnalité, de finalité d'action par lesquels l'individu conscient se projette dans le futur et espère s'y retrouver. L'espoir d'échapper à la mort sous-tend ces réflexions souvent inconscientes.

L'interaction corps-cerveau a dû jouer un rôle important dans l'évolution des capacités cognitives. Leroi-Gourhan (1964) parmi d'autres a insisté sur le codéveloppement des adresses manuelles et des pratiques cognitives. L'évolution de l'adresse gestuelle, des pratiques manuelles a dû influencer favorablement la réflexion et vice versa. Un test possible de cette coévaluation concerne l'adresse avec laquelle sont fabriqués des outils de silex. La mesure proposée par Leroi-Gourhan consiste à estimer la longueur des outils tranchants par rapport au poids du silex utilisé pour les fabriquer. Estimation difficile à rendre objective et qui donne néanmoins des résultats intrigants. Ainsi, comme le montre la figure 19, le rendement des artisans du paléolithique exprimé par ce rapport a augmenté (log longueur du tranchant par kilo de silex) rapidement avec (le log) du temps. Cette amélioration de la technique a été lente, et certainement discontinue. Des périodes de stagnation ont

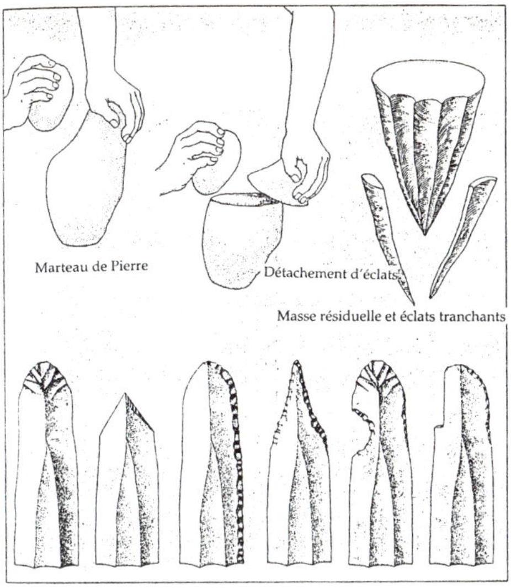

Évolution de la longueur cumulée des tranchants obtenus d'un kilo de silex entre il y a deux millions d'années et il y a dix mille années

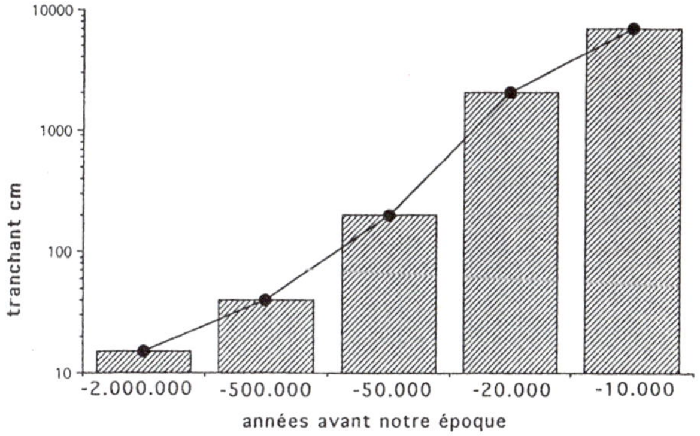

Figure 19. Progrès (approximativement) exponentiel du rendement de fabrication des couteaux de silex depuis l'aube de l'humanité, jusqu'au néolithique et à l'arrivée des métaux. L'unité d'évaluation (ordonnées) est la longueur des tranchants par kilo de silex utilisé, selon la recommandation de Leroi-Gourhan.

été entrecoupées par des évolutions rapides, mais la simplification ainsi proposée est légitime pour apprécier grossièrement l'évolution de la technologie donc de la coopération entre les mains et le cerveau. Le graphique de la figure 19 montre cette évolution sur 2 millions d'années, aboutissant à une augmentation de rendement de 10 000 fois environ. Le dernier point de ce graphique se situe vers 10 000 ans avant notre ère car à la fin du néolithique sont apparus le bronze, puis le fer, changeant considérablement la nature des industries impliquées.

Mais laissons maintenant l'activité inventive pour nous pencher sur l'activité cérébrale au quotidien. En lisant les livres, réflexions, récits et débats des philosophes et autres « penseurs » de la conscience (ou sciences cognitives), j'ai nettement l'impression que l'on surestime considérablement le fonctionnement quotidien (de « base ») de notre cerveau. Les réflexions profondes, les déductions et inductions suivies d'énoncés sont l'apanage de quelques rares penseurs. Le type de mémoire évolué à la façon du récit hypersimplifié de Humphrey (dépassant quand même l'état du chien de Pavlov*) pourrait satisfaire la description de nombreuses activités cérébrales de la vie quotidienne. Freud disait déjà qu'entre dans le « moi » non seulement ce qui est conscient, mais aussi le « pré-conscient ». Ce qui rend particulièrement spécifiques, « humaines » et personnelles ces réflexions, ce sont les influences extracognitives, véhiculées par les afférences qui les « colorent ». On réagit « physiquement » lorsqu'on a peur, alors qu'un raisonnement logique ne suscite guère de réactions corporelles, sauf s'il est empreint d'affectivité, comme le remarque Nayla Farouki. Mais toutes les réactions sont empreintes d'affectivité. Nous retrouvons le thème favori de Damasio, défendu avec talent dans ses livres.

De nombreux autres aspects de la conscience pourraient être abordés, mais comme ces concepts nous tirent vers la frontière entre biologie et philosophie, nous les aborderons ailleurs. Avant de conclure, il nous reste à présenter un dernier aspect du temps, le « temps de la vie », sa durée, son déclin, le vieillissement et la mort.

Chapitre VIII

LE TEMPS DE LA VIE
VIEILLISSEMENT ET MORT

La longévité

S'il est un « temps » qui compte pour l'individu, c'est bien celui qui est assigné à son parcours sur Terre. Or la durée de vie des individus, hormis des cas rares et pathologiques*, n'est pas prévisible. On peut seulement estimer la durée de vie maximale d'une espèce et l'espérance de vie moyenne d'une population plus restreinte. Une différence notable sépare l'homme de l'animal sous ce rapport : dans la « nature » la prédation et les accidents mettent davantage fin à la vie que l'épuisement des forces « vitales ». La gérontologie, science récente, a recensé la durée de vie maximale d'un grand nombre d'espèces (voir tableau I).

Bien qu'un certain nombre de données soient encore incertaines, on ne peut manquer d'être surpris par la grande variété de ces « temps maxima » accordés aux espèces vivantes. Certains insectes ne vivent que quelques jours, d'autres animaux quelques années, d'autres encore plus d'un siècle. Pour l'homme, cette limite se situe aux environs de 110-120 ans, selon nos connaissances actuelles. Jeanne Calment a vécu 122 ans, et l'on trouve quelques rares récits de longévité supérieure mais invérifiable. Sans nous attarder sur les âges fantaisistes mais probablement symboliques attribués par la Bible à certains ancêtres, on connaît des cas plus facilement vérifiables. Ainsi, Adad-guppi, mère du roi

Invertébrés	
Porifères	9 à 15 ans
Coelentérés	65 à 90 ans
Plathelminthes	5 à 25 ans
Nématodes	12 à 17 ans
Arthrophodes	4 à 20 ans
Crustacées	3 à 50 ans
Insectes	6 semaines à 40-60 ans
Gastéropodes	3 à 12 ans
Rotifères	10 jours à 5 mois
Vertébrés	
Reptiles-Tortues	150 ans
Oiseaux	
Hibou	50 à 60 ans
Aigle	55 ans
Canard	30-35 ans
Pigeon	25-40 ans
Poissons	
Esturgeon	70-200 ans ?
Carpe	40-200 ans ?
Rongeurs	
Souris	1-3 ans
Rat	3-5 ans
Mammifères	
Baleine	30-50 ans
Dauphin	15-30 ans
Chien	14-20 ans
Chat	20-40 ans
Cheval	20-50 ans
Éléphant	60-70 ans
Âne	40-50 ans
Chimpanzé	40-50 ans
Chèvre	15-20 ans
Homme	100-120 ans

Tableau I. Longévité maximale approximative de quelques espèces animales, d'après Alex Comfort, *Churchill-Livingstone*, Elsevier North Holland, 1979.

assyrien Nabonide, a vécu 104 ans (elle est décédée en 546 avant notre ère) et son autobiographie a pu être déchiffrée et traduite en français par le professeur Daniel Arnaud (EPHE-Sorbonne). Nous n'en citerons qu'un extrait :

« Je suis Adad-guppi, la mère de Nabonide, roi de Babylone, dévote de Sîn, Ningal, Nouskou et Sasarnounna, mes dieux dont j'ai fréquenté la divinité depuis ma jeunesse. [...]

Ce que n'avait jamais réalisé le roi des dieux, Sîn, ni accordé à personne, à cause de l'amour avec lequel, dévote de toujours de sa divinité, j'en tenais la frange du vêtement, il m'exalta et m'attribua une flatteuse réputation dans le pays. Il multiplia de longs jours, des années de contentement et depuis le roi d'Assyrie, Assourbanipal, jusqu'à la neuvième année du roi de Babylone, du fils sorti de mon sein, Nabonide, il me fit vivre, à moi, cent-quatre années excellentes, en raison de la dévotion que le roi des dieux, Sîn m'avait placée au cœur : ma vision est bonne, j'entends excellemment bien, mes mains et mes pieds sont valides et ma parole n'est pas du tout embarrassée, nourriture et boisson me réussissent, mon corps va bien et mon cœur est tout à fait allègre. J'ai vu mes arrière-petits-enfants jusqu'à la quatrième génération en bonne santé, je suis ainsi comblée de grand âge.

O Sîn, roi des dieux, tu m'as jeté un regard de faveur et tu as allongé mes jours : je souhaite confier à mon seigneur Sîn mon fils, le roi de Babylone, Nabonide. Puisse-t-il ne pas pécher contre toi, tant qu'il vivra ! Assigne à la postérité née de lui les excellents protecteurs, dieu et déesse, que tu m'as assignés et qui m'ont fait atteindre au grand âge et ne tolère pas faute ou péché contre ton auguste divinité : qu'il redoute ton auguste divinité !

Les vingt et une années que le roi de Babylone, Nabopolassar, les quarante-trois années que le fils Nabuchodonosor, et les quatre années que le roi de Babylone, Nériglissar, exercèrent la royauté, soixante-huit ans, je les respectais de tout mon cœur ; j'as(surais) leur service (et) je mis le fils sorti de mon sein à la disposition des rois de Babylone, Nabopolassar, Nabuchodonosor et Nériglissar, pour qu'il les servît nuit et jour et fît continuellement leur bon plaisir. Il rendit ma réputation excellente à leurs yeux. Ils me tinrent en une haute position comme une fille issue de leur sang.

[environ neuf lignes manquantes]

… J'exécute pour eux les rituels funèbres et je leur (procure) avec régularité des encensements (abo)ndants au d(oux) parfum ; je les place devant (eux).

La neuvième année du roi de Babylone, Nabonide, son destin personnel l'em (porta). »

Avoir « bon pied, bon œil, bon appétit à 104 ans… » devait sans doute être exceptionnel. Bien que Pline l'Ancien, dans son *Histoire naturelle*, énumère un grand nombre de personnes ayant vécu « un grand âge ». Plus près de nous, l'étude de la Fondation Ipsen sur le « secret des centenaires » français [202] en a recensé plusieurs centaines et a montré que leur nombre augmente rapidement. Mais sur le plan de la longévité, l'homme est dépassé par la tortue. La tortue des Galápagos peut atteindre 150 ans environ, mais les études comparatives sont moins faciles à vérifier.

De nombreux chercheurs se sont penchés sur l'identification des facteurs pouvant intervenir pour limiter la durée vitale. Ils sont en partie intrinsèques à l'organisme, en partie attribués au milieu extérieur. Parmi les facteurs intérieurs, on cite bien sûr le génome, distinct pour toutes les espèces, mais parfois très similaire entre des espèces voisines comme l'homme et le chimpanzé (à 98 % près), avec une large différence entre les espérances de vie maximale (environ 60 ans pour chimpanzé). Le génome a été « forgé » essentiellement par la sélection naturelle. Or la sélection naturelle, théoriquement du moins, n'a pas pu favoriser la survie au détriment de la production d'une progéniture nombreuse et vigoureuse. Selon ces théories, les fonctions de préservation de l'individu ont dû être « sacrifiées » au profit de celles qui favorisent la survie de l'espèce. Ce « marchandage » entre les gènes de réparation ou de maintenance, et ceux qui favorisent la reproduction est au cœur des théories « évolutionnistes » du vieillissement, limitant la longévité. J'ai eu l'occasion d'en discuter ailleurs [216], je me restreindrai donc ici à l'essentiel, qui concerne la limite de survie des individus et les causes (probables) de leurs décès. Une remarque néanmoins sur les théories du vieillissement en général. Dans l'état actuel du développement des sciences expérimentales du vivant, seules les théories pouvant proposer des mécanismes moléculaires et cellulaires pour les processus invoqués (en l'occurrence le « sacrifice » de la conservation de l'individu pour le maintien de l'espèce) ont droit de cité dans nos réflexions et nos écrits. La « théorie cellulaire » mentionnée au chapitre IV n'est plus jamais évoquée car plus personne ne nie le fait que la cellule est l'unité du vivant. Cette théorie reste aujourd'hui réservée aux historiens des sciences. En ce début de XXIe siècle, on compte plus de 300 « théories » du vieillissement. Leur survie doit beaucoup à la peur, souvent inconsciente, de la mort. « La croyance à la vie est essentiellement croyance à la vie éternelle », écrit Jan Patocka ([208], p. 123).

Les mécanismes du vieillissement

Revenons aux faits. Le vieillissement est certainement plurifactoriel. À un niveau ou à un autre, les gènes doivent intervenir directement ou plus probablement de façon indirecte. Il n'y a (probablement) pas de « gènes du vieillissement ». En revanche, on connaît des configurations génétiques qui favorisent des maladies pouvant accélérer le décès, les maladies liées à l'âge. Plusieurs mécanismes épigénétiques* interviennent, le plus souvent en déclenchant et en entretenant des cercles vicieux nuisibles. Nous en donnerons quelques exemples. Les facteurs extérieurs jouent un rôle très important : l'hygiène alimentaire, l'utilisation de réfrigérateurs pour conserver les aliments, ont certainement joué un rôle aussi important que la médecine préventive. L'espérance de vie moyenne dans les pays industrialisés a augmenté de 30 ans environ au cours du XXe siècle. L'augmentation spectaculaire et inattendue des classes d'âge « supérieures » dans les pays industrialisés a surpris les gérontologues, mais a fini par s'imposer comme une nouvelle donne qui soulève des problèmes scientifiques et politiques (les retraites, par exemple). En 1953, il y avait en France 200 centenaires, 4 000 personnes de plus de 95 ans et 45 000 de plus de 90 ans. En 1988, ces chiffres passent à 3 000 pour les centenaires (facteur de multiplication de 15) à 35 000 pour les plus de 95 ans (facteur de 8,7) et à 210 000 pour les plus de 90 ans (facteur de 4,6) [202]. Or rien ne laisse penser que des modifications du génome y soient pour quelque chose. Sur le plan scientifique, on note un « décalage » progressif de l'âge d'apparition des maladies associées au vieillissement. Les vaccinations, les antibiotiques, les soins pré- et post-nataux généralisés ont fait baissé la mortalité périnatale, très élevée encore au début du XXe siècle. Les progrès de l'hygiène alimentaire, plus lents, ont déplacé les causes prépondérantes de la mortalité vers le système cardiovasculaire. Les femmes, mieux protégées jusqu'à la ménopause, sont de plus en plus exposées depuis la tendance vers l'égalité des chances dans la vie professionnelle. Elles conservent toujours un net avantage en termes d'espérance de vie moyenne. En France, on compte 7 à 8 fois plus de centenaires femmes que d'hommes. Ce rapport serait de 4 seulement au Japon, ce qui témoigne de l'importance des facteurs socioculturels et économiques. Ce progrès de la longévité a suscité de nombreuses extrapolations fantaisistes. Même la Cité des sciences de La Villette, à Paris, a programmé des séminaires sur les « 250 ans de la vie humaine ». Or il semble bien que ce « progrès » de longévité connaisse un terme. Nous y reviendrons. Reste à comprendre la nature des mécanismes intrinsèques, de quelque nature que ce soit, capables de limiter la longévité des espèces. On a testé de nombreuses corrélations entre le métabolisme, d'autres caractéristiques biologiques des espèces et la longévité. Les meilleures corrélations sont obtenues entre longévité maximale et intensité métabolique (corrigées pour les capacités de défense antiradicalaires* des organismes). Ces corrélations suggèrent que plus le métabolisme est intense, plus la vie est courte, à moins que l'espèce ait développé des défenses antiradicalaires efficaces. C'est le cas des pigeons (durée de vie d'environ 20 ans) qui vit plus longtemps que le rat (3 ans), bien que le métabolisme des pigeons soit plus intense. Le cœur du rat bat environ 240 fois par minute contre 70 à 80 fois pour l'homme. Le métabolisme intermédiaire* produit des « radicaux libres » ou mieux des espèces réactives de l'oxygène* qui peuvent être (très) nuisibles. Bien entendu, nous possédons des défenses antiradicalaires efficaces. Mais, en biologie, rien n'est jamais à 100 % efficace.

L'importance de ces facteurs, souvent désignés par le terme « stress oxydatif » ressort, entre autres, de la génétique de la longévité de la levure, de la drosophile et du ver *caenorhabditis elegans*. Ce dernier, animal favori des généticiens, possède un nombre total de cellules juste inférieur à 1 000 et dont le sort est tracé, pour chacune, avec précision de la conception à la mort. Plusieurs mutations assurent une augmentation (parfois substantielle) de leur longévité et renforcent aussi la résistance au stress oxydatif, de la levure à la mouche [207]. La « théorie » radicalaire du vieillissement proposée par Denman Harman (1956) trouve ainsi une confirmation intéressante et pour tout dire inattendue.

L'autre corrélation intéressante entre longévité maximale et caractéristique biologique concerne la taille de l'animal, mieux encore la taille du cerveau. Soulignons qu'aucune de ces corrélations n'est parfaite, on trouve toujours des exceptions. Prenons la tortue de Galápagos : son métabolisme est certainement lent (encore que les kilomètres de nage dont elle est capable doivent l'accélérer) mais son cerveau est petit. La taille de l'éléphant est considérable, mais sa survie ne dépasse pas 60-70 ans. Cherchons donc ailleurs. J'ai mentionné les « cercles vicieux » inhérents au fonctionnement cellulaire. En voici quelques exemples. Prenons en premier la réaction de Maillard. Ce chimiste a décrit en 1913 le brunissement des protéines chauffées avec des sucres comme le glucose. On a fini par reconnaître l'importance de cette réaction, d'abord dans la détérioration des aliments (les taches brunes des biscuits soldés) et plus tard dans celles des tissus. Dans les années 1950, Fritz Verzar a entrepris d'étudier le vieillissement des tissus conjonctifs. Il a mesuré la force de contraction des tendons (de queues de rats) au cours d'un chauffage doux. Le collagène*, dont est « fait » le tendon, se dénature* vers 38-40 °C et raccourcit. En suspendant un poids au bout des tendons, on peut empêcher ce raccourcissement. Ce poids augmente exponentiellement avec l'âge de l'animal. On a fini par comprendre que ce « pontage » croissant avec l'âge des fibres de collagène (érigé en « théorie du vieillissement par pontage » par Verzar) est le résultat de leur interaction avec le glucose, la réaction de Maillard. Or, sans glucose, pas de vie – notre cerveau s'arrête après quelques minutes de privation de son aliment préféré. Ce même aliment réagit avec les protéines pour les « ponter* » par formation de « produits avancés de glycation » (ou AGE, en anglais : *Advanced Glycosylation End Products*). Or ces produits peuvent encore provoquer d'autres dégâts. Reconnus par des récepteurs* spéciaux, les AGE peuvent provoquer la décharge de radicaux libres, de protéases* pouvant dégrader les tissus et provoquer des altérations de l'ADN (des mutations). Voici donc un produit de la nature – le glucose (d'autres « sucres » réducteurs* réagissent de la même façon) – indispensable à la vie mais potentiellement nuisible à la longue. Cette nuisance s'amplifie progressivement avec l'âge et devient rapidement très importante chez les personnes diabétiques dont la glycorégulation est défaillante et la glycémie élevée. Les cellules et tissus en contact avec le glucose circulant sont particulièrement exposés à ces nuisances, comme les constituants des vaisseaux sanguins, petits (capillaires : microangiopathies*) et plus gros (artériosclérose*). Pourquoi donc la « nature » n'a-t-elle pas développé de défenses efficaces contre la réaction de Maillard ?

Prenons un autre exemple, étudié depuis des années dans notre laboratoire. Il concerne une propriété essentielle, même vitale, de nos vaisseaux sanguins, leur élasticité. À chaque contraction (chaque systole) le cœur éjecte un volume de sang important dans l'orifice de l'aorte qui sort du ventricule gauche du cœur. L'aorte se dilate grâce aux 40 % d'élastine* de sa paroi, et pousse, au cours de sa contraction « spontanée », le sang vers la périphérie. Or avec l'âge, cette fonction essentielle de l'élasticité vasculaire décline progressivement. En voici, très brièvement le mécanisme. De par sa structure, l'élastine présente des sites de fixation pour le calcium. Au cours de la vie, elle en fixe de plus en plus, jusqu'à plus de 6 % de son poids après 65 ans. Cette protéine a été considérée comme une bizarrerie de la nature car elle s'est avérée résistante à l'ébullition dans la soude diluée (Na OH 0,1N *) – méthode drastique toujours utilisée pour sa purification. Seules des interactions hydrophobes* ont permis d'expliquer cette résistance à un agent hydrolytique* capable de dégrader tous les autres constituants de l'organisme. Ces interactions hydrophobes résultent de la pauvreté en constituants « aimant l'eau », hydrophiles (richesse en aminoacides polaires*) dans sa composition. Sa richesse en aminoacides hydrophobes confère à l'élastine une grande avidité pour les corps gras, les lipides qui se déposent progressivement à l'intérieur des fibres élastiques. Cette affinité de l'élastine pour les lipides et le calcium (l'un potentialise la fixation de l'autre par l'élastine) est si forte qu'elle résiste à l'ébullition dans la soude diluée et reste associée à l'élastine ainsi purifiée à partir d'aortes de personnes âgées. Nous voici donc, comme dans le cas du sucre, devant une constatation inéluctable : l'élastine, si utile pour notre organisme, n'est pas faite pour durer. Nous reviendrons aux conséquences qu'entraîne la perte de son élasticité. Mais il y a plus. L'élastine « jeune » résiste aux enzymes pouvant la dégrader, aux protéases* (autres que élastases*), d'une façon remarquable. Sa saturation avec les lipides et le calcium la prive de son élasticité, mais la rend aussi sensible aux attaques de protéases. Les élastases, qui peuvent rapidement la dégrader, ont été mises en évidence, entre autres, sur la membrane des cellules mêmes qui fabriquent l'élastine. Ainsi, au cours du vieillissement, on assiste à la perte d'élasticité de l'élastine et à sa dégradation. Les fragments d'élastine libérés au cours de cette dégradation (les peptides* d'élastine) peuvent interagir avec un récepteur de l'élastine présent sur de nombreuses cellules et déclencher des réactions dont certaines sont nuisibles. Ainsi les globules blancs* du sang, les monocytes* et polynucléaires neutrophiles* et lymphocytes* expriment ce récepteur et libèrent au contact de peptides d'élastine des radicaux libres et des protéases pouvant dégrader l'élastine. Voici donc l'exemple d'un cercle vicieux caractéristique : saturation de l'élastine avec lipides et calcium, production accrue d'élastases et de peptides d'élastine, accélération de la dégradation de l'élastine. Ces peptides agissent sur le récepteur de l'élastine, déclenchant une série de réactions, pour la plupart nuisibles, comme l'augmentation de la production d'élastases. Nos dosages effectués sur un grand nombre d'individus ont confirmé la présence de peptides d'élastine dans le sang circulant. D'autres propriétés de ces peptides d'élastine agissant sur leur récepteur ont pu être identifiées (décharge de radicaux libres, superoxyde et NO, enzymes protéolytiques). Curieusement, les effets favorables comme la vasodilatation* ou l'inhibition de la synthèse de cholestérol ne s'observent qu'avec des cellules provenant des donneurs « jeunes » (moins de 40 ans), mais ne sont plus observés avec des cellules provenant de personnes âgées. Tout se passe comme si ce récepteur était « découplé » de sa voie de transmission de signalisation intracellulaire normale, comme dans les cellules « jeunes ». Un différent type de couplage le prive de ces effets physiologiques favorables et accentue les effets nuisibles médiés par ce récepteur. Ce découplage peut aller jusqu'à provoquer la mort de la cellule qui porte ce récepteur. C'est ce que nous avons constaté avec les cellules immunocompétentes* de l'organisme, les lymphocytes T qui sont tués en présence de concentrations croissantes de fragments d'élastine. Voici donc une cellule normale, exprimant un récepteur utile pour les cellules jeunes et qui peut médier la mort cellulaire par contact avec un produit de dégradation d'un constituant normal de l'organisme. Nous pourrions multiplier encore les exemples, mais nous pouvons déjà conclure que le déclin des fonctions de l'organisme peut être attribué en partie ou en totalité, l'avenir le dira à l'imperfection (ou l'imprévoyance) des réglages métaboliques de l'organisme.

Tout un faisceau d'arguments pointe vers l'importance de perte d'efficacité et de découplage de nombreux récepteurs de l'organisme au cours du vieillissement. L'image d'une grande ville où les câbles reliant les téléphones et les ordinateurs seraient progressivement coupés vient à l'esprit. Voici donc une « explication » plausible du déclin des capacités adaptatives de l'organisme aux conditions variables de son environnement, selon notre définition du vieillissement.

Le déclin différentiel des fonctions

Un assez grand nombre de fonctions physiologiques (plus de 80) a pu être mesuré chez l'homme et l'animal au cours du vieillissement. En simplifiant la comparaison de la perte progressive de ces fonctions par extrapolation linéaire à l'axe des abscisses, on peut déterminer l'âge approximatif de leur perte totale (figure 20). On arrive à la conclusion que ce déclin suit des vitesses différentes pour chaque fonction. On vieillit en pièces détachées. Le déclin le plus rapide concerne justement les fonctions élastiques – celle de la capsule cristallinienne, la perte de la capacité d'adaptation de l'œil – des tissus élastiques – poumon – essoufflement – artères rigides – artériosclérose. Le plus lent est le déclin des fonctions neurocognitives – vitesse de conduction nerveuse (annulée à environ 400 ans). Pour l'estimation du déclin des fonctions cognitives, on est obligé d'accepter des compromis. L'évaluation des fonctions cognitives passe par l'application de tests adaptés à la population étudiée. Il en existe beaucoup. Ce sujet a été traité en détail dans mon livre sur le vieillissement cérébral, je me contenterai donc de citer quelques études récentes qui donnent une vue moins pessimiste sur le déclin cognitif avec l'âge

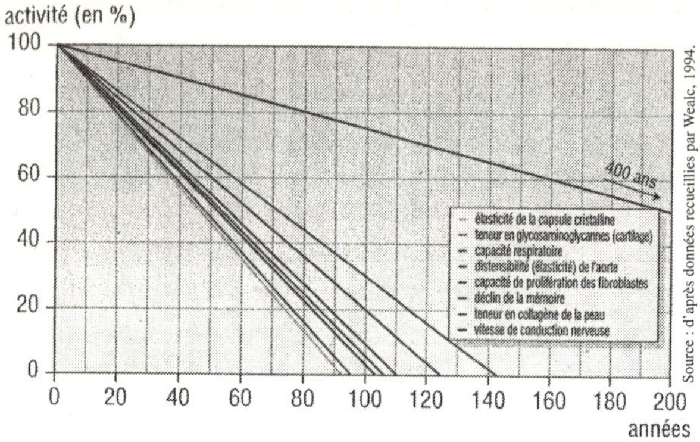

Figure 20. Déclin avec l'âge de différentes fonctions physiologiques. D'un paramètre à l'autre, l'évolution est plus ou moins rapide. L'intersection avec l'axe des abcisses correspond à l'annulation de la fonction, entre 75 et 400 ans.

que d'autres d'études plus anciennes. On peut distinguer dans ces tests ceux, relativement courts, qui sont utilisés essentiellement pour le diagnostic des démences, par exemple le test appelé « *Mini Mental State Examination** » par Folslein. Des tests plus élaborés ont été proposés pour suivre le déclin cognitif au cours du vieillissement non pathologique. Je n'en citerai qu'un qui correspond parfaitement à l'ère informatique que nous connaissons depuis quelques années. Il s'agit du test appelé « MicroCog » présenté sous la forme d'un « programme » que l'on s'administre soi-même sur son ordinateur. L'exactitude des réponses et leur rapidité entre en compte pour évaluer le score. Douglas Powell et son équipe (1994) l'ont appliqué à une population importante d'âge croissant, d'occupation quelconque (581 personnes appelées « normales ») et à des médecins (1002, hommes et femmes) dont l'âge s'échelonne entre 30 et plus de 75 ans. La vitesse de déclin du score global du test MicroCog n'est pas (très) différente entre ces deux populations. Par contre, il y a de grandes différences à l'intérieur du test entre les questions faisant appel à la performance verbale ou inventive, et à la performance combinatoire. Cette deuxième décline plus vite avec l'âge que la première [189]. Le déclin est plus lent chez les personnes restées actives par rapport aux inactives. D'autres études, plus récentes, confirment un déclin plus lent ou même nul pour certains tests et plus rapide pour d'autres. L'importance d'une activité cérébrale maintenue se confirme, probablement facilitée par l'accès à des stimuli cognitifs contribuant à la préservation ou du moins à la perte plus progressive des capacités cognitives. Une étude intéressante a été menée par Viviane Pouthas [196] à l'Hôpital de la Salpêtrière. Sandrine Vanneste a consacré sa thèse de sciences, en 1996, à « L'évolution des conduites temporelles au cours du vieillissement normal », sous la direction de Mme Pouthas [195]. Elles se sont attachées à évaluer les modifications avec l'âge de la « conscience du temps », telle que nous l'avons défini précédemment. Il s'agissait d'évaluer le fonctionnement de cette horloge interne, en combinant les méthodes de la psychologie expérimentale, de la neuropsychologie et de l'imagerie cérébrale, chez des personnes d'âges différents. Ces méthodes permettent en effet de cerner le fonctionnement de l'horloge psychocognitive qui nous permet d'évaluer le temps qui passe, de faire la jonction entre passé, présent et futur, sans laquelle l'individu ne peut plus s'insérer dans la société. On fait appel à cette capacité d'évaluer les durées à chaque moment de la vie : le temps du trajet à l'école, le temps réservé aux activités quotidiennes, le temps de cuisson d'un repas et, c'est là que le bât blesse, le temps de traverser la chaussée avant que le véhicule qui approche ne nous écrase. La préservation d'un sens du temps permettant d'évaluer les durées des actes et des événements qui nous touchent est indispensable pour la vie en société. La vitesse de ces estimations mentales, pour la plupart inconscientes, peut être mesurée. Ces études font appel à l'élaboration par des « horloges internes » d'une base de temps, problème déjà évoqué dans le chapitre VII. La question qui se pose dans le cadre de nos réflexions actuelles est de savoir si le vieillissement modifie ou non le fonctionnement de cette horloge psychocognitive et si oui, comment ? Dans ce cas, les estimations de durée subjective seraient modifiées. Dans les premiers mois de la vie, on observe l'apparition d'une rythmicité des gestes du nouveau-né, de ses mouvements et réponses à des stimuli variés. En effet, la vitesse de certains rythmes – des tempos moteurs – ralentissent avec l'âge : on demande par exemple de taper avec la main régulièrement et on mesure les intervalles entre les mouvements. Ces intervalles entre les frappes sont de l'ordre de 450 millisecondes à 6 ans de 600 millisecondes à 8 ans, de 650 millisecondes après 10 ans et de 735 millisecondes à plus de 60 ans [196]. Les personnes âgées peuvent également maintenir sur demande une cadence rapide. L'attention accordée à ces tests joue un rôle important et c'est sur ce plan que l'effet de l'âge intervient. Une méthode d'étude par EEG (voir p. 180) a permis de le vérifier et de le quantifier. L'onde enregistrée (appelé « variation contingente négative » ou VCN) varie selon la sur- ou sous-estimation d'un stimulus présenté durant 2,5 secondes (l'allumage d'une lampe, par exemple). Ces observations nous renvoient à des souvenirs personnels comme la lenteur du passage du temps au lycée lors d'un cours ennuyeux et sa rapidité pendant un match de foot. L'estimation de la durée serait fonction de la quantité de ressources de traitement allouées à l'information temporelle, selon Viviane Pouthas. Cette quantité peut diminuer si l'on demande au sujet de traiter simultanément plusieurs types d'informations temporelles et non temporelles. Ce sont les tests à « double tâche ». Pour des tests simples, comme l'estimation d'une durée courte (2,5 secondes par exemple), les résultats enregistrés par cette équipe n'ont pas montré de baisse de capacité d'évaluation avec l'âge, entre 20-30 ans et 60-80 ans. En revanche, lors de la présentation de « double tâche » comme l'évaluation de la durée d'affichage d'un rectangle sur un écran d'ordinateur et la rétention de chiffres apparaissant sur ce rectangle à une vitesse aléatoire, les résultats diffèrent nettement entre « jeunes » et « âgés ». Les personnes âgées rapportent des durées plus courtes et plus variables que les « jeunes ». Le même type de sous-estimation est observé lors de la présentation de plusieurs durées, donc des stimuli multiples de même nature, aux personnes âgées. Il s'agit probablement d'une baisse de la capacité de varier (augmenter) l'attention selon la vitesse de présentation de tests.

Dans d'autres types de tests multiples, en revanche, la différence d'âge s'atténue : reproduire les intervalles correspondant à un modèle (durée d'allumage d'une lampe) simultanément avec la lecture des chiffres [196]. Des résultats comparables ont été obtenus par des équipes italiennes (Sandro Rubici et al., 1999) et confirment le ralentissement avec l'âge des performances en « tâche double » ; en effet, le ralentissement avec l'âge des performances des personnes âgées entre tâche « simple » et double est important. Dans cette étude, la différence du temps de réaction est considérable entre « jeunes » et « âgées », y compris pour la tâche « simple ». Parmi les structures cérébrales impliquées dans ces estimations de durée, trois sites essentiels se distinguent : le cervelet, les noyaux gris centraux* et le cortex frontal. Ces localisations découlent d'observations chez des malades souffrant de lésions localisées à ces endroits, et aussi de l'utilisation de drogues modifiant le fonctionnement de ces centres (métamphétamine, halopéridol, effecteurs dopaminergiques). La méthode EEG ci-dessus mentionnée (mesure de la VCN) montre qu'une onde de polarité négative se développe sur le scalp fronto-central (au-dessus du lobe frontal) au cours de ces tests d'estimation de durées courtes. Comme le cervelet et les noyaux gris centraux interviennent essentiellement dans le contrôle des mouvements et le lobe frontal dans l'attention, on peut se demander avec Viviane Pouthas si ces fonctions pourraient aussi sous-tendre, « contrôler » l'estimation de durée. D'autres études électrophysiologiques suggèrent des aires différentes pour la localisation d'un son (la zone pariéto-occipitale du scalp) et pour sa durée (la zone frontale). La localisation des aires cérébrales « s'allumant » au cours d'estimation d'intervalles courts, identifiés par le PET-scan* sont le lobe préfrontal droit, pariétal inférieur et le cortex cingulaire intérieur*

(Helga Lejene et al., 1997). Ces informations doivent ensuite être « intégrées », tâche attribuée aussi au cortex frontal. Selon ces études, le lobe préfrontal serait tout spécialement « chargé » du traitement d'informations temporelles. D'après les recherches récentes de Pouthas, c'est l'aire préfrontale droite en particulier qui serait plus spécifiquement impliquée dans l'estimation de durées courtes.

Ces études remarquables confirment aussi les conclusions précédentes, à savoir que l'effet de l'âge sur les performances cognitives varie selon les tâches à résoudre et que ces « horloges » internes sont des « montres molles » comme celles de Dali. Des études récentes effectuées à l'Université Loyola à Chicago par Denis Davidson confirment le déclin différentiel des fonctions cognitives avec l'âge. Ici aussi, les tests faisant appel non seulement à la rapidité d'évaluation mais aussi à l'accessibilité comparative de connaissances « cristallisées » pour répondre à des questions complexes ne montrent pas de différence significative ente « jeunes » et « âgées ». La meilleure préservation, chez les personnes âgées, de certaines capacités d'évaluation temporelle cognitive facilite la mise en service progressive de « conduites de compensation » chez les personnes vieillissantes, comme l'ont montré les études du couple Baltes à l'Institut Max Planck à Berlin ([189, p. 116 sq.] et [203]). Si nous avons insisté sur l'évolution avec l'âge des capacités cognitives liées au temps, c'est à cause de leur importance croissante, par rapport aux capacités physiques et à la survie de l'individu dans les sociétés industrialisées comme nous allons le voir.

La fin de la vie – mourir de « vieillesse » ou de maladie ?

Il convient maintenant de se pencher sur la phase finale de la vie qui conduit inévitablement à la mort. Ce problème se pose essentiellement pour l'homme, et dans une moindre mesure, pour les animaux en captivité comparés à leurs congénères « libres ». Dans la « nature », l'affaiblissement même modéré des capacités physiques liées à l'âge expose rapidement l'animal à la mort. Chez les animaux de laboratoire (souris, rats et quelques primates), la cause de la mort, invariablement due à des altérations pathologiques – tumeurs malignes ou infections –, varie à l'intérieur de la même espèce quand on compare des souches congéniques (croisés sur de nombreuses générations entre frères et sœurs). Certains types de tumeurs ou déficits immunitaires prédominent par rapport à d'autres, suggérant un rôle important du génome (direct ou indirect) dans la détermination de l'issue fatale. Chez l'homme, par contre, on insiste soit sur la communauté du génome de *sapiens sapiens*, surtout depuis son séquençage presque complet, soit sur la différence entre chaque individu (test d'ADN en médecine légale, par exemple). Des motivations socio-économiques ou politiques interviennent régulièrement à ce niveau. Les deux arguments ont du vrai et du faux. En ce qui nous concerne ici, les différences entre individus sont aussi importantes pour notre propos que les similitudes. Une observation générale concernant l'augmentation avec l'âge de la variabilité de chaque paramètre biologique le suggère aussi. La dispersion individuelle, autour de la moyenne de l'âge de chaque paramètre biologique, augmente avec l'âge de façon considérable dans la dernière phase de la vie. Écartons les causes de décès précoce et concentrons notre attention sur le « bon vieillissement ». Les courbes de survie dans les pays industrialisés se « rectangularisent » progressivement. L'âge maximal du décès (une centaine d'années) change peu, voire pas, mais le nombre et le pourcentage de personnes qui y parviennent a augmenté rapidement au cours du XXe siècle. Une étude intéressante menée à Göteborg par l'équipe d'Alvar Svanborg au cours des dernières décennies du XXe siècle nous a remplis d'optimisme [189, p. 409 sq.]. Il a suivi un groupe de septuagénaires pendant 5 ans, puis un deuxième, et 10 ans après le début de l'étude un troisième groupe de septuagénaires, chacun pour au moins 5 ans. Il a montré qu'au cours de cette période de 15 à 20 ans de suivi, les maladies de toute nature se sont présentées de plus en plus tard et sous des formes de moins en moins graves. Ces résultats optimistes ont été hâtivement extrapolés : bientôt, a-t-on pu dire, on ne mourra plus de maladie, mais de « vieillesse ». Les pessimistes (ou réalistes) insistaient, en revanche, sur les observations d'autopsies de personnes décédées à un « grand âge », des centenaires par exemple, pour conclure à la présence non pas d'une cause possible de mort mais de plusieurs. Cette thèse est connue sous l'appellation de la « polypathologie liée à l'âge ». Dès lors, on s'étonne plutôt que ces personnes soient arrivées à un grand âge malgré les pathologies multiples et graves dont elles souffraient. Il s'avère donc que certains organismes humains peuvent vivre longtemps avec des maladies graves mais évoluant lentement. Quelles sont celles qui finissent par nous « tuer » ? Tout d'abord, toujours « tueur » numéro 1 au cours du XXIe siècle d'après les prévisions de l'OMS*, les maladies cardiovasculaires*. Cette dénomination recouvre cependant plusieurs pathologies distinctes. Commençons pas l'athérosclérose, attribuée essentiellement à une surcharge des vaisseaux en graisses saturées (en cholestérol entre autres). Sa fréquence et sa gravité ont considérablement augmenté depuis l'introduction des fast-food avec une nourriture riche en graisses saturées et accompagnés régulièrement par la consommation de boissons sucrées. Le diabète qui se développe fréquemment chez ces personnes à l'âge mûr aggrave encore les perspectives d'une pathologie vasculaire. La forte augmentation de l'obésité, chez les jeunes, mise en évidence par des études épidémiologiques américaines mais aussi européennes, ne laissent aucun doute : il s'agit d'une forme de la maladie qui frappe à n'importe quel âge et touche fortement les jeunes aussi bien que les moins jeunes. L'évolution des plaques d'athérome lipidique est bien confirmée à la suite de nombreuses études épidémiologiques menées à travers le monde. Une autre forme que prend cette pathologie, si elle touche les vaisseaux coronaires qui alimentent le muscle cardiaque, est l'infarctus du myocarde*. Sa fréquence augmente avec l'âge et risque d'être mortel chez les personnes âgées dès la première occurrence. Sa prise en charge médicale et hospitalière a bénéficié de progrès considérables au cours des dernières années du XXe siècle, augmentant considérablement les chances de survie. Le tabac, l'embonpoint, le manque d'exercice et le diabète sont les facteurs de risques* les plus fréquents, pouvant multiplier par 5 ou plus les « chances » de survenue d'un infarctus. L'âge aussi est un « facteur de risque » important, et de surcroît inévitable. Sa prévention est basée avant tout sur le contrôle des facteurs de risque mentionnés et sur l'administration de médicaments (bêtabloqueurs et statines*). Les femmes sont protégées jusqu'à la ménopause mais leur vie active les place pratiquement au même niveau de risque après la ménopause que les hommes.

Une autre forme de ces maladies cardiovasculaires, appelée artériosclérose, met l'accent sur la perte de souplesse et d'élasticité des vaisseaux, aggravant la charge qui pèse sur le cœur vieillissant. Le cœur, en vieillissant, perd progressivement ses fibres musculaires contractiles, remplacées par des fibres de collagène devenu rigide à la suite de la réaction de Maillard (voir p. 231). Cette fibrose progressive du muscle cardiaque favorise les troubles du rythme. Il s'ensuit une « fatigue » cardiaque, aggravée par des arythmies*, des extrasystoles* pouvant culminer dans un arrêt cardiaque brutal.

Ce bref récit correspond, à notre avis, à ce que l'on peut appeler « la mort par vieillesse ». Il convient d'ajouter à ce tableau la perte d'élasticité pulmonaire, la baisse du volume d'air amené dans les alvéoles à chaque inspiration et donc la détérioration de l'oxygénation du sang. La baisse de l'efficacité des échanges gazeux au niveau des poumons est plus rapide encore que celle de l'efficacité du muscle cardiaque et explique l'essoufflement des personnes âgées dès qu'il s'agit de monter des escaliers ou une pente même douce. Des détails (quantitatifs) de la perte progressive de ces fonctions ont été donnés dans mes livres précédents consacré au vieillissement.

Une troisième forme de ces maladies cardiovasculaires est attribuée à l'hypertension. La tension artérielle* (systolique et diastolique) augmente avec l'âge. Dès le dépassement d'un seuil situé aux environ de 140 mm de mercure (pour la pression systolique), le danger d'accidents cardiovasculaires et cérébraux augmente fortement. Il peut paraître étonnant que cette situation n'ait pas été prise au sérieux jusqu'aux années 1970 environ. Or les études épidémiologiques, en particulier en Suède mais aussi dans d'autres pays (voir [205] concernant l'étude suédoise appelée STOP-hypertension), intéressent des populations « jeunes » en dessous de 70 ans et « âgées » de 70 à 84 ans. L'administration de médicaments (bêtabloquants* et diurétiques*) a permis de diminuer de près de moitié les accidents vasculaires cérébraux. Une étude suédoise, conduite contre placebo sur 1 645 personnes a fini par persuader médecins (et caisses de maladies) qu'il est préférable de traiter les personnes âgées hypertendues pour leur épargner des souffrances évitables (ainsi que des frais supplémentaires, on ne meurt pas toujours vite après un accident vasculaire cérébral, l'invalidité coûte cher). Ces modifications du système cardiovasculaire liées à l'âge peuvent se compliquer chez un grand nombre de personnes âgées (> 65 ans environ) par des défauts de fermeture étanche des valvules cardiaques*. Ces valvules, faites de collagène, d'élastine et d'autres composants de la matrice extracellulaire, sont des tissus conjonctifs* spécialisés pour effectuer une fonction précise mais elles subissent les mêmes modifications liées à l'âge que d'autres tissus de même nature comme par exemple la paroi vasculaire. Les calcifications, rigidification des fibres par la réaction de Maillard, l'activité protéolytique* incontrôlée diminuent l'étanchéité de ces lambeaux conjonctifs, laissant une partie du sang éjecté refluer vers les ventricules. La perte d'efficacité qui en résulte représente une surcharge supplémentaire pour le cœur de plus en plus fatigué pour les raisons ci-dessus citées.

Après ce rapide parcours des causes de mortalité cardiovasculaires, un mot des autres causes possibles de décès chez les personnes âgées. Arrêtons-nous un instant sur une pathologie fréquente, attribuée à l'ostéoporose*, touchant les femmes après la ménopause (les hommes y succombent plus progressivement). On ne meurt pas forcément d'une fracture du col du fémur, certes, mais les statistiques indiquent une surmortalité importante après 70 ans, par infarctus du myocarde (discuté ci-dessus) ou par embolie pulmonaire* suivant une opération. La perte osseuse peut donc « tuer » en accélérant une issue cardiovasculaire fatale.

La deuxième cause de mortalité après les maladies cardiovasculaires est attribuée aux tumeurs malignes. Certaines tumeurs (mais pas toutes) voient leurs fréquences augmenter avec l'âge. C'est le cas des tumeurs de la prostate et aussi de celles du système gastro-intestinal. Les prédictions pessimistes qui ont suivi les travaux systématiques des Suédois ont été tempérés par Macieira-Coelho, qui a montré que l'augmentation de la fréquence de certaines tumeurs est suivie à un âge plus avancé par un plateau et même par un déclin. Ce n'est pas le cas des maladies cardiovasculaires. C'est une des raisons de leur prépondérance dans une population de plus en plus âgée.

Évoquons maintenant les démences séniles dont la fréquence augmente rapidement avec l'âge, surtout après 70 ans et davantage chez les femmes (mais pas exclusivement), et sa forme gravissime, la maladie d'Alzheimer. D'autres formes, comme la maladie de Parkinson ou les démences vasculaires (longuement discutées dans mon livre consacré au vieillissement cérébral et aux démences) touchent plus fréquemment les hommes, sans pour autant épargner les femmes. Or ces maladies évoluent relativement lentement, la survie moyenne concernant la maladie d'Alzheimer est de l'ordre de 4 ans, ce qui ne fait qu'aggraver le poids moral et matériel que représentent ces maladies pour la famille et pour la communauté.

Il est difficile de répondre à la question posée en préambule à ce chapitre : mourrons-nous de maladies ou de « vieillesse » ? Notre réponse reste prudente : souvent, il s'agit de proposer un compromis compatible avec les résultats biologiques-pathologiques et les considérations démographiques et socio-économiques. Nous mourrons donc de plus en plus de maladies liées à l'âge et dont la nature varie avec l'augmentation de la longévité. Le vieillissement biologique nous prédispose à des maladies auxquelles les « jeunes » résistent mieux. Cependant, grâce aux progrès de la médecine préventive, il sera sans doute possible d'alléger ce fardeau tardif, souvent pénible à supporter.

Pouvons-nous espérer une rallonge ?

Sans cautionner les extrapolations imprudentes qui s'inspirent des principes du « marketing » moderne s'adressant au « troisième âge », la réponse pourrait être un (très) prudent oui. Mais à condition de s'attaquer enfin aux véritables « causes » (ou mieux, aux mécanismes) du vieillissement ainsi qu'à celles des maladies qui l'accompagnent. C'est possible, mais à la condition que les grands centres de recherches publics et privés s'y intéressent enfin sérieusement. Jusqu'ici, seuls les États-Unis ont consenti des crédits importants à ce type de recherches. Aucun pays européen ne leur a encore emboîté le pas. Il ne suffit pas de parler du vieillissement ni d'organiser à la hâte des conférences de presse quand les pouvoirs publics veulent opportunément se prévaloir de « résultats ». Alors, quels types de recherches préférer ? Nous avons déjà mentionné les mécanismes épigénétiques* à l'origine des cercles vicieux, qui peuvent contribuer au déclin fonctionnel de tous les tissus et organes. Quelques précisions supplémentaires sont données dans le glossaire à ce sujet pour ne pas trop alourdir le chapitre. Un seul exemple, l'artériosclérose, plus que la formation des plaques localisées d'athérome, n'est que partiellement « comprise », sans aucun autre remède spécifique que le régime et les médicaments faisant baisser le cholestérol (surtout les statines*). Il faudrait mettre au point un « super-décapant » qui puisse détacher les lipides et le calcium fixés dans nos fibres élastiques. Il nous manque aussi des inhibiteurs de la réaction de Maillard, bien que des progrès récents aient été réalisés. Ensuite, il faudrait maintenir en vie, en vie saine et active, celles de nos cellules qui effectuent les fonctions vitales les plus importantes. À ce sujet, les travaux récents sur les cellules-souches* sont porteurs d'espoir. La perte des cellules est la plus importante au cours du développement. L'embryon fabrique pratiquement le double de cellules nerveuses que nécessaire. Le surplus est éliminé par apoptose*, c'est-à-dire « suicide cellulaire » dont les modalités sont « programmées » dans le génome (voir le glossaire). Ce type de perte cellulaire par apoptose reste important au niveau des régulations cellulaires pendant toute la vie. Ces régulations complexes concernent le système immunitaire (entre autres), mais interviennent aussi dans la perte de neurones au cours de maladies neurodégénératives.

Un autre type de mort cellulaire, attribué non plus à un « ordre » intérieur à la cellule, mais à des « attaques » extérieures, est la nécrose*. Dans cette variante de mort cellulaire (que l'on retrouve massivement au niveau de la perte de cellules contractiles du muscle cardiaque), c'est la membrane cellulaire qui souffre en premier. Elle reste par contre longtemps intacte au cours de l'apoptose qui « morcelle » la cellule de l'intérieur. Il existe des variantes entre ces deux façons de perdre les cellules. Lors de l'étude de la mort cellulaire provoquée par « surcharge » du récepteur de l'élastine, nous avons constaté ces deux types de mort cellulaire avec les lymphocytes T* [210]. Ces deux formes de mort peuvent concerner toutes les cellules de l'organisme, mais sont particulièrement importantes pour les cellules postmitotiques*, les neurones par exemple. Quant aux cellules mitotiques* en division continue, comme les kératinocytes* qui produisent la couche externe de la peau, la couche cornée, ou encore les fibroblastes* des tissus conjonctifs, leur capacité de prolifération est limitée : on parle de « limite de Hayflick » d'après le chercheur américain qui l'a décrite (voir p. 103). Cette limite (environ 50 à 60 divisions pour les cellules embryonnaires humaines) pourrait être « extensible » dans une certaine mesure. La transfection du site actif de la télomérase* capable de rallonger les télomères pourrait permettre de rallonger la « vie replicative * » des cellules en culture, bien que cette méthode ne soit pas sans risques (voir p. 107). Comme rien n'est simple en biologie, il s'est vite avéré que la régulation de la division cellulaire est plus complexe que prévue ; l'efficacité des télomérases paraît être « préréglée » au cours du développement, introduisant ainsi une pincée de déterminisme dans une série d'événements apparemment stochastiques. La perte cellulaire au cours du vieillissement reste donc un problème à résoudre. Rappelons un simple fait : la perte du capital cutané chez l'homme en fonction de l'âge, mesurée sur biopsie et par morphométrie* représente environ 6 % tous les 10 ans. Bien que les variations individuelles soient importantes, cette perte moyenne de 6 % par décennie pourrait représenter la perte totale de la couverture cutanée à 140 ans. À 100 ans, il ne reste donc qu'environ 40 % du tissu cutané, l'organe le plus volumineux d'une importance capitale pour la survie de l'organisme. Si nous vivions plus longtemps, nous serions pratiquement « nus », couverts seulement par une couche transparente de kératine. Or les mécanismes sous-jacents à cette perte continue sont en grande partie connus, et autorisent une approche expérimentale pour les ralentir.

Nous perdons aussi des neurones, probablement par découplage, perte ou suractivation de récepteurs (voir bibliographie) ou encore par d'autres mécanismes non encore élucidés. Mais la perte de synapses* est plus rapide encore que la perte de neurones, elle fut quantifiée par Bertoni-Freddari [189]. Cette perte de connectivité neuronale est probablement la cause majeure du déclin cognitif.

Finissons enfin avec un exemple précédemment évoqué, la réaction de Maillard. Les remèdes efficaces devront éviter le piège de maintenir l'activation des récepteurs des AGE* par les médicaments « suicides ». Certains médicaments, glycosylés (à la place des protéines de l'organisme ainsi « protégées »), pourraient déclencher les mêmes réactions nuisibles que les protéines glycosylées de l'hôte, les AGE. Leur effet mutagène représente une « limite » infranchissable à cause du déclin avec l'âge de la capacité de réparer les effets mutagènes subis par la cellule. Ces effets ont été chiffrés par Bruce Ames et sont importants. Chaque cellule subit des effets mutagènes au cours de la vie, indépendamment d'effets toxiques venant de l'extérieur. Or il s'avère à la suite de travaux récents que la capacité de réparation de l'ADN endommagé décline avec l'âge [211]. Le déclin de la capacité de réparer certaines lésions de l'ADN (d'excision de bases*) serait la conséquence du manque de la polymérase ß de l'ADN. L'addition de cette enzyme aux cellules nerveuses étudiées par K.S. Rao a pu restaurer la capacité de réparation normale. Le séquençage du génome humain suggère la présence possible chez l'homme aussi de polymérases d'ADN commettant des « erreurs » décrites par Radman chez les bactéries (réparation SOS). Si cela se confirme, les dégâts « irréparables » du génome pourraient représenter une limite supérieure à la longévité. Cette hypothèse demande cependant à être vérifiée.

La lutte contre les maladies dont la fréquence et la gravité augmentent avec l'âge devrait donc être renforcée. La nature de ces maladies paraît changer de décennies en décennies et continuera à défier médecins, chercheurs et laboratoires pharmaceutiques. Survivre encore quelques années de plus, voire quelques décennies, sonne un peu utopique, et tout compte fait semble peu désirable. La baisse de la natalité, constatée récemment aussi dans les pays d'Afrique, peut augurer le déclin de notre espèce. Comme l'écrasante majorité des espèces apparues au cours de l'évolution de la vie sur Terre, nous pourrions disparaître, et notre fin pourrait être accéléré par notre égoïsme. Espérons que les scientifiques, une fois de plus, trouveront les remèdes adéquats afin que le temps soit compté raisonnablement à notre espèce.

CONCLUSION

Ce récit des événements et des comportements temporels en biologie, des molécules aux cellules et aux organismes, nous a permis d'explorer le temps des systèmes « vivants ». Nous avons vu se dégager, au fil de la lecture, une succession d'événements enregistrables, rapides ou lents, dans un ordre déterminé, ordre et fréquence régis par des « lois », ou plutôt, par des « mécanismes » qui ont pu être en partie déchiffrés. Qu'il s'agisse d'oscillations chimiques dans un milieu acellulaire, de décharges « électriques » de neurones, ou du comportement cyclique du métabolisme, une description satisfaisante a pu être donnée dans plusieurs cas, au niveau cellulaire et moléculaire. Comme en physique, nous nous sommes servis du « temps » mesuré avec une plus ou moins grande précision pour définir les phénomènes biologiques ou chimiques étudiés, mais aussi, comme en philosophie, pour essayer de saisir le temps à travers ces phénomènes. En biologie, le temps reste ce paramètre unidimensionnel irréversible qui pointe de la conception vers la mort et dans lequel s'inscrivent les nombreux mouvements et interactions moléculaires et cellulaires dont nous avons traité. Nous sommes loin de la réversibilité du temps de la mécanique newtonienne ou de la description des systèmes microscopiques en physique quantique, et plus proches des lois régissant les systèmes corpusculaires qui ont permis l'introduction de traitements statistiques (comme la théorie des gaz selon Boltzmann). Celle-ci a confirmé l'irréversibilité du transfert de toute énergie « utile » vers la chaleur en introduisant l'entropie comme mesure du « désordre » et de l'irréversibilité. Le biologiste rencontre régulièrement l'entropie*, qui est appelée à augmenter constamment dans l'univers, même si le développement de l'embryon qui suit la fécondation de l'ovule peut être considéré à juste titre comme une inversion locale et temporelle de cette tendance. Le temps reste donc, pour le biologiste, ce paramètre muni d'une flèche, mesuré avec des appareils de plus en plus perfectionnés et qui permet de suivre et d'ordonner la succession d'événements cellulaires, moléculaires ou macroscopiques, selon les mécanismes supposés être à leur origine.

Le temps est devenu très populaire dans tous les médias au cours de ces dernières années, de 1999 à 2001, notamment. Les changements de millénaire ont toujours provoqué des fantasmes médiatiques, comme le prouve le déluge de textes récemment publiés. Ma motivation était de traiter le temps du point de vue du biologiste, sujet largement abordé dans mes précédents livres consacrés au vieillissement. Le philosophe Ernest Nagel écrivait que l'attitude finaliste en biologie ne le choquait pas, les propositions ainsi rédigées pouvant être récrites en propositions causales si l'on modifie les paramètres. Cette thèse peut (parfois) nous sauver d'une interprétation trop anthropomorphe des séquences d'événements concernant le vivant. Mais ce raisonnement, ancré dans le « postulat d'objectivité » – l'interprétation prudente de mesures répétées et reproductibles –, ne nous aide plus quand on franchit la porte qui sépare l'étude « objective » du fonctionnement cérébral des tentatives de description et de compréhension de la fonction cognitive du même cerveau. C'est à ce niveau que la définition stricte de ce paramètre mystérieux qu'est le temps fait vraiment défaut. La première césure se situe entre la biologie et la physique. La thermodynamique des processus irréversibles élaborée par Ilya Prigogine paraît encore compatible avec les descriptions biologiques. Mais dès que l'on dépasse le rapport entre la rotation de la terre et la variation de l'intensité du rayonnement solaire qui le touche (point d'intersection entre chronobiologie et astrophysique), on ne parvient plus à trouver un terrain de conversation facile avec nos collègues physiciens. Certains échanges aboutissent cependant, comme la séance sur le temps organisée à la Société de biologie en décembre 1999, en particulier l'exposé remarquable d'Étienne Klein. Bien sûr, nous pouvons ordonner les événements biologiques : l'apparition des êtres vivants, leur évolution, leur sort individuel et jusqu'au fonctionnement de leurs cellules dans l'espace et dans le temps depuis le « big-bang » dans la chronologie du cosmos. S'agit-il d'un événement rare, voire exceptionnel comme le pensait Monod ou, au contraire, est-il engendré par l'évolution de la matière comme le propose le principe anthropique* (fort), l'avenir le dira. Les récentes analyses de la planète Mars, suggèrent la présence d'eau et celle (encore discutée) de « cristaux » pouvant provenir d'êtres vivants. Elles pourraient faire pencher la balance vers la possible présence de la « vie » sur d'autres planètes aussi, dont le nombre dans l'univers serait alors assez élevé. Après tout, nous ne connaissons qu'imparfaitement une infime parcelle de l'Univers.

Un autre écueil que l'on rencontre lors de l'étude du temps en biologie ou en philosophie est la capacité de notre cerveau à « comprendre » l'Univers. Eddington a comparé notre cerveau aux mailles du filet lancé en mer. Les dimensions des « mailles » limitent de toute évidence notre entendement. En physique, l'outil mathématique permet de diminuer considérablement la dimension de ces mailles, donc d'augmenter leur efficacité sans toutefois les supprimer. À un moment ou à un autre, il faut « interpréter » les résultats et les équations. Pourra-t-on jamais vérifier le paradoxe des jumeaux de Langevin tel que le suggère la relativité ? Peut-être avec des bactéries, mais plus difficilement avec l'homme qui seul pourrait « raconter » ce qu'il a vécu au cours de son voyage interstellaire pendant que son frère resté sur Terre aurait vieilli dix fois plus vite. Une autre césure sépare de la même manière la biologie et les sciences humaines (philosophie, psychologie, etc.). L'enregistrement précis d'événements séquentiels devient difficile. De ce fait, le « temps » des philosophes et des écrivains n'a plus grand-chose à voir avec le temps des biologistes. La confusion la plus fréquente chez les écrivains, voire chez les philosophes, concerne le « temps » et la « mémoire ». Il est largement établi que l'évocation de « souvenirs », le contenu de la « mémoire », ne ressemble que très partiellement aux événements vécus. Quant à la séquence temporelle du vécu véritable, elle s'estompe rapidement au cours de l'évocation. On recrée incessamment les « souvenirs », comme l'ont bien établi les neurobiologistes et psychologues qui ont étudié ce phénomène chez des sujets « jeunes » et « âgés » [189]. Consolation de taille, le déclin des fonctions cognitives au cours du vieillissement « normal » (voir chapitre VII) est nettement moins brutal qu'on ne le prétendait, il y a quelques années encore. Le temps de la vie humaine paraît plus « élastique » que celui d'autres espèces. Le prix à « payer » pour cet allongement, tout compte fait inespéré, de l'espérance de vie enregistrée au cours de la deuxième moitié du XXe siècle, est le « décalage » des pathologies prédominantes vers des âges de plus en plus avancés et vers des maladies dégénératives dont le mécanisme met en évidence les imperfections du « bricolage » de la nature au cours de la « fabrication » des êtres vivants. Les dégâts causés par l'enchaînement de processus épigénétiques* en cercle vicieux nuisibles aux cellules et à l'organisme peut expliquer en grande partie le déclin des fonctions liées à l'âge. Bien qu'un « codage » direct du vieillissement dans le génome me paraisse invraisemblable, un rôle indirect est tout à fait concevable : le codage des mécanismes de défense contre le stress oxydatif en est un exemple. Un autre mécanisme pourrait être la baisse de la capacité réplicative de l'ADN et la possibilité de sa réparation avec erreur, donc mutagène. Ces deux derniers mécanismes concernent de façon indirecte le vieillissement, tout en jouant peut-être des rôles importants. Quelques « bonnes nouvelles » parsèment cette histoire du temps en biologie. Le fait que l'on vieillit en « pièces détachées » permet la mise au point de médicaments ou de mesures préventives concernant sélectivement certains des mécanismes du vieillissement, comme l'élaboration de régimes afin de ralentir le déclin de certaines fonctions. L'effort conjugué de la médecine préventive, de l'hygiène de vie et aussi de la cosmétique moderne a remplacé l'image de la « vieille femme en noir » de nos grands-mères (à peine 50-60 ans) par celle de femmes et d'hommes paraissant et agissant « jeunes », pourtant âgés de quelques décennies de plus. Le chercheur du XXIe siècle, entre autres tâches urgentes et importantes, devra combler l'écart entre la longévité des femmes et celle des hommes, afin de leur permettre de vieillir et de « partir » ensemble, comme le suggère l'image d'Épinal (figure 21).

Figure 21. Image d'Épinal. Les degrés des âges suggèrent le vieillissement harmonieux du couple qui reste uni, des noces jusqu'au décès. Les statistiques démentent cet espoir optimiste, puisque les hommes décèdent le plus souvent avant les femmes.

La médecine et la recherche auront ainsi répondu à ce qui paraît être le suprême désir de l'homme : « durer ».

TABLEAUX

TABLEAU II

Les grands nombres
(modifié d'après Carl Sagan)

Nom	Chiffre	Notation scientifique	Le temps de compter de 0 à ce chiffre au rythme 1/seconde.
Un	1	10^0	1
Mille	1,000	10^3	17 minutes
Million	1,000,000	10^6	12 jours
Billion (Milliard)	1,000,000,000	10^9	32 ans
Trillion	1,000,000,000,000	10^{12}	32000 ans
Quadrillion	1,000,000,000,000,000	10^{15}	32 millions d'années
Quintillion	1,000,000,000,000,000,000	10^{18}	32 billions d'années (dépasse l'âge de l'univers)

TABLEAU III

Les temps géologiques

Ère	Période	Époque	Temps (millions d'années)
Cénozoïque	quaternaire	récente (holocène)	(10 000 ans)
		Pléistocène	3
	tertiaire	Pliocène	12
		Miocène	25
		Olitocène	35
		Éocène	55
		Paléocène	60
Mézozoïque	crétacé		120
	jurassique		180
	triassique		200
Paléozoïque	permien		285
	carbonifère		350
	dévonien		400
	silurien		450
	ordovicien		500
	cambrien		600

TABLEAU IV

Nom entier	Abréviations	
	à 3 lettres	à 1 lettre
Alanine	Ala	A
Arginine	Arg	R
Asparagine	Asn	N
Acide aspartique	Asp	D
Cystéine	Cys	C
Glutamine	Gln	Q
Acide glutamique	Glu	E
Glycine	Gly	G
Histidine	His	H
Isoleucine	Ile	I
Leucine	Leu	L
Lysine	Lys	K
Méthionine	Met	M
Phénylalanine	Phe	F
Proline	Pro	P
Sérine	Ser	S
Thréonine	Thr	T
Ytrptophan	Trp	W
Tyrosine	Tyr	Y
Valine	Val	V

Les aminoacides, composants des protéines (abréviations à 3 et à 1 lettre).

GLOSSAIRE

A

Acétaldéhyde : de formule CH_3-CH = O, dérivé de l'oxydation de l'éthanol (alcool éthylique).

Acétylcholine : Neurotransmetteur fabriqué et libéré au niveau de certaines terminaisons nerveuses, réagit avec un récepteur spécifique pouvant le reconnaître. Ainsi, l'acétylcholine peut transmettre l'excitation d'une cellule nerveuse à une autre (synapse entre neurones) ou d'une cellule nerveuse à un muscle (synapse neuromusculaire). Les nerfs qui communiquent avec cette substance sont, de ce fait, appelés *cholinergiques*. Après la transmission du message, l'acétylcholine est rapidement détruite (hydrolysée en acide acétique et en choline) par un biocatalyseur, l'*acétylcholinestérase*, que l'on trouve aussi localisée au niveau des terminaisons nerveuses cholinergiques.

Acétylcholinestérase : enzyme hydrolysant spécifiquement l'acétylcholine, par exemple au niveau des fentes synaptiques après sa réaction avec le récepteur d'acétylcholine.

Acheuleénne, période : civilisation de la préhistoire (d'après le gisement de Saint-Acheul près d'Amiens) caractérisée par les bifaces fabriquées déjà par *Homo erectus*, il y a environ 700 000 ans. Des outils trouvés en Afrique sont encore plus anciens (1.4 millions d'années).

Achromatopsie : pathologie de la vision, incapacité de distinguer les couleurs.

Acide aspartique : aminoacide possédant deux fonctions carboxyliques pouvant conférer une charge négative aux protéines dans lesquelles il se trouve.

Acide glutamique : aminoacide* dicarboxylique, sa forme dissociée, chargée négativement est le glutamate, neuromédiateur important.

Acide nucléique : Acide ribonucléique ou ARN et acide désoxyribonucléique ou ADN sont des polymères de nucléotides* – adénosine monophosphate (AMP), guanosine monophosphate (GMP), cytidine monophosphate (CMP), thymidine monophosphate (TMP), uridine monophosphate (UMP), comportent une base purique (adénine A, guanine G) ou pyrimidique (cytosine C ou thymine T) dans l'ADN*, thymine remplacée par l'uracycle U dans l'ARN*). Leur enchaînement définit le « code » de séquence des aminoacides (ou acides aminés) constituant les protéines (code génétique).

Acide phosphorique : de formule, PO_4H_3, utilisé par la cellule sous la forme de sel pour phosphoryler des protéines par des kinases.

Acide ribonucléique : voir **ARN**.

Actine : molécule formant des fibres à l'intérieur de la cellule, le cytosquelette.

Activité protéolytique : activité des enzymes protéolytiques ou protéases* dégradant les protéines*.

Actomyosine : constituant du cytosquelette*, fibrille formée d'actine et de myosine, cette dernière étant contractile, permet aux cellules de changer de forme et de bouger.

ADAS (*Alzheimer Disease Assessement Scale*) : une échelle d'évaluation de la gravité de l'avancement de la maladie d'Alzheimer.

Adénosine : composé d'une base purique* l'adénine et de ribose, précurseur de l'ATP* par fixation de trois résidus d'acides phosphorique.

Adénylate cyclase ou adénylcyclase : enzyme catalysant la formation d'adénosine monophosphate cyclique (cAMP)* à partir d'ATP*. L'adénosine monophosphate cyclique est l'un des deux nucléotides cycliques (l'autre étant le cGMP) qui fonctionnent en tant que « seconds messagers » entre les récepteurs membranaires ayant réagi avec son agoniste, par exemple une hormone ou une cytokine, et la machinerie intracellulaire impliquée dans l'exécution des « ordres » véhiculés par le « message ».

Adénylates : dérivés de l'adénine-ribose phosphate.

Adhésives : des glycoprotéines membranaires ou matricielles possédant des sites d'interaction multiples et faisant adhérer ainsi les cellules les unes aux autres (*Cell Adhesion Molecules* ou CAM) ou encore les cellules aux constituants de la matrice extracellulaire (*Substrat Adhesion Molecules* ou SAM).

ADN ou acide désoxyribonucléique : nom chimique de la matière génétique qui détermine la composition et la structure des protéines. L'ADN est composé de quatre bases, dites bases puriques, adénine et guanine, et cytosine et thymine pour les bases pyrimidiques. Ces bases sont reliées entre elles par des « sucres », ou carbohydrates (désoxyribose), et par l'acide phosphorique. La séquence d'enchaînement de ces bases puriques et pyrimidiques représente un langage où chaque séquence de trois bases correspond à un mot codant l'un des 20 aminoacides*. L'ADN détermine ainsi la séquence des aminoacides dans les protéines*. Le code génétique* comporte cette correspondance entre les différentes séquences de trois bases puriques et pyrimidiques et les aminoacides. Chaque aminoacide est ainsi spécifié par une (ou plusieurs) séquences de trois lettres, c'est-à-dire trois bases puriques ou pyrimidiques. L'ADN est contenu dans le noyau cellulaire pour les cellules eucaryotes* c'est-à-dire pourvues de noyau et se trouve à l'intérieur des bactéries à l'état libre, car ce sont des procaryotes*, qui, eux, ne possèdent pas de noyau. L'ADN est toujours associé à des protéines basiques (histones) sur lesquelles il s'enroule et qui le protègent et lui confèrent une structure permettant ensuite « l'utilisation » plus ou moins sélective de certaines séquences. Dans le noyau cellulaire, l'ADN forme une double hélice où chaque base purique et pyrimidique se trouve en face d'une base complémentaire avec laquelle elle peut établir un contact par liaison H (hydrogène). Ainsi, la séquence en bases puriques ou pyrimidiques d'une des chaînes d'ADN détermine la séquence de l'autre. La division cellulaire consiste en le recopiage des séquences des deux chaînes, et la distribution des nouvelles chaînes ainsi synthétisées dans les cellules-filles. Au cours de ce phénomène, pendant la division cellulaire, la chaîne d'ADN se fragmente en des unités reconnaissables au microscope, les chromosomes*. Chaque chromosome a une forme caractéristique. Le nombre de ces *chromosomes* est spécifique de chaque espèce. Ainsi, les noyaux cellulaires humains comportent 46 chromosomes. Dans les cellules malignes cancéreuses, ce nombre peut varier. Même dans un faible nombre de cellules normales, il peut exister un écart par rapport à ce nombre idéal de chromosomes. À part le noyau cellulaire, on trouve de l'ADN dans les mitochondries*. Il s'agit d'un ADN beaucoup plus court que dans le noyau des cellules eucaryotes, et d'un ADN circulaire qui code un certain nombre des protéines qui font partie de la mitochondrie. Le « codage » représente la spécification de la séquence d'aminoacides des protéines correspondant à la séquence des bases puriques et pyrimidiques contenues dans l'ADN, le génome*. Une séquence de bases puriques et pyrimidiques qui détermine la séquence d'aminoacides d'une protéine est appelée « gène ». Le génome, c'est-à-dire la longue chaîne d'ADN, comporte de telles séquences (des gènes), mais aussi des séquences dites « répétitives » qui, apparemment, ne codent pas des protéines. D'autre part, les séquences représentant les gènes sont précédées et suivies par des séquences dont le rôle est de réguler l'expression du gène qu'elles encadrent. L'ADN est synthétisée par des ADN-polymérases utilisant un brin d'ADN pour fabriquer le brin complémentaire. On peut aussi synthétiser l'ADN sur des brins d'ARN par les rétrotranscriptases (virales), manipulations aussi de génie génétique pour obtenir la séquence des exons, sans introns, appelé cADN ou ADN complémentaire.

ADN réparé : ADN reconstitué grâce aux systèmes enzymatiques capables de repérer des modifications de séquences (mutations, c'est-à-dire des substitutions de base, ou modifications chimiques), de les exciser et reconstituer la séquence originale à l'identique.

ADN polymérase : enzymes synthétisant l'ADN à partir de déoxynucléotides (voir **ADN**).

ADP ou adénosine-diphosphate : dérivé de l'ATP* ou son précurseur n'ayant que deux résidus d'acide phosphorique lié à l'adénosine.

Adrénergique : transmission d'influx nerveux par l'adrénaline.

Aérobie : cellules utilisant l'oxygène pour brûler les aliments et produire de l'énergie.

Affinité : du récepteur mesurée par la concentration d'agoniste en équilibre de fixation (rapport d'agoniste libre et fixé) déterminée par la mesure de l'intensité de la réaction déclenchée par l'agoniste en fonction de sa concentration. L'équation de Scatchard, une adaptation de la loi d'action de masse est le plus souvent utilisée pour l'établir. Désignée par la constante d'affinité (Kd), elle est le plus souvent de l'ordre du nanomolaire (10^{-9} g/moles par litre) d'agoniste. Plus elle est faible, plus l'affinité est élevée.

AGE ou *Advanced Glycosylation End Products* : composés chimiques formés à la suite de la réaction de sucres réducteurs (glucose et autres) avec les fonctions amine ($-NH_2$) des protéines (réaction de Maillard*), pouvant ponter* les protéines ou acides nucléiques et déclencher des réactions nuisibles pour l'organisme.

Agent hydrolytique : substances capables de couper des liaisons chimiques par introduction d'une molécule d'eau – la soude, les acides, les protéases*, par exemple.

Agents mutagènes : substances capables d'altérer les séquences codantes de l'ADN, les gènes modifiant ainsi leur expression.

Agoniste : toute substance pouvant réagir spécifiquement avec un récepteur et déclencher les réactions cellulaires adéquates, comme des sécrétions cellulaires ou la libération d'enzymes etc. Les antagonistes sont des substances reconnues par les mêmes récepteurs, mais pouvant inhiber la transmission du « message » déclenchée par l'agoniste.

Aires de Brodmann (abrégé AB) : 52 zones délimitées sur le cortex cérébral humain par le neuroanatomiste Korbinian Brodmann (1868-1918) regroupées en 11 régions histologiques, zones toujours utilisées par les neuroanatomistes.

Aires visuelles : parties du cerveau recevant et transmettant les stimuli communiqués par le nerf optique et créant les « visions ».

Allostérie (enzymes allostériques) : terme proposé par Monod, Jacob et Changeux pour désigner les modifications de conformations avec des métabolites (autre que leur substrat*) et modifiant (par exemple inhibant) leur activité catalytique. Ce phénomène joue un rôle important dans les régulations métaboliques.

Aminoacide : les composants élémentaires des protéines*. Les aminoacides, au nombre d'environ une vingtaine, sont reliés entre eux par des liaisons dites peptidiques pour former des enchaînements plus ou moins longs, les peptides et protéines. Deux aminoacides forment un dipeptide ; plusieurs aminoacides peuvent former un oligopeptide ou polypeptide selon la longueur de la chaîne. La plupart des protéines de l'organisme comportent un nombre relativement grand d'aminoacides. Comme le poids moléculaire moyen des aminoacides est de l'ordre de 100 (c'est-à-dire cent fois le poids de l'atome d'hydrogène, ou « 100 Daltons » ou Da), la plupart des protéines de l'organisme ont des poids moléculaires qui se comptent en milliers de Dalton. Dans ce cas, on parle de macromolécules* : les protéines sont des macromolécules, car elles sont de grande taille. La plupart des composants de l'organisme cellulaire sont des protéines, qui peuvent avoir un rôle de structure, comme dans la membrane cellulaire, ou un rôle de biocatalyseur (on parle alors d'enzymes*), ou encore un rôle de messager comme certaines hormones*. On désigne les aminoacides soit par leur nom (par exemple Glycine) ou par son abréviation (par exemple Gly) ou encore, le plus souvent par un code d'une lettre (G) (voir tableau IV). Certains aminoacides portent des charges, positives comme l'arginine ou la lysine, d'autres négatives comme l'acide aspartique et glutamique (aminoacides dicarboxyliques) ; d'autres encore portent des fonctions hydroxyles, sérine, thréonine, tyrosine, qui peuvent être phosphorylées par les protéines-kinases*.

Aminoacides – code à 1 lettre : (voir tableau IV).

Aminoacides polaires : pourvus d'une fonction acide, basique ou d'hydroxylé (OH).

Amnésie antérograde : oubli de phénomènes récents, **rétrograde** si l'oubli concerne les souvenirs du passé ; l'amnésie peut concerner les deux à la fois, voir **Syndrome de Korsakoff**.

AMPc ou cAMP, adénosine monophosphate cyclique : monophosphate cyclique de l'adénosine, second messager, impliqué dans le fonctionnement de nombreux récepteurs.

Amyloïde : dépôt de protéines fibreuses qui peuvent être de plusieurs sortes avec la conformation* β-plissée, insolubles, fixant certains colorants comme le rouge congo. La β-amyloïde qui se dépose dans les plaques séniles du cerveau correspond à une courte séquence (40-42 aminoacides) de la protéine APP*.

Angström ou Å : 10^{-7} m, un dixième du nanomètre, nm, unité de longueur utilisée en microscopie électronique.

Anion : atome ou groupement d'atomes porteurs d'une charge négative, par exemple : l'anion OH^- obtenu par dissociation de l'eau, H_2O, en OH^- et H^+ (ce dernier le proton, étant un cation*, porteur d'une charge positive).

Antagoniste : substance capable de se lier à un récepteur et d'en inhiber le fonctionnement.

Anticorps : protéines* fabriquées par des cellules* spécialisées de l'organisme (les lymphocytes* B, ou plasmocytes), capables de reconnaître des substances étrangères introduites dans l'organisme (par exemple, des bactéries), de réagir avec elles et de les neutraliser. Les anticorps peuvent ainsi reconnaître sélectivement et spécifiquement certaines parties de ces envahisseurs ou toxines et les neutraliser. Les anticorps jouent un rôle important dans la défense de l'organisme contre les infections. On les prépare au laboratoire en immunisant des animaux (lapins, souris) pour préparer des anticorps **polyclonaux** (reconnaissant plusieurs séquences d'aminoacides) ou **monoclonaux** (reconnaissant une seule séquence).

Antigène : substance pouvant déclencher la production d'anticorps par le système immun après l'introduction dans l'organisme. Des cellules du système immun sont chargées de « présenter » l'antigène, après sa dégradation pour sa « reconnaissance » et la synthèse d'anticorps.

Antiradicalaire : effet consistant en la neutralisation, captage des radicaux libres les empêchant de nuire à l'organisme.

Apophis : serpent de la mythologie égyptienne, qui tente de s'opposer au lever du soleil, à la sortie de la barque qui porte Rê (dieu-soleil), mais il est décapité.

Apoptose : ou mort cellulaire programmée consiste en une série de réactions déclenchées par la cellule à la suite d'un « signal apoptotique » finissant par la fragmentation de son génome puis de toute la cellule, en « corps apoptotiques », phagocytés par d'autres cellules.

APP (*Amyloid Protein Precursor*) ou précurseur de la protéine amyloïde, une protéine normalement présente sur la membrane de nombreuses cellules. Son clivage donne le peptide β-amyloïde.

Archébactéries : bactéries isolées dans des milieux hostiles, fonds des mers, sources thermales, etc, ayant apparu très tôt au cours de l'évolution de la vie sur terre, utilisant des sources d'énergie inhabituelles (méthane, soufre) pour leur survie. On les considère comme proches des premières formes de vie apparues au cours de l'évolution.

ARN ou acide ribonucléique : polymère constitué d'enchaînement de ribonucléotides, constitués par des bases puriques (adénine, guanine) et pyrimidique (cytosine, uracyle) liées à une molécule de ribose et d'acide phosphorique. De longueur et de séquence variable, ces ARN peuvent être de plusieurs natures et assurer plusieurs fonctions. L'ARNm ou ARN-messager est la « copie » des exons des gènes devant être exprimés et transporte le « message génétique », c'est-à-dire la séquence d'aminoacides spécifiée par le gène aux sites de synthèse des protéines ou les ARNm positionnent les aminoacides spécifiés par les codons pour leur enchaînement en protéines.

ARN messager ou ARNm : séquence en ribonucléotides spécifiant la séquence d'aminoacides de la future protéine qui sera synthétisée, par les ribosomes chargés d'assembler les aminoacides dans l'ordre spécifié par ce « message ».

Artériosclérose : rigidification progressive des artères, due à la perte de leur matière élastique (l'élastine*) ; augmentation du collagène, la déposition de calcium, et de lipides*. C'est un phénomène qui progresse régulièrement avec l'âge.

Arythmies cardiaques : modifications du rythme des contractions cardiaques déviant du rythme régulier normal.

Ascaris : ver plat parasitant souvent l'intestin.

Astrocyte : une des sortes des cellules gliales*.

Athérosclérose : maladie des artères élastiques et coronaires à la suite de la formation de dépôts lipidiques devenant ensuite fibreux et rétrécissent ou ferment la lumière du vaisseau (thrombose, embolie*).

ATP ou adénosine triphosphate : molécule qui représente l'unité d'énergie de la cellule*. Elle comporte une base purique*, l'adénine, à laquelle est lié un sucre, le ribose, et trois résidus d'acide phosphorique. Les liaisons qui relient les deux derniers résidus d'acide phosphorique sont dites riches en énergie. Leur clivage libère cette énergie. La fabrication de l'ATP se passe surtout au niveau des mitochondries*. Chaque processus que la cellule effectue nécessite de l'énergie qui est obtenue par le clivage de l'ATP.

ATP-ase : enzymes hydrolysant l'ATP et libérant des résidus phosphate dits à haute énergie. Certains n'agissent qu'en présence de calcium.

Atrophie : perte de masse d'un organe ou d'un tissu.

Atrophie systémique multiple : ces atrophies qui touchent des parties relativement importantes du cerveau, comprennent trois formes cliniques : l'atrophie olivo-ponto-cérébelleuse, le syndrome de Shy et Dragger et la dégénérescence striatonigrique. Les deux dernières sont difficiles à séparer de la maladie de Parkinson. La dégénérescence striatonigrique touche surtout la femme après la cinquantaine, les lésions prédominent au niveau du putamen, et évolue en 5 ans environ. Dans le syndrome de Shy et Dragger les lésions sont au niveau du locus niger et la colonne intermédio-latérale de la moelle épinière. Avec un début vers 60-70 ans, ce syndrome touche surtout les hommes avec une prédominance de la rigidité et de l'akynésie, une hypotension orthostatique sans tachycardie compensatrice, incontinence, évoluant en 5 à 7 ans.

Attracteur étrange : expression de la théorie du chaos désignant une famille de courbes concentriques regroupant les localisations possibles d'une série de réactions.

Auto-immunité : réaction immunologique contre l'organisme propre, provoquant des maladies auto-immunes. Les cellules immunocompétentes pouvant réagir avec le « self * » sont éliminées au cours de l'évolution du système immunitaire.

Autoradiographie : empreinte radiographique obtenue par l'exposition d'un film radiographique à une coupe histologique comportant des molécules radiomarquées.

Autosomal : transmission de gènes mutés présents sur les chromosomes autres que les chromosomes sexuels X ou Y, pouvant être *dominants*, si un des deux gènes détermine le phénotype muté (par exemple, une maladie) ou *récessifs*, si seule la présence de deux gènes (allèles) mutés fait apparaître le phénotype muté (la maladie). La pénétrance désigne la fréquence avec laquelle le gène manifeste ses effets.

Azilien : culture épipaléolithique décrite par E. Piette (au Mas-d'Azil), succède à la période magdalénienne finale et correspond au premier temps postglaciaire aux environs de 8 000 ans avant notre ère.

cAMP-phosphatase : enzyme chargée de cliver le résidu acide phosphorique de l'AMPc, ce qui l'inactive.

B

Bactériophage : Minuscules organites similaires au virus, contenant de l'ADN qu'ils injectent dans des bactéries qu'ils infectent (et lysent).

Baroréflexe : Modification de la tension artérielle déclenchée automatiquement par des récepteurs sensibles à la pression atmosphérique.

Belousov et Zhabotinsky : ont décrit une réaction chimique produisant spontanément des oscillations cycliques auto-entretenues.

Bêtabloquant : Médicaments diminuant (bloquant) l'efficacité des récepteurs ß-adrénergiques cardiaques, ils ralentissent le cœur et font baisser la tension artérielle.

Biologie moléculaire : ce terme désigne la tendance moderne de la biologie, science du vivant, analysant la structure et les fonctions des cellules et des organismes au niveau moléculaire. Ce terme aurait été apparemment utilisé pour la première fois par Astbury (spécialiste anglais de l'étude de la structure moléculaire par diffraction des rayons X) pour désigner la formation de structures biologiques – tendons, fascia, etc., à partir de molécules de collagène solubilisées. Depuis la « découverte » de la double hélice de l'ADN* par Watson et Crick au début des années 1950, ce terme désigne de façon plus restrictive l'étude des fonctions cellulaires de conservation et de transmission de l'information génétique.

Bits ou « Binary units » : unités de transmission de messages en informatique, de valeur 0 ou 1.

Bötzinger : neuroanatomiste ayant décrit les cellules qui composent les donneurs du rythme du système respiratoire.

Bouton synaptique : désigne les synapses en forme de boutons entre axone et corps neuronal ou dendrite, visualisées au microscope électronique.

Brovincamine : dérivé bromé d'un alcaloïde de la pervenche utilisé en thérapeutique en tant que vasodilatateur, hypotenseur.

Bruno (Giordano) : philosophe italien (1548-1600) qui rejeta la conception aristotélicienne d'un Univers clos, immobile, et se rallia à celle de Copernic. Il prévoya même l'existence d'univers multiples. Il fut condamné à mort par le Saint-Office et brûlé vif.

BDNF : *Brain Derived Neurotrophic Factor.*

C

Cachexie : amaigrissement pathologique constaté souvent dans la phase terminale de maladies graves, comme certaines formes de tumeurs malignes ou de démences.

Calciprotéines : des protéines pouvant fixer spécifiquement le calcium libre intracellulaire (Ca^{++}_{i}) et le relâcher sur

« commande ». Ces calciprotéines, comme la calmoduline*, la calpaine et d'autres jouent un rôle important dans la régulation des flux calciques du milieu extracellulaire vers l'intérieur de la cellule et en sens inverse, ainsi que dans le déclenchement de nombreuses réactions cellulaires. L'homéostasie* calcique, condition essentielle du fonctionnement normal des cellules en dépend. Cette homéostasie calcique est compromise au cours du vieillissement.

Calcium : le calcium, sous sa forme ionisée, Ca^{++} joue un rôle important dans la vie des cellules. Le milieu extracellulaire en comporte une concentration environ 1 000 fois supérieure à l'intérieur de la cellule. La plupart des stimuli comme ceux déclenchés par les neuromédiateurs ouvrent des canaux calciques, provoquant une rapide augmentation du calcium libre intracellulaire Ca^{++}_i. Ce « flash » calcique déclenche à son tour les réactions « commandés » par les récepteurs activés. Très rapidement, la concentration du calcium libre intracellulaire doit être restaurée à sa valeur originale, en partie par sa fixation sur des calciprotéines, en partie par son extrusion vers le milieu extracellulaire (homéostasie calcique).

Calmoduline : voir calciprotéines*. Ayant fixé le Ca^{++} (Ca_4-calmoduline), elle déclenche de nombreuses réactions.

Canaux calciques : il en existe plusieurs variantes ; ils laissent passer l'atome de calcium du milieu extracellulaire vers l'intérieur de la cellule et vice versa.

Canaux ioniques : des pores traversent la membrane cellulaire constitués de sous-unités protéiques* pouvant s'ouvrir et laisser passer des atomes chargés (cations*, anions*) de l'extérieur vers la cellule ou de la cellule vers le milieu extracellulaire. De tels canaux peuvent être liés directement ou indirectement à des récepteurs.

Canaux métabotropes : sont réglés par des médiateurs libérés à proximité, contrairement aux *canaux ionotropes* qui possèdent, sur une sous-unité du canal, le récepteur réagissant avec le messager commandant la fermeture ou l'ouverture du canal.

Canaux voltages dépendants : canaux ioniques dont la fonction est réglée par la différence de potentiel entre l'extérieur et l'intérieur de la membrane.

Capteur de radicaux libres : toute substance pouvant réagir avec des radicaux libres et les neutraliser (par exemple vitamines A, E et C).

Carbone asymétrique : quand les 4 valeurs d'un atome de carbone sont liées à 4 atomes ou groupes d'atomes différents (voir aussi chiralité*).

Caryotype : forme et nombre des chromosomes* établis par microscopie de cellules en mitose*, permet de détecter des anomalies chromosomiques comme par exemple la trisomie 21* : 3 chromosomes n° 21 au lieu de deux.

Catalyse : accélération d'une réaction chimique par une substance qui ne participe pas directement à la réaction, le catalyseur.

Catécholamines : neuromédiateurs dérivés de certains aminoacides – la phénylalanine, tyrosine ou le tryptophane –, agissant au niveau des terminaisons catécholaminergiques du système nerveux sympathique ainsi qu'au niveau de certaines voies intracérébrales.

Cathepsines : famille d'enzymes protéolytiques ou protéases*, localisées à l'intérieur de la cellule, souvent dans les lysosomes, petits sacs digestifs contenant une variété d'enzymes de dégradation.

Cations : atomes ou groupements d'atomes ayant perdu un ou plusieurs électrons et portant des charges positives. Par exemple, H^+ désigne un atome d'hydrogène ayant cédé son électron (un proton), Na^+ un atome de sodium ayant cédé un électron, Ca^{++} un atome de calcium ayant cédé deux électrons, etc.

Cellule : en biologie, ce terme désigne l'unité des êtres vivants, composé d'un cytoplasme et d'un noyau (chez les eucaryotes*) porteurs de l'ADN, ou génome. Il existe des êtres monocellulaires comme les amibes et des êtres pluricellulaires dont les cellules sont reliées par la matrice extracellulaire* (MEC).

Cellules cancéreuses ou cellules transformées : malignes, formant les tumeurs et les métastases* et pouvant se multiplier pratiquement sans limites, contrairement aux cellules normales, non transformées qui possèdent une telle limite.

Cellule différenciée : cellule modifiée dans sa forme et sa fonction pour satisfaire un besoin précis de l'organisme, par exemple le neurone*.

Cellules épithéliales : cellules jointives tapissant le tube gastro-intestinal et d'autres cavités du corps (vessie, par exemple), pouvant être spécialisées dans la sécrétion de mucines ou d'autres molécules, ancrées le plus souvent dans une lame basale*.

Cellules ganglionnaires : cellules nerveuses et gliales regroupées en amas formant les « ganglions », des renflements des nerfs (qui contiennent un groupe de neurones et de cellules gliales), par exemple le long de l'épine dorsale et d'où sortent des nerfs vers d'autres tissus et organes.

Cellule gliale : voir **Gliales, Glie et Névroglie.**

Cellules immunocompétentes : cellules du système immunitaire, lymphocytes, B et T, monocytes, macrophages, engagées dans la défense immunitaire de l'organisme.

Cellule β des îlots de Langerhans : ces îlots cellulaires se trouvent à l'intérieur du pancréas, organe dont la majeure partie sécrète des enzymes digestives dans l'intestin. Une partie de ces îlots sont formés par des cellules (les cellules β) spécialisées dans la sécrétion de l'insuline, hormone peptidique de la glycorégulation.

Cellule mononucléée : cellule munie (normalement) d'un seul noyau.

Cellules postmitotiques : cellules différenciées qui ne se divisent plus, par exemple les neurones. Au contraire, les cellules mitotiques se divisent plus ou moins rapidement au cours de leur vie.

Cellules pyramidales : cellules nerveuses de grande taille, formant des « pyramides » au niveau du cortex cérébral.

Cellules somatiques : cellules du corps (soma) distinctes des cellules germinales de la reproduction (ovules, spermatozoïdes).

Cellules souches : cellules non encore différenciées et que l'on peut induire à se différencier pour former des tissus variés.

Cellule transformée : cellule ayant acquis le phénotype malin, cancéreux, la transformation se faisant par étapes successives.

Caenorhabditis elegans **:** ver plat utilisé en génétique à cause de sa culture facile.

Centimorgan : le centième de Morgan, unité de la distance entre gènes, mesurée par le taux de recombinaison (modification dans la répartition des gènes). Pour le centimorgan, cette probabilité est de 1 % et correspond à environ 1 000 kilobases (1.10^6 bases).

Centromère : jonction entre les deux bras d'un chromosome où s'attachent les fibres du fuseau mitotique au cours de la division de la cellule.

Chaos déterministe : cas particulier de la théorie du chaos désignant l'incertitude d'une série de réaction « déterministe » attribuée à l'imprécision de la connaissance des conditions initiales. La trajectoire de telles réactions est représentée par l'attracteur étrange*.

Chien de Pavlov : chien conditionné à saliver au déclenchement d'un signal annonçant la nourriture, même en l'absence de celle-ci.

Chimiotactisme : migration des cellules vers une source de produits chimiques qui les attirent – substances chimiotactiques.

Chimiotactique : substance attirant des cellules, les faisant migrer vers le gradient de concentration de la substance chimiotactique.

Chiralité : asymétrie moléculaire assimilable à deux gants, droit et gauche, occupation des 4 valences d'un atome de carbone d'une façon asymétrique par les atomes ou groupes d'atomes différents d'où l'impossibilité de les rendre identiques par rotation autour d'un axe de symétrie.

Chlorophylle : molécule active des chloroplastes catalysant la conversion du CO_2 en glucides, molécules utiles pour la plante en libérant l'oxygène, à l'aide de l'énergie solaire.

Chloroplaste : complexe macromoléculaire contenant la chlorophylle et permettant aux plantes d'assimiler le CO2 en produisant de l'oxygène.

Cholestane : composé chimique avec un noyau polycyclique – un stérol – proche du cholestérol.

Cholestérol : molécule organique polycyclique (faite de 3 noyaux benzéniques de 6 atomes de carbone et d'un noyau de 5 atomes de carbone) dit « noyau stérolique », retrouvé dans de nombreux dérivés, comme les hormones stéroïdes. Présent dans de nombreux organismes végétaux et animaux, son métabolisme et son accumulation sont impliqués dans la genèse des maladies cardio-vasculaires.

Cholinergique : récepteur ou circuit nerveux. Des synapses assurant la transmission de l'influx nerveux par libération d'acétylcholine* agissant sur son récepteur, présent sur la face postsynaptique de la jonction synaptique. Ces circuits et centres cérébraux sont les plus touchés dans la maladie d'Alzheimer.

Cholinestérase (CE) : enzyme catalysant le clivage (l'hydrolyse) de l'acétylcholine* (ACH), neuromédiateur important, en acide acétique et en choline. La CE existe sous plusieurs formes présente dans le sang circulant (CE non spécifique) et dans le système nerveux (CE spécifique ou acétylcholinestérase*). Son action rapide a suggéré à David Nechmanson dès les années 1940 la possibilité de la médiation et de la propagation chimique de l'influx nerveux. Son inhibition par des composés organophosphorés (utilisés aussi en tant que gaz de combats) exerce une action neurotoxique.

Chromosomes : unités de l'hérédité identifiables au microscope lors de la division des cellules, la mitose*, comportant chacune un grand nombre de gènes dans des séquences d'ADN enroulées autour des histones. Les chromosomes, en nombre fixe pour chaque espèce (46 pour l'homme) peuvent être identifiés sur des microphotographies de figures mitotiques des cellules, le caryotype. Ce nombre varie légèrement autour d'une moyenne, plus fortement au cours du vieillissement des cellules en culture, et fortement dans les cellules malignes.

Chronobiologie : science des rythmes biologiques (voir aussi bibliographie).

Circadien : rythme d'un phénomène se reproduisant une fois par jour (toutes les 24 heures environ).

Clonage d'un gène : manipulation de biologie moléculaire qui permet de produire de nombreuses copies d'un gène afin de le séquencer et de l'étudier.

Code génétique : l'ensemble de gènes des chromosomes* (ou ADN*) d'une cellule comportant les gènes qui définissent la nature de la cellule ou individu.

Codé dans le génome : expression dérivée du langage informatique, désignant le fait que la structure primaire des protéines (leur séquence d'aminoacides*) est spécifiée dans les gènes. Ces protéines effectuent ensuite les fonctions auxquelles on se réfère.

Codon : séquence de trois nucléotides* d'ADN* définissant un aminoacide* à insérer dans la chaîne peptidique.

Coenzyme : molécule organique (non peptidique*) attachée à une protéine, l'apoenzyme, pour lui conférer des propriétés catalytiques.

Collagène : macromolécule de la matrice extracellulaire en forme de bâtonnet, composant les tendons, le derme, et autres structures résistantes de l'organisme. Sa dénaturation par la chaleur donne la gélatine.

Communication interventriculaire : communication anormale entre le ventricule gauche et droit du cœur qui normalement doit se fermer au cours du développement de l'embryon.

Complexe macromoléculaire : assemblage de plusieurs macromolécules formant un complexe doué d'une activité biologique nouvelle.

Conformation : structure tridimensionnelle (dans l'espace) d'une macromolécule en feuillets ou coude β. Une façon particulière de plissement des chaînes peptidiques, conditionnées entre autres par leur séquence en aminoacide*.

Constante de membrane : exprimée en mV, caractérise la réponse d'une membrane cellulaire (de neurone) à la dépolarisation.

Corps jaune : se forme sur les ovaires et contient l'ovule mûr, prêt à être fertilisé.

Cortex cérébral : la couche extérieure du cerveau contenant la plupart des neurones*, rangés en 5 à 6 couches cellulaires superposées et reliées par leurs axones entre eux et avec les centres nerveux sous-jacents.

Cortisol : hormone (stéroïde*) de la glande surrénale, régule le métabolisme glucidique et possède des propriétés anti-inflammatoires remarquables.

Coude ß : conformation spatiale de peptides* ou protéines* en ruban effectuant un « virage » en coude. Il en existe plusieurs sortes désignées par des chiffres romains, I, II, etc.

Cryptochromes : pigments des cellules végétales qui jouent un rôle dans le système d'horlogerie nycthémétale.

C-terminal : la synthèse des chaînes peptidiques commence par la partie amino-terminale et se termine par la partie C-terminale, ainsi le dernier aminoacide* de la chaîne possède un groupement – COOH – libre.

Cuticule : couche cellulaire externe, en l'occurrence de la mouche, équivalent de la peau.

Cyste : vésicule de taille variable contenant de l'air ou un liquide, entourée par des cellules et/ou de la matrice extracellulaire.

Cytoplasme : terme d'histologie désignant le contenu de l'intérieur des cellules, entouré par la membrane cellulaire.

Cytosquelette : trame fibrillaire conférant sa forme à la cellule, composée de plusieurs sortes de filaments, comme les filaments d'actine, de tubuline, etc., impliqués dans tous les mouvements intracellulaires comme la séparation des chromosomes* lors des mitoses*.

D

DAG : abréviation de diacylglycérol, une molécule de glycérol CH_2- CH-CH_2 dont deux seulement des trois fonctions -OH sont couplées (estérifiées) à un résidu d'acide gras. Produit au cours de l'activation du métabolisme de phospholipides*. Il joue le rôle de second messager au cours de la transmission du message déclenché par certains récepteurs.

Défense antiradicalaire : constituée par des vitamines (A, C, E) et des enzymes (catalase, glutathion peroxydase, superoxyde dismutase, le gluthation réduit, pouvant neutraliser les radicaux libres et les espèces réactives d'oxygène comme le peroxyde d'hydrogène.

Demie-vie : (t 1/2) d'un radio-isotope ou d'une molécule radiomarquée, désigne le temps nécessaire pour la baisse de 50 % de sa concentration mesurée par sa radioactivité. Mesure de la vitesse de renouvellement des molécules au cours du métabolisme des cellules.

Dénaturation : des macromolécules – protéines et autres – sous l'influence de la chaleur par exemple, perdent leur structure tridimensionnelle, leur conformation spatiale.

Dendrites : prolongements des cellules nerveuses servant de surfaces de contact avec d'autres cellules nerveuses, par les synapses*.

Dextrogyre : molécule comportant des carbones asymétriques déviant la lumière polarisée vers la droite (voir aussi **Chiralité***).

Diabète : maladie du métabolisme glucidique. On distingue deux variantes, la forme juvénile, attribuée à la destruction des îlots de Langerhans du pancréas qui sécrètent l'insuline (diabète insulino-dépendant, DID) et une forme tardive, survenant après la cinquantaine, due à d'autres causes (modification de la fonction du récepteur de l'insuline) et désignée par l'abréviation DNID, diabète non insulino-dépendant. Le *diabète juvénile* est une maladie auto-immune : des auto-anticorps détruisent les cellules β des îlots de Langerhans* sécrétant l'insuline.

Diencéphale : partie du système nerveux central prolongeant le cerveau et le reliant à la moelle épinière où se situent des centres nerveux phylogénétiquement anciens réglant des fonctions vitales de l'organisme.

Différenciation cellulaire : processus engagé au cours du développement de l'embryon à partir de l'œuf fécondé au cours duquel les cellules se spécialisent en vue d'effectuer une fonction bien définie, à l'exclusion d'autres fonctions. Il s'agit de réprimer l'expression de nombreux gènes* n'intervenant pas dans la fonction « choisie » par la cellule différenciée et d'adapter leur expression en vue de la fonction choisie. Exemples : différentiation de cellules pluripotent embryonnaires (cellules « souches ») en ectoderme, de la peau ou en cellules nerveuses ou neurones.

Dimérisation : assemblage de deux molécules identiques ou similaires pour former un dimère.

***Dinoflagellae* ou dinophycées :** organismes végétaux aquatiques unicellulaires. Certaines caractéristiques les rapprochent néanmoins du règne animal. Ils portent deux flagelles orthogonaux à insertion verticale. Présentes en eau douce et milieu marin, très abondantes dans l'océan Indien et en mer Rouge où leur activité représente 70 % de l'activité photosynthétique totale du phytoplancton. Certaines variantes particulièrement prolifiques sont à l'origine des « eaux rouges », provoquant la mort massive du plancton par la libération de toxines.

Disaccharide : composé glucidique (ou osidique) comportant deux unités d'oses*, par exemple le saccharose composé de glucose et de fructose est le « sucre » utilisé quotidiennement. Le lactose* ou sucre du lait en est un autre exemple, composé d'une molécule de glucose et d'un galactose. Il en existe de nombreuses variétés dans la nature.

Diurétique : médicament augmentant l'élimination rénale de l'eau, soulageant ainsi la circulation sanguine d'une surcharge aqueuse.

Divisions cellulaires : ou mitose*, la production de deux cellules-filles à partir d'une seule, par une série de réactions étroitement contrôlées, aboutissant au recopiage de l'ADN* et à la duplication des chromosomes*.

Donneur de temps : terme de chronobiologie* désignant les phénomènes extérieurs ou intérieurs à l'organisme pouvant communiquer ou entraîner une rythmicité aux phénomènes biologiques.

DOPA-18F : la dopa marquée avec un isotope radioactif du fluor, le fluor 18. La L-DOPA forme naturelle (lévogyre) de la DOPA.

L-DOPA ou dihydroxyphénylalanine : neuromédiateur (du système dit « dopaminergique ») dérivé de la tyrosine*, aminoacide à noyau benzénique hydroxylé, par fixation d'un deuxième résidu hydroxyle sur ce noyau. Sa baisse de production est une des causes majeures de la maladie de Parkinson.

Dopamine : neuromédiateur important dérivé d'aminoacides cyclique (tyrosine) conduisant à la DOPA* et suivie de décarboxylation.

Dopaminergique : terminaison nerveuse libérant la DOPA au niveau de la synapse pour la transmission de l'influx nerveux.

Doublement de la population cellulaire : manipulation de laboratoire consistant à diviser en deux une culture confluente de cellules en culture pour obtenir, au bout de quelques jours deux cultures avec le double de cellules de départ. Cette manipulation, répétée régulièrement, a permis à L. Hayflick de montrer que les cellules normales (diploïdes) ne peuvent pas se diviser indéfiniment mais arrivent à une « limite ».

Drosophile : mouche de vinaigre utilisée en génétique.

Duodénum : partie de l'intestin qui suit immédiatement l'estomac et où se déversent les sucs digestifs provenant du pancréas.

E

Effecteur dopaminergique : DOPA* et substances analogues, neuromédiateur* du système dopaminergique.

Élastase : protéase pouvant dégrader l'élastine*.

Élastase des PMN : élastase produite et sécrétée par les leucocytes polynucléaires. Sérine protéase pouvant dégrader de nombreuses protéines.

Élastine : protéine fibreuse élastique apparue chez les vertébrés, largement responsable du développement de leurs systèmes cardio-vasculaire et pulmonaire. Protéine très résistante aux attaques chimiques et physiques.

Electroencéphalogramme (EEG) : tracé enregistré par des électrodes placées sur le crâne et représentant l'activité des cellules nerveuses, c'est-à-dire leur traduction en courant électrique rythmique. La nature du tracé permet d'analyser certaines modifications de l'activité cérébrale.

Embolie : petit coagulat (thrombus) qui se forme dans la circulation et est véhiculé par le sang. L'embolie se loge dans les petits vaisseaux dont elle empêche ainsi l'irrigation. Faite de plaquettes de fibrine et d'autres protéines adhérentes.

Embolie pulmonaire : localisation du thrombus véhiculé par le sang dans les vaisseaux qui irriguent les poumons.

Énantiomère : une des formes symétriques d'une molécule comportant des carbones asymétriques (voir **Chiralité***).

Endocrine : glande qui sécrète des hormones dans la circulation sanguine.

Endocytose : mécanisme permettant à la cellule de faire entrer dans son cytoplasme*, à travers sa membrane, des molécules se trouvant dans le milieu extracellulaire.

Endothéliales (cellules) : cellules tapissant les vaisseaux sanguins.

Enroulement : après la synthèse, les chaînes peptidiques s'enroulent pour assumer une conformation* spatiale déterminée qui conditionne leur activité biologique.

Entropie : paramètre thermodynamique, considéré comme la mesure du désordre moléculaire.

Enzyme : protéines* douées d'activité biocatalytique qui sont responsables des transformations des molécules dans la cellule, comme au cours du métabolisme, dans la dégradation des aliments et la production d'énergie. La dégradation des protéines est catalysée par des protéases*.

Enzymes pancréatiques : enzymes digestives sécrétées par le pancréas dans l'intestin.

Enzymes protéolytiques : enzymes hydrolysant les protéines en peptides* et en aminoacides*.

Épiderme : couche cellulaire couvrant la peau, au-dessus du derme, formée chez l'homme et d'autres vertébrés par des kératinocytes, cellules spécialisées dans la formation de la kératine.

Épigénétique : l'ensemble des réactions et mécanismes biologiques ayant lieu après l'action des gènes* dont le rôle est de communiquer à la cellule la séquence des protéines (enzymes* et autres) qu'elle doit synthétiser. Le contrôle des mécanismes génétiques est plus strict que celui des mécanismes épigénétiques.

Épithélium : couche cellulaire continue couvrant la surface des tissus et organes, par exemple du tube digestif, les bronches ou encore couvrant la surface externe de la cornée.

Épissage : découpage du premier transcrit des gènes* (ADN*) en ARN*, comportant les introns et exons, pour ne laisser que les transcrits des exons, c'est l'ARN-messager (ARNm*). Ce processus peut se faire de différentes façons, délaissant ou découpant certains exons, c'est *l'épissage alternatif* ou différentiel qui permet de produire plusieurs protéines à partir d'un même gène.

Éponges : invertébrés pluricellulaires ayant « inventé » la matrice extracellulaire. L'éponge naturelle achetée en pharmacie est composée de collagène.

Érythroblaste : cellule de la moelle osseuse précurseur des globules rouges du sang.

Ésérine : un alcaloïde, puissant inhibiteur de la cholinestérase, extraits des fèves de Calabar.

Eubactérie : bactérie ayant la structure et le comportement des bactéries saprophytes et parasites « modernes ».

Eucaryote : cellules pourvues de noyaux à la différence des procaryotes*, comme les bactéries, qui ne possèdent pas de noyaux cellulaires. C'est dans le noyau que l'on trouve l'ADN*, c'est-à-dire la matière génétique.

Excision de base : étape au cours de la réparation de l'ADN endommagé et qui consiste à exciser la base (purique ou pyrimidique) modifiée pour la remplacer par une intacte.

Exon : partie du gène codant une partie d'une protéine (voir **Gène*** et **Mitose***).

Explosion cambrienne : expression imagée de l'apparition « soudaine » de nombreuses espèces nouvelles au cours de la période cambrienne (– 1 700 à 600 millions d'années).

Extrasystole : anomalie du rythme cardiaque – contractions survenant en dehors du rythme normal.

F

Facteur de croissance : molécule capable de stimuler la prolifération des cellules. Son action implique une réaction avec un récepteur qui transmet ensuite « l'ordre » à la machinerie enzymatique effectuant le recopiage de l'ADN* et la division de la cellule*.

Facteurs de transcription : famille de protéines interagissant avec les séquences de régulation des gènes* et intervenant ainsi dans la régulation de leur expression – démarrage ou arrêt de la transcription des gènes.

Facteur natriurétique : augmente l'excrétion du sodium (Na +) dans les urines par inhibition de la réabsorption par les reins. Facilite aussi la contraction des cellules musculaires lisses des vaisseaux et contribue à l'augmentation de la tension vasculaire.

Fentomoles (fm) : les fractions des quantités (ou concentrations) exprimées en grammes moles (nombre de grammes correspondant au poids moléculaire de la substance, calculées d'après sa composition, l'unité étant l'atome d'hydrogène). Dissoutes dans 1 litre d'eau, les concentrations biologiques de molécules trouvées dans les organismes s'échelonnent entre le millième du gramme-mole (millimole ou mM) le micromole ou µm (10^{-6} M), le nanomole ou nm (10^{-9} M), le picomole ou pm (10^{-12} M) et le fentomole ou fm (10^{-15} M).

Feuillet-β : conformation de certaines protéines, formant des feuillets en conformation β (β-spirale), représentée entre autres dans l'élastine*, les amyloïdes, les prions.

Fibroblastes : cellules des tissus conjonctifs sécrétant les macromolécules de la matrice extracellulaire (MEC), collagènes, élastine et autres.

Fibronectine : glycoprotéine* de structure très répandue dans le règne animal, de l'éponge à l'homme, composé de deux chaînes peptidiques similaires mais non identiques reliées par les ponts disulfures, comportant toutes deux des sites d'interactions avec des récepteurs membranaires (les intégrines*) et avec d'autres macromolécules, collagènes, protéoglycannes, fibrine, ADN*. On l'a comparé aussi à un « scotch » double face, jouant de ce fait un rôle important dans les interactions entre cellules et matrice extracellulaire*.

Fibrose : désignation de la prépondérance de fibres de collagènes dans un tissu à la suite d'un phénomène de sursynthèse ou de cicatrisation pathologique.

Finissage : voir **Processing.**

Formation réticulée : englobe plusieurs noyaux et voies de communication du tronc cérébral comme l'aire cunéiforme bulbaire, les fibres arquées, les noyaux centraux. Situé au niveau du mésencéphale, le pont cérébral, dans la partie inférieure allongée du cerveau qui le relie à la moelle épinière, cette formation joue un rôle important dans les connexions entre les voies sensitives et les aires supérieures impliquées dans la mémoire.

FSH : *Folliculine Stimulating Hormone*, impliquée dans la maturation de l'ovule.

Fucose : un glucide (ou ose*) de 6 atomes de carbone ($C_6H_{12}O_5$) comportant une fonction hydrophobe (-CH3), se trouve branché sur un grand nombre de chaînes glucidiques des glycoprotéines* en bout de chaîne, constituant majeur des polysaccharides* de certaines algues.

G

G-protéines : protéines pouvant se combiner (et cliver) la guanosine triphosphate ou GTP et intervenant à ce titre dans la transmission de signaux entre des récepteurs, les seconds messagers et les canaux ioniques*. Il en existe une grande variété dans différents types de cellules, spécialisées dans des signalisations distinctes.

GAG : abréviation de **Glycosaminoglycanne***.

Galactose : hexose, isomère du glucose, présent dans des glycoprotéines* et sous forme disaccharidique dans le sucre du lait, le lactose*, combiné au glucose*.

Galanine : neuromédiateur peptidique de 29 à 30 aminoacides, amidé en position carboxyterminale (sauf chez l'homme), élève la glycémie, agit sur les contractions de l'intestin et de la vessie. Présent dans l'encéphale, le septum, l'aire préoptique et l'hypothalamus.

Galvanomètre : appareil de mesure permettant de déterminer (voir enregistreur) l'intensité du courant électrique (mesurée en biologie en micro-ampères).

Ganglions (cellules ganglionnaires) : assemblage de cellules nerveuses formant une unité de relais – transmission entre les systèmes nerveux central et périphérique.

Gap junctions **:** terme anglais – jonction intercellulaire de type « gap » permettant le passage de petites molécules d'une cellule à l'autre.

GDP : guanosine diphosphate, résultant du clivage de guanosine triphosphate ou GTP.

Gènes : unités du « message » génétique, codant la séquence d'aminoacides des protéines de la cellule. Les séquences codantes (exons) sont interrompues par des séquences non codantes ou introns qui seront découpés au cours de l'épissage* du premier transcrit du gène en ARN* et la synthèse des ARN-messagers*, utilisés ensuite dans la cellule pour la synthèse des protéines* « codées » dans les gènes.

Gènes sauteurs : gènes pouvant se déplacer au sein des chromosomes* et altérer ainsi les propriétés héréditaires de l'organisme.

Génétique : branche des sciences biologiques qui s'occupe de l'hérédité : la branche la plus récente, la génétique moléculaire, s'occupe de la structure de l'acide désoxyribonucléique*, de la façon dont elle contient (code) et transmet les messages génétiques et de la façon dont ce message génétique s'exprime dans l'organisme.

Génome : il s'agit de l'ADN* contenu dans la cellule* des procaryotes* et dans le noyau des cellules eucaryotes* sous ses formes différentes : la longue chaîne en double hélice enroulée sur des histones, dans les chromosomes*. Par ce terme, on désigne l'ensemble du message génétique contenu dans l'acide désoxyribonucléique*.

Génomique : étude de la séquence et de la régulation de l'expression des gènes.

Génotype : défini par l'ensemble des gènes, la qualité des allèles* des gènes d'origine paternelle et maternelle. Les gènes qui s'expriment effectivement (certains restent silencieux) définissent le phénotype.

Gériatrie : la spécialité médicale qui s'occupe des maladies des personnes âgées.

Gérontologie : science de l'étude du vieillissement, ses mécanismes, du niveau moléculaire – cellulaire jusqu'au niveau des populations.

GFAP (*Glial Fibrillary Acidic Protein*) : protéine fibrillaire acide d'origine gliale, formant des dépôts filamenteux intracellulaires dans le cerveau des malades d'Alzheimer.

Glande endocrine : Glande sécrétant des hormones* directement dans la circulation sanguine.

Glande pinéale : glande située au-dessous du troisième ventricule cérébral, sécrétant la mélatonine*. Selon Descartes, la « porte » entre l'âme et le corps.

Glande surrénale : glande située sur le pôle supérieur du rein, sécrétant certaines hormones stéroïdes de la famille des corticoïdes et des hormones mâles et aussi (la partie médullaire) l'adrénaline et la noradrénaline.

Gliales : cellules du système nerveux central dont le rôle est de servir de support aux cellules nerveuses ou neurones, intervenant dans leur nutrition, défense et autres fonctions non directement liées à la médiation de l'influx nerveux. Il en existe plusieurs sortes, les astrocytes, la microglie, les cellules de Schwann formant la couche de myéline* autour des axons des neurones*.

Glie ou névroglie : l'ensemble des cellules gliales* du système nerveux.

Gliose : prolifération des cellules gliales, analogue à la cicatrisation ou fibrose d'autres tissus.

Glucagon : hormone de glucorégulation, antagoniste de l'insuline, fabriquée par des cellules siégant aussi dans les îlots de Langerhans* du pancréas.

Glucide : ou oside*, terme désignant des composés de carbone, oxygène et d'hydrogène très répandus dans la nature (cellulose, amidon, etc.) en tant qu'aliments et composés tissulaires (cartilage...) et associés aux protéines dans les glycoprotéines*. Glucose*, galactose et beaucoup d'autres glucides sont des composants essentiels de l'organisme, utilisés aussi comme source d'énergie dans leur métabolisme.

Glucokinase : enzyme phosphorylant le glucose en position C-6 (son sixième carbone).

Glucose : un hexose, c'est-à-dire glucide ou oside composé de 6 atomes de carbone ($C_6H_{12}O_6$) et servant de nutriment de base aux cellules de l'organisme. Il existe sous plusieurs formes « combinées », en disaccharide* dans le « sucre » de table ou saccharose, avec le fructose, ou avec le galactose dans le sucre du lait, ou lactose, sous forme polymérique dans l'amidon et glycogène qui sont des formes de réserve.

Glucose-6-phosphate : intermédiaire dans la glycolyse*.

Glusosyl phosphatidyl inositol : molécule composée d'un noyau inositol* sur lequel est fixé un phosphatide (glycérol-phosphate) et du glucose, intervient dans les signalisations intracellulaires.

Glut-2 : abréviation d'une protéine transporteur du glucose du milieu vers l'intérieur de la cellule.

Glutamate : forme ionisée de l'acide glutamique, aminoacide dicarboxylique.

Glutaminergique : synapses des réseaux neuronaux fonctionnant avec le glutamate comme neuromédiateur.

Glutathion : tripeptide composé d'acide glutamique, de glycine et de cystéine (GSH). Sa forme réduite peut former un dimère par pont disulphure, le glutathion oxydé (GSSG).

Les enzymes impliquées dans son métabolisme, la glutathion réductase et la glutathion peroxydase (GPX) jouent, avec le glutathion réduit, un rôle important dans la défense antiradicalaire.

Glutathion peroxydase : abrégé GPX, enzyme clé de la protection antiradicalaire, comportant dans son site actif de la sélénomethionine. La GPX est une protéine tétramérique, capable de réduire les hydroperoxydes (comme le peroxyde d'hydrogène, H_2O_2) en eau (H_2O) à l'aide du glutathion réduit (GSH) : H_2O_2 + 2 GSH \ $2H_2O$ + GSSG (gluthation oxydé). Les hydroperoxydes organiques sont réduits par le même mécanisme, en alcools inoffensifs.

Glycémie : teneur en hexose du sang normalement aux environs de 1g/l.

Glycine : l'aminoacide* le plus simple, appelé aussi glycocolle, abondant dans certaines protéines comme le collagène ou l'élastine.

Glycoconjugués : macromolécules, protéines ou lipides contenant des séquences glucidiques liées par covalence à la protéine (ou au lipide) (voir aussi **Glycoprotéines*** et **Protéoglycannes***).

Glycolyse : série de réactions produisant de l'énergie (ATP), à partir du glucose en l'absence d'oxygène.

Glycoprotéine : protéine sur laquelle une ou plusieurs chaînes glucidiques sont greffées. Ces chaînes glucidiques comportent des hexoses (galactose, manose) des hexosamines (N-acetyl-glucosamine et N-acétylgalactosamine) du fucose* et de l'acide sialique. Ces chaînes glucidiques (ou osidique*) sont greffées soit sur un aminoacide hydroxylé – sérine, thréonine, hydroxylysine – soit sur un résidu d'acide aspartique par une liaison aspartamido-glucosaminidique. La présence de chaînes osidiques confère des propriétés originales aux glycoprotéines, une plus grande affinité avec l'eau (solubilité), une plus grande résistance à la dégradation enzymatique, ainsi que des possibilités de réactions avec certains récepteurs.

Glycoprotéines de structure : glycoprotéines faisant partie de la matrice extracellulaire, par exemple, la fibronectine*.

Glycosaminoglycannes ou GAG : polysaccharides composés par l'enchaînement d'unités disaccharidiques, comportant le plus souvent une hexosamine (N-acetylglucosamine ou galactosamine) et un acide uronique (acide glucuronique ou iduronique). L'hyaluronane est un GAG de très haut poids moléculaire (environ 10^6), les autres GAG (chondroïtine sulfate, dermatane sulfate, kératane sulfate, héparane sulfate) sont liés en nombre variable (entre 1 et des centaines) à des protéines porteuses et forment alors les protéoglycannes* (PG).

GMPc ou cGMP : guanosine monophosphate cyclique, second messager ou médiateur lors de la transmission de nombreux messages vers l'intérieur de la cellule.

GNRH (*Gonadotropine Releasing Hormone*) : hormone provoquant la sécrétion de la gonadotropine au niveau de l'hypophyse*.

H

Helmholtz, Hermann von (1821-1894) : physiologiste allemand ayant contribué d'une façon décisive à nos connaissances du fonctionnement des fonctions visuelles et auditives (voir la biographie de M. Meulder, 2001).

Hématopoïèse : fonction de la moelle osseuse essentiellement, consistant à produire les cellules du sang circulant, globules rouges et globules blancs.

Hippocampe : formation faisant partie des structures limbiques, ensemble de neurones formant une structure incurvée se terminant dans un renflement, rappelant la forme des invertébrés marins. Formé par l'invagination de la paroi du ventricule latéral, la fissure hippocampique. Avec le gyrus denté et le subiculum, situé dans le gyrus parahippocampique, il forme et fait partie des structures parahippocampiques. Ces centres sont fortement touchés dans la maladie d'Alzheimer, argument supplémentaire pour leur importance dans les fonctions liées à la mémoire.

Histologie : science qui étudie les tissus* de l'organisme après fixation et coloration sous microscope.

HMG-CoA réductase : enzyme clé de la synthèse du cholestérol à partir du mévalonate, inhibée par les statines*, médicaments dont il existe de nombreuses variantes, utilisés pour faire baisser le cholestérol.

Holter : appareil d'enregistrement de l'électrocardiogramme sur une longue durée, portée par le patient pendant une journée entière, par exemple.

Homéogènes : gènes codant la formation symétrique des segments de l'animal – identifiées chez les drosophiles* et retrouvés dans le génome* jusqu'à l'homme.

Homéostasie : ensemble des régulations assurant la constance de la composition, l'équilibre, de l'organisme.

Homochilarité : identité de la conformation stérique (voir **Chiralité**) de plusieurs molécules.

Homologie de séquence : degré d'identité de la séquence d'aminoacides* des protéines* permet d'estimer leur origine phylogénétique ou leur ressemblance à d'autres protéines. Utilisé aussi pour l'homologie des séquences des nucléotides dans l'ADN*.

Homozygote : les deux allèles du gène sont identiques.

Hormones : des molécules messagers produits par certaines cellules spécialisées des glandes dites « endocrines* », qui les sécrètent directement dans le sang afin de modifier le fonctionnement d'autres tissus et organes. Plusieurs hormones sont mentionnées dans le texte : l'hormone thyroïdienne, des hormones hypophysaires telles que le TSH (ou l'hormone stimulant la thyroïde), FSH* l'hormone stimulant les follicules, LH* (ou l'hormone lactogène), ou encore l'hormone de croissance GH. Les hormones ont des structures différentes, soit peptidiques*, comme les hormones hypothalamo-hypophysaires, soit des aminoacides* modifiés (iodés) pour l'hormone thyroïdienne, ou encore des stérols* pour les hormones cortico-surrénales, les hormones sexuelles.

HSP 93 : *Heat Shock Proteine* de p.m. de 93 000 daltons. Cette famille de protéines augmente dans les tissus en cas de stress (*shock*) et concourt à la protection de cellules.

Hyaluronane : acide hyaluronique – glycosaminoglycanne* de haut poids moléculaire composé de disaccharides répétitifs d'acide glucuronique et de N-acétyl-glucosamine.

Hydratation d'un ion (par exemple Na^+) ou d'une molécule – formation d'un nuage de molécules d'eau autour des ions ou fonctions chargées des protéines, par polarisation des molécules d'eau.

Hydrophobe : littéralement n'aimant pas l'eau. Terme désignant les protéines composées essentiellement d'aminoacides aliphatiques, dépourvues de groupements polaires pouvant s'associer à l'eau. Les peptides* et protéines riches en aminoacides hydrophobes sont peu solubles en milieu aqueux et présentent une forte cohésion entre les résidus d'aminoacides aliphatiques, excluant l'eau de leur voisinage et conférant une résistance accrue aux attaques chimiques et physiques.

Hypophyse : glande endocrine* attachée par un pédoncule à la base du cerveau, l'hypothalamus, sécrétant un grand nombre d'hormones régulant les sécrétions hormonales d'autres glandes endocrines situées ailleurs dans l'organisme.

Hypothalamus : ensemble de structures nerveuses se trouvant sous le troisième ventricule, regroupant un certain nombre de centres chargés des coordinations de nombreuses fonctions autonomes. Sa prolongation vers la base du cerveau, l'*infundibulum*, est connecté à l'hypophyse*.

I

IgG : abréviation des immunoglobulines de type G, des anticorps.

Îlots de Langerhans : groupes cellulaires distincts de leur environnement au sein du pancréas. Glande importante produisant essentiellement des enzymes digestives. Ces îlots comportent les cellules β* sécrétant l'insuline et les cellules sécrétant le glucagon*.

Infarctus du myocarde : dévitalisation d'une partie du muscle cardiaque à la suite d'une obstruction d'une branche de l'artère coronaire.

Inositol phosphate : dérivés phosphoryles de l'inositol, un alcool de 6 carbones cycliques, de structure semblable aux osides et associés à des composés lipidiques. Après clivage et phosphorylation forme des composés intervenant dans la transmission de « messages » des récepteurs vers les mécanismes d'exécution intracellulaire. L'inositol triphosphate (IP3) est un tel intermédiaire impliqué dans de nombreux processus de signalisation.

Input : terme anglais, d'abord appliqué à l'informatique, désignant toutes formes d'information entrant dans l'ordinateur ou dans le système nerveux en y déclenchant une réaction, pouvant être éventuellement sauvegardé (mémoire).

Intégrines : récepteurs membranaires composés de deux chaînes polypeptidiques*, α et β, assurant le couplage fonctionnel entre les cellules et la matrice extracellulaire (entre autres).

Interactions hydrophobes, entre fonctions et molécules dépourvues en fonctions « chargées » (basiques, acides) ; par exclusion de l'eau de leur voisinage, ces fonctions assurent une relativement forte cohésion entre molécules (ou surfaces) hydrophobe (apolaire).

Introns : séquences non codantes des gènes*, interrompant les séquences codantes ou exons*.

Ions : molécule, groupement d'atomes ou atome ayant perdu ou acquis un électron et portant ainsi une charge positive (cation*) ou négative (anion*) et se déplaçant ainsi, selon leur charge, dans un champ électrique.

IRM (imagerie par résonance magnétique) : donne une très bonne résolution des structures cérébrales, utilisées en diagnostic neuropathologique.

Ischémie : manque d'irrigation sanguine.

Isotope : forme d'un atome caractérisée par le nombre de protons et de neutrons dans son noyau, les neutrons pouvant varier en nombre sans changement d'identité de l'atome. Certains isotopes sont instables et se décomposent en émettant des particules ou rayonnement que l'on peut détecter et « compter », ce sont les isotopes radioactifs.

J

Jonctions étanches : entre cellules (par exemple cellules endothéliales des capillaires du cerveau) assurées par des formations spécialisées de la membrane cellulaire, les desmosomes.

K

Kd : constante de dissociation, voir loi d'action de masse et constante d'affinité des récepteurs pour ligands*.

kDa : kilodalton, poids moléculaire équivalent à mille fois le poids (unitaire) de l'atome d'hydrogène.

Kératine : couche cornée à l'extérieur de la peau, compose aussi les phanères.

Kératinocytes : cellules de l'épiderme en division continue, forment la kératine.

Kinases : enzymes fixant un résidu d'acide phosphorique sur une molécule (glucokinase* ou protéine-kinase* par exemple).

***Knock-out-mouse* ou souris knock-out :** souris chez lesquelles on a inactivé par manipulation génétique un gène* qui de ce fait ne s'exprime pas chez l'animal et permet ainsi l'étude de la fonction de ce gène.

Korsakoff, syndrome de : caractérisé par une amnésie rétrograde, le malade oublie un événement, une visite d'il y a quelques minutes.

L

Labyrinthe de Morris : utilisé dans les études d'orientation temporo-spatiales ; piscine laiteuse qui comporte une plateforme immergée, repérable seulement par mémorisation d'objets disposés autour de la piscine.

Lactose : ou sucre de lait, un disaccharide composé de galactose et glucose.

Lame basale : ou membrane basale, formation particulière de la matrice extracellulaire* (MEC) séparant les couches cellulaires au contact avec le milieu extérieur (kératinocytes de la peau) ou intérieur (cellules endothéliales des vaisseaux, celles épithéliales de l'intestin) des tissus conjonctifs sous-jacents. Composées de plusieurs macromolécules de la MEC, comme le collagène de type IV, la laminine, le nidogène, le perlecan, ces lames jouent un rôle important dans la filtration de molécules passant à travers (sang, urine) ainsi que dans le fonctionnement des cellules qui les tapissent. Ces lames s'épaississent avec l'âge et perdent leur capacité de filtration sélective.

Lévogyre : molécule comportant les carbones asymétriques déviant la lumière polarisée vers la gauche.

LH (*Luteinizing Hormone*) : sécrétée par l'hypophyse, induisant la formation de corps jaune* sur l'ovaire, contenant l'ovule prêt à être fertilisé.

Ligand : petite molécule qui se fixe sur une macromolécule, sur des sites précis : par exemple, le récepteur et son ligand.

Liquide céphalo-rachidien ou LCR : liquide sécrété par les cellules tapissant les ventricules cérébraux et circulant dans ces ventricules et le long de la moelle épinière. Peut être ponctionné par une aiguille introduite entre les vertèbres lombaires dans l'espace périmedullaire, permettant ainsi son analyse cytologique et biochimique.

Lobe frontal : considéré comme la partie la plus « jeune » du cerveau, apparu et amplifié chez les primates, siège chez l'homme des fonctions cognitives « supérieures ».

***Locus cœruleus* :** un groupe de cellules (noyau) contenant de la mélanine* et apparaissant bleu-gris, à l'origine de fibres noradrénergiques à distribution large dans le cerveau et la moelle épinière.

Loi d'Arrhenius : établit une proportionnalité entre la vitesse d'une réaction (log. de la constante de vitesse) et l'inverse de la température absolue.

LTD (*Long Term Depression*) : dépression de longue durée. Le contraire de LTP, observée à la suite de l'« habituation » d'une synapse à des stimuli, selon leur espacement, comme décrite pour le réflexe de rétraction des ouïes d'aplysie.

LTF (*Long Term Facilitation*) : facilitation de la terminaison synaptique, essentiellement par augmentation de la production de second messager (cAMP*), à la suite de l'action d'interneurones* « facilitant », ayant des synapses axono-axonales avec le neurone sensitif (interneurone facilitant), facilitant ainsi le relargage des neuromédiateurs par le neurone sensitif. Cet effet peut être rendu durable à la suite de la fréquence et l'espacement des stimuli.

LTP (*Long Term Potentiation*) : sensibilisation d'une synapse (glutaminergique) par une première stimulation, augmentation du potentiel d'action déclenché dans le neurone post-synaptique par des stimuli subséquents. Cette potentialisation peut durer de quelques minutes à plusieurs jours. Considéré comme le mécanisme fondamental au niveau cellulaire de l'acquisition de la mémoire.

Lymphocytes : cellules du système immunitaire, présentes dans le sang (leucocytes) et dans les organes lymphoïdes, la rate. Il en existe plusieurs sortes spécialisées dans des fonctions distinctes de la défense immunitaire. Les lymphocytes T sont (entre autres) les dépositaires de la « mémoire » immunologique.

Lysosomes : particules intracellulaires contenant les enzymes permettant à la cellule de digérer les molécules absorbées (endocytose*).

M

Macromolécule : molécule de grande taille, de plusieurs milliers de Da (jusqu'à plusieurs millions de fois le poids atomique de l'hydrogène = 1), le plus souvent de nature protéinique* ou d'acide nucléique*, mais il en existe aussi dans la famille des glucides* ou osides* comme le glycogène ou l'amidon, des sucres de réserve, ou encore dans les glycosaminoglycannes* comme l'acide hyaluronique ou hyaluronane*.

Macrophages : monocytes capables d'emmagasiner des particules ou des lipides, grâce à leur capacité de phagocytose.

Maillard, Louis Camille (1878-1936) : chimiste français ayant enseigné au Conservatoire national des arts et métiers (CNAM). Il a décrit la réaction qui porte son nom et qui est consécutive au chauffage d'un mélange de sucres et de protéines. Largement étudiée à travers le monde, aussi bien en chimie alimentaire qu'en biochimie, cette réaction est reconnue comme responsable des modifications au cours du vieillissement des macromolécules cellulaires et tissulaires ainsi que du « pontage » du collagène*, découvert par Verzar. Pour plus de détails voir le livre de J. Adrian, *Louis C. Maillard, De la médecine à l'alimentation* (éd. Techn. Doc. Paris).

Maladies cardiovasculaires : concernent le cœur et ses pathologies, ainsi que les vaisseaux sanguins et leurs maladies, dont la plus fréquente est l'athéro-artériosclérose*.

Maladies neurodégénératives : caractérisées par la perte de neurones et de réseaux neuronaux à des endroits précis du système nerveux et dont les symptômes dépendent de la localisation de ces pertes.

Matrice extracellulaire (MEC) : composée d'un nombre variable de macromolécules rangées en quatre familles (les collagènes*, l'élastine*, les protéoglycannes* et les glycoprotéines* de structure) présentes en quantités et proportions variables, cette matrice relie les cellules en tissus, les tissus en organes et intègre les organes dans l'organisme. Désignée aussi par le terme tissu conjonctif. On distingue au microscope une partie fibreuse (collagènes, élastine) et une partie « amorphe » : la « substance fondamentale » (protéoglycannes, glycoprotéines). Son rôle s'est précisé depuis la découverte des récepteurs médiant l'interaction entre MEC et les cellules, les intégrines et autres. Son rôle mécanique, évident au niveau du squelette, tendons, peau, vaisseaux et autres structures, s'est ainsi enrichi d'un rôle fonctionnel important assurant l'intégration, l'harmonisation de la vie des organismes pluricellulaires.

MEC : abréviation de matrice extracellulaire.

MEK (mitogen activated, ERK-activating kinase) : une kinase qui phosphoryle un composant intermédiaire appelé ERK dans la voie de la mitose*.

Mélatonine : (N-acétyl-5-méthoxy-tryptamine), hormone sécrétée par la glande pinéale, intervenant dans la régulation des rythmes nycthéméraux.

Membrane basale : voir **Lame basale.**

Membrane cellulaire : faite d'une double couche lipidique* dans laquelle sont ancrées des protéines* et des protéoglycannes, récepteurs essentiellement.

Mémoire de travail : fonction de la mémoire la plus utilisée au cours du « travail » quotidien. Elle permet de retenir pour des durées relativement courtes des notions fraîchement acquises et nécessaires à la poursuite d'une réflexion, à l'élaboration de résultats, sans la nécessité d'une rétention de longue durée.

Mémoire immunitaire : « souvenir » d'une rencontre préalable avec un « envahisseur », bactérie ou autre, matérialisé par des récepteurs « reconnaissant » l'antigène* spécifique de l'envahisseur et portée par des lymphocytes-T dits « de mémoire » (désignés par l'abréviation LyT45RO +).

Mésoderme : feuillet intermédiaire (entre ectoderme et endoderme de l'embryon), composé de cellules formant ultérieurement (entre autres) les tissus conjonctifs.

Métabolisme : transformation des aliments (glucides, par exemple) au sein de la cellule pour en extraire de l'énergie utilisable par la cellule.

Métabolisme oxydatif : production d'énergie à partir d'aliments à travers une série de réactions, utilisant l'oxygène pour générer l'ATP*.

Métabolite : molécules produites au cours du métabolisme.

Métamérique : segment se formant au cours du développement de l'organisme, voir somites*.

Métastase : formation de tumeurs secondaires par des cellules tumorales (cancéreuses*) ayant quitté la tumeur primaire pour coloniser d'autres tissus et organes.

Meynert (noyau de) : à la base des hémisphères temporaux, riche en synapses cholinergiques. Ces centres subissent de fortes pertes neuronales au cours de la maladie d'Alzheimer.

Microangiopathie : maladie des petits vaisseaux chez les diabétiques, grave surtout au niveau des reins et de la rétine.

Microtome : appareil muni d'une lame fine permettant de couper des sections très minces des tissus (de l'ordre de quelques microns) pour des études histologiques.

Microvolt : millième du volt, unité du potentiel électrique.

Milliard : voir tableau I (p. 257) pour la correspondance des grands nombres.

Millimolaire : indication d'une concentration d'une substance. Une solution millimolaire doit contenir en mg le poids moléculaire de la substance par 1 litre d'eau (le millième en g du poids moléculaire).

Mitochondries : particules à l'intérieur de la cellule pourvues d'un système membranaire circulaire et transversal, les *crystae*, dans lequel sont ancrées les enzymes respiratoires qui fabriquent l'énergie (l'ATP*) à partir de métabolites comme les sucres, par exemple. D'origine microbienne, cette symbiose a permis aux cellules eucaryotes* d'utiliser efficacement l'oxygène pour « brûler » les aliments et produire de l'énergie.

Mitose : division cellulaire.

ml : millilitre ou centimètre cube, unité de volume utilisée en expérimentation de laboratoire.

mM ou millimole : le millième du poids moléculaire en gramme par litre, c'est-à-dire en mg/l.

MMSE (*Mini Mental State Examination*) : le test le plus simple couramment administré à des personnes examinées pour démence ou déclin cognitif présumés. Selon le nombre de réponses correctes obtenues, la personne est considérée comme « normale » (pour son âge et degré de scolarisation) ou suspecte et soumise à d'autres examens.

Molécule organique : on désigne ainsi les composés à base de carbone, d'où le terme chimie organique.

Monocyte : une des sortes de globules blancs* impliqués dans la défense immunitaire car capables de phagocyter des particules. Se transforme en macrophage*.

Monoamine-oxydase : enzymes oxydant la fonction amine de molécules qui perdent ainsi la fonction $-C\text{-}NH_2$ qui devient $-C = O$, c'est-à-dire carbonyl, impliquant l'inactivation des neuromédiateurs dont la fonction amine (NH2) intervient dans leur activité.

Morphométrie : évaluation quantitative de structures microscopiques assistée par ordinateur – analyse d'image informatisée et souvent automatisée.

MT (ou mt) : abréviation de mitochondrie*.

Mucine : glycoprotéines à haut poids moléculaire, visqueuses, sécrétées par les cellules épithéliales bordant la lumière des organes (trachée, système gastro-intestinal) servant à leur lubrification et l'élimination de particules.

Mucus : voir **Mucine.**

Muscarine : alcaloïde d'un champignon vénéneux, *amanita muscaria*, inhibiteur puissant de certaines synapses cholinergiques, appelés « muscariniques ».

Mutagène ou poison mutagène : produit chimique capable de modifier la séquence d'ADN* de gènes*.

Mutagenèse dirigée : modification de la séquence de nucléotides dans l'ADN* au niveau d'un gène* pour modifier le codage d'un aminoacide* et explorer lors de l'expression du gène les modifications ainsi produites.

Mutation : modification dans la séquence codante des gènes* altérant la séquence des aminoacides* synthétisés et ainsi les protéines codées par ces gènes*.

Myéline : substance lipidique entourant les axones de cellules nerveuses myélinisées, synthétisées par des cellules spécialisées : les cellules de Schwann. Donne sa blancheur à la substance blanche* du cerveau.

Myosine : protéine fibrillaire principale des muscles contractiles.

Myxomycètes : protozoaires (unicellulaire) se déplaçant à l'aide de pseudopodes (expansions cellulaires temporaires) appartenant aux *rhizoflagellae.*

N

NAD (H) : nicotine-adénine dinucléotide, une coenzyme*.

NaDPH : forme réduite de la nicotine-adénine dinucléotide phosphate.

Nanomolaire (nM) : concentration d'une substance contenant un billionième (10^{-9}) de son poids moléculaire en grammes par litre.

NaOH 1N : solution de soude contenant l'équivalent du poids moléculaire, environ 39 g de soude par litre d'eau.

Natriurétique : hormone favorisant l'élimination du sodium (Na) par les urines.

NCAM (*Neural Cell Adhesion Molecules*) : glycoprotéines membranaires spécialisées dans l'adhésion de cellules nerveuses.

Nécrose : dévitalisation de certains tissus, accompagnée de mort cellulaire.

Néocortex : la partie du cortex cérébral la plus récemment acquise au cours de l'évolution des espèces, à partir des primates et surtout chez l'homme moderne (*sapiens sapiens*).

Néphropathie diabétique : maladie des reins accompagnant le diabète, située au niveau des capillaires glomérulaires.

Nerfs bronchomoteurs : nerfs émanant du système nerveux sympathique pour innerver les bronches et assurant leur contraction.

Nerfs chémosenseurs : terminaisons nerveuses au contact du sang circulant et réagissant à sa teneur en acide carbonique ou à d'autres constituants chimiques.

Nerfs sympathiques-parasympathiques : font partie du système appelé neurovégétatif, innervent les organes et modulent leur fonction d'une façon autonome, indépendante de la volonté. Les deux systèmes, sympathique et parasympathique, sont antagonistes – accélérant et ralentissant les mouvements ou rythmes. Le médiateur le plus important du système sympathique est la noradrénaline*, celui du système parasympathique, l'acétylcholine*.

Neuroendocrinologie : science qui étudie les interrelations entre le système nerveux et les glandes endocrines*, au niveau de l'hypothalamus* en particulier.

Neuromédiateurs ou neurotransmetteurs : substances libérées au niveau des terminaisons présynaptiques qui agissent sur les récepteurs des faces postsynaptiques en transmettant ainsi l'excitation d'un neurone à l'autre. Une grande variété de substances sont capables de fonctionner en tant que neuromédiateurs, des plus simples comme la glycine* et la taurine aux plus complexes comme des peptides* comportant des dizaines (ou plus) d'aminoacides*.

Neurones : cellules spécialisées dans la conduction de l'influx nerveux.

Neutropénie : nombre insuffisant de globules blancs appelés polynucléaires neutrophiles* chargés de la défense antimicrobienne.

Neutrophile : désigne une famille de globules blancs, les polynucléaires* neutrophiles (colorés par des colorants « neutres », ni acide, ni basiques) chargés de la défense antimicrobienne.

NMDA : N-méthyl-D-aspartate, agoniste d'une classe de récepteur d'aspartate.

Nomenclature à une lettre des aminoacides : une lettre de l'alphabet est attribuée à chacun des vingt aminoacides*, simplifiant ainsi l'écriture de leurs séquences dans des peptides et protéines (voir tableau IV).

Noradrénaline : neuromédiateur du système sympathique. Utilisé aussi en pharmacologie en tant qu'agoniste du système nerveux sympathique.

Noyau rouge : situé dans le mésencéphale entre les formations réticulaires et les noyaux des nerfs accumbens, envoie des fibres dans la moelle épinière, formant le tractus (faisceau) rubrospinal, connecté aux nerfs du faisceau pyramidal (nerfs moteurs) et au cervelet. Intervient ainsi dans le contrôle des mouvements volontaires.

Noyau suprachiasmatique : formé d'un groupe de neurones localisés au-dessus du chiasma optique, c'est-à-dire de l'entrecroisement des nerfs optiques. Ce noyau paraît être le « centre » régissant un certain nombre de phénomènes cycliques, identifiés en chronobiologie*.

Noyaux gris (centraux et cérébelleux) du cerveau : désignation commune des noyaux de la base du cerveau comportant les noyaux caudés, réticulés et latéraux du thalamus, lenticulaire, rouge, substance noire, subthalamiques, pour ne mentionner que les plus importants. Les noyaux gris cérébelleux comportent le noyaux fastigial, interposé et denté.

$NO^{\bullet}$: oxyde nitrique, un radical libre produit par un système enzymatique, les NO-synthétases (dont il existe plusieurs formes, constitutives et inductibles), à partir de l'arginine, aminoacide basique. Intervenant en tant que médiateur dans de nombreuses réactions biologiques, le $NO^{\bullet}$ est aussi un des médiateurs au niveau du système nerveux central. Peut se combiner avec le radical superoxyde, $O_2^{\bullet-}$ pour donner l'anion toxique : le peroxynitrite, $ONOO^-$.

Nucléole : organite à l'intérieur du noyau cellulaire contenant de nombreuses copies des gènes codant l'ARN-ribosomal, organites synthétisant les protéines.

Nucléotides : composés d'une base purique ou pyrimidique (voir structure de l'ADN* et ARN*) liés à un résidu d'acide phosphorique par une pentose*, le ribose. Ces composés forment les acides rib »onucléiques ou ARN et les acides déoxyribonucléiques ou ADN.

Nucléotides cycliques : voir **AMPc** et **GMPc.**

O

Olduvai ou Oldoway : gorge du Kenya où ont été trouvés de nombreux fossiles des précurseurs précoces des hominiens. Désigne aussi la période correspondante (oldowayenne) : 1,8 à 1,4 millions d'années avant notre ère, précède la période acheuléenne.

Oligosaccharide : enchaînement de deux ou plusieurs sucres (osides*) par des liaisons glycosidiques.

Oncogène : substance provoquant une prolifération tumorale, souvent d'origine virale, produite aussi par les cellules de l'organisme à la suite de mutation des gènes des proto-oncogènes, substances intervenant dans la régulation du cycle cellulaire, la mitose*.

Oncosuppresseur : gène pouvant empêcher le développement des tumeurs.

Ontogenèse : développement de l'individu à partir de l'œuf fécondé.

Opéron : ensemble de gènes* codant plusieurs protéines (enzymes*), participant à une réaction concertée, et induits ou réprimés ensemble par un signal agissant sur un site commandant la transcription de tous ces gènes. Concept proposé par François Jacob à l'occasion de l'induction (et répression) des gènes de *E. coli* impliqués dans la synthèse des enzymes nécessaires l'utilisation par la bactérie de certains glucides comme le lactose* (β-galactosidase, perméase…).

Oses, équivalent à glucides, ou osides : désigne d'une façon globale les glucides* ou « sucres » et dérivés.

Ostéoporose : perte de substance osseuse, au cours du vieillissement, plus rapide chez la femme après la ménopause, plus progressive chez l'homme, caractérisée par la perte reconnaissable de cristaux calciques des os, ainsi que de leur matrice calcifiable.

Ovariectomie : ablation chirurgicale des ovaires qui rend stérile le sujet opéré.

Oxydation phosphorylante : métabolisme des nutriments (sucres et autres) dans les mitochondries où leur oxydation en dioxyde de carbone est accompagnée de synthèse d'ATP*. Processus effectué par les enzymes de la chaîne respiratoire encastrées dans les *crystae* des mitochondries*.

Oxyde nitrique : voir **NO·**.

P

Pacemaker : cellule(s) ou fonction(s) qui déterminent et impriment la vitesse et/ou la périodicité d'une réaction ou d'une fonction biologique. L'exemple classique est la génération par des cellules spécialisées de stimuli périodiques dans le cœur, ce qui déclenche ses contractions. Peuvent être remplacés en cas de défaillance par un appareil électrique appelé « pacemaker ».

Paléolithique : époque caractérisée par l'utilisation d'outils de pierre (silex), avant l'« invention » du bronze et du fer, d'environ 2 millions d'années avant notre ère à la période néolithique d'il y a environ 6 000 ans.

Pancréas : organe situé derrière le duodénum* sécrétant des enzymes digestives dans l'intestin et des hormones (insuline, glucagon) dans le sang.

PAQUID : abréviation désignant un programme épidémiologique mené en Gironde sous la direction du Professeur Dartigue, portant sur un grand nombre de personnes dont on suit le vieillissement cognitif et l'apparition des démences, en fonction des conditions de vie, d'apprentissage, etc.

Paradoxe des jumeaux : attribué à Langevin, il illustre le principe de la relativité : l'un des jumeaux part en voyage dans l'espace et à son retour a moins vieilli que son frère jumeau resté sur Terre.

Passage en culture cellulaire : consiste à mettre en suspension une culture confluente de cellules et à les ensemencer dans deux ou plusieurs récipients où elles continueront à proliférer.

***Patch clamp* :** on fixe un capillaire portant une électrode par succion sur une parcelle de la membrane cellulaire pour mesurer le courant passant par un (ou des) canal(aux) ionique(s).

Pathogène : micro-organisme provoquant des maladies.

Pathologie : manifestations de l'organisme en dehors de la norme, permettant de définir une maladie, une pathologie.

Pathologies du vieillissement : maladies liées à l'âge ou maladies dont la fréquence et la gravité augmentent avec l'âge – ostéo-arthrose, maladies cardio-vasculaires, diabète, démences.

Patron : traduction (imparfaite) du terme anglo-américain *pattern* qui désigne un ensemble de structures et/ou de fonctions caractéristiques et dont les détails sont l'objet d'investigations. Utilisé dans une variété de contextes, à la suite d'un consensus tacite de la communauté de chercheurs en biochimie et biologie moléculaire (mais non exclusivement).

Pattern : voir **Patron.**

Pavlov, Ivan Petrovitch (1849-1936) : physiologiste russe devenu célèbre à la suite de ces travaux sur les réflexes conditionnés.

PC 12 : une lignée cellulaire dérivée de neuroblastome utilisée en culture.

Pentapeptide : peptide composé de cinq aminoacides.

Peptides : plusieurs aminoacides* enchaînés par des liaisons peptidiques comportant la fonction amine (-NH2) d'un aminoacide fixé à la fonction carboxyle (-COOH) de l'autre avec élimination d'une molécule d'eau : R1-NH-CO-R2.

Peptides d'élastine : peptides* de taille variable obtenus par hydrolyse de l'élastine par des agents chimiques (acide ou alcali) ou enzymatiques (élastases).

Peptidergique : transmission de l'influx nerveux au niveau des synapses par des peptides*.

Peptides vasoactifs : peptides pouvant modifier la tension vasculaire agissant sur l'état de contraction des cellules musculaires lisses de la paroi.

Pentose : glucide composé de 5 carbones (voir aussi **Glucide).**

Péri-rétro-rubral (noyau) se trouvant autour et derrière le noyau rouge.

Péristaltique : désigne le mouvement provoqué par la contraction (relaxation successive en anneau de la paroi d'un organe tubulaire, intestin en particulier), permettant l'acheminement de son contenu dans la direction des contractions.

Peroxysomes : organelles (granules) intracellulaires contenant des enzymes (pour la plupart des oxydases et oxygénases, peroxydases) pouvant métaboliser les peroxydes et oxyder des métabolites ou des produits toxiques intervenant aussi dans les réactions radicalaires.

PET-scan (*Position Emission Tomography*) : méthode moderne et performante d'imagerie cérébrale permettant d'étudier les variations fonctionnelles d'une région cérébrale donnée, liées à l'intensité de son métabolisme.

pH : mesure de l'acidité d'un milieu en unités logarithmiques dépendant de la concentration en ions d'hydrogène (H^+).

Phagocytose : absorption par une cellule d'un corps extérieur, bactérie par exemple. Fonction assurée surtout par les phagocytes*, des globules blancs, monocytes macrophages et aussi des phagocytes fixes tissulaires formant le système réticulo-endothélial.

Phénotype : défini par l'expression des gènes actifs de l'ensemble du génome (les autres étant réprimés).

Phénylalanine : aminoacide aromatique comportant un noyau benzénique (C6H6) portant le groupement CH_2-CH-NH_2-COOH. La fixation d'une fonction -OH sur le noyau benzénique la transforme en tyrosine*, précurseur des neuromédiateurs* du système sympathique*.

Phosphatases : enzymes pouvant cliver les résidus d'acide phosphorique fixés sur des molécules. Il en existe plusieurs sortes, actives en milieu acide (**phosphatases acides**) ou alcaline (**phosphatases alcalines**) ; utilisées aussi en histochimie comme marqueurs, par fixation sur des anticorps* reconnaissant la molécule recherchée.

Phosphodiestérase : enzyme hydrolysant les liaisons entre résidus d'acide phosphorique* et deux autres molécules reliées par la liaison d'un phosphodiester. Il en existe plusieurs types, des endo- et exonucléases.

Phosphoinositol : le noyau d'inositol* avec des résidus d'acide phosphorique fixés sur certaines des fonctions OH du cycle.

Phosphofructokinase (PFK) : enzyme de la glycolyse* fixant un résidu phosphate sur le fructose-6-phosphate produisant le fructose 1-6 diphosphate.

Phosphokinases : enzymes catalysant la fixation d'un résidu d'acide phosphorique H_3PO_4 sur la fonction -OH d'une autre molécule. De telles enzymes sont impliquées dans le métabolisme des glucides (hexokinases, glycokinases) et d'autres molécules et servent aussi dans l'activation de protéines impliquées dans la transmission de signaux dans la cellule, les protéines-kinases. Leur activité exige de l'énergie, le donneur du résidu d'acide phosphorique est en général l'ATP*.

Phospholipases : enzymes capables de cliver des phospholipides, par exemple de couper l'un des acides gras estérifiant l'un des résidus OH- du glycérol dans la lécithine. Il en existe plusieurs formes, désignées par des lettres A, C, D, clivant des phospholipides de structure distinctes.

Phosphoryler : fixer un résidu d'acide phosphorique (H_3PO_4) sur une molécule catalysée par les phosphorylases ou phosphokinases.

Photosynthèse : utilisation par les plantes du CO_2 de l'air et de l'énergie solaire pour fabriquer les molécules dont elles ont besoin (essentiellement des osides) en libérant l'oxygène. Réalisée par la chlorophylle des plantes vertes.

Phylogenèse : évolution des espèces depuis l'apparition de la vie sur terre, à partir des êtres unicellulaires aux invertébrés et vertébrés. La théorie darwinienne est généralement acceptée pour sa description.

Plasmodium : protozoaires unicellulaires parasites dont certaines variantes sont agents de maladies graves : *plasmodium falciparum* cause la malaria.

Pléiotrope : action ou influence multiple d'un gène se manifestant à des niveaux et fonctions divers.

Pluricellulaires : organismes comportant plusieurs cellules, contrairement aux unicellulaires, amibes, bactéries…

PMN : abréviation des leucocytes polynucléaires, contenant des granules dans leur cytoplasme chargés d'enzymes lytiques : élastase et autres, jouant un rôle important dans la défense de l'organisme et dans la réaction inflammatoire.

Poison mutagène : substance toxique agissant sur l'ADN en modifiant les bases et altérant ainsi les séquences de bases des gènes*, provoquant des mutations.

Polyamines : molécules comportant des fonctions amines (NH_2) aux deux bouts d'une chaîne aliphatique $(\text{-}CH_2\text{-})_n$ et intervenant dans la régulation du cycle cellulaire conduisant à leur division, la mitose* en tant que facteur ou cofacteur de croissance. Les plus connues sont la spermine et la spermidine.

Polynucléaire : cellule possédant plusieurs noyaux ou paraissant telle car un noyau peut former des lobes distincts.

Polysaccharide : macromolécule composé de glucides : amidon, glycogène.

Polysomes : ribosomes* fixés côte à côte dans la membrane du réticulum endoplasmique* et sur lesquels a lieu la synthèse des protéines.

Pontage : des protéines et autres macromolécules en les reliant entre elles par des substances chimiques par exemple au cours de la consolidation des fibres de collagène* ou par la réaction de Maillard*.

Ponter : dans le contexte de ce livre, il s'agit de relier des macromolécules protéines entre elles.

Postmitotique : cellules ne se divisant plus, après leur différenciation, comme les neurones.

Post-transcriptionnel : phénomènes ou réactions intervenant après la synthèse des protéines sur les polysomes*, selon la séquence communiquée par les ARN-messagers* lors du processus de transcription.

Potentiel d'action : potentiel ou différence de potentiel entre le potentiel électrique au repos de la membrane neuronale et celui qui peut déclencher l'influx nerveux, dû essentiellement à l'influx des ions Na^+ dans la cellule, suivi par la sortie des ions K^+. La dépolarisation minimale correspond à un seuil qui doit être dépassé pour le déclenchement de l'influx nerveux, à la suite de l'action d'un neuromédiateur* sur son récepteur couplé aux canaux ioniques*.

Potentiel de membrane : différence de potentiel entre l'extérieur et l'intérieur de la membrane cellulaire ou de l'axone.

Potentiel de repos : potentiel membranaire au repos, en l'absence d'excitation.

Principe anthropique : théorie proposant le développement « spontané » d'êtres vivants à partir de la matière (atomes, molécules) créée au cours de la formation des planètes. Cette théorie s'inspire de lois sous-jacentes, qui dictent une complexification croissante de la matière inorganique.

***Processing* :** terme anglais désignant des modifications d'une molécule au cours de sa transformation par exemple en molécule active à partir d'un précurseur, finissage.

Progéria : ou syndrome de Hutchinson-Gilford, maladie imitant un vieillissement (dit segmentaire) fortement accéléré, avec décès survenant vers les 13-16 ans.

Procaryote : organismes-cellules dépourvus de noyau. L'ADN est localisé avec les autres organites cellulaires à l'intérieur de la membrane délimitant la cellule. Désigne essentiellement des bactéries.

Protéase : enzyme capable de couper (hydrolyser, couper avec introduction d'une molécule d'eau, H_2O) des liaisons peptidiques* au sein des protéines. Les exemples les plus connus sont les protéases des sucs digestifs, pepsine, trypsine, etc. Il en existe un grand nombre attaquant différents types de liaisons et produits à des sites distincts par des cellules différenciées.

Protéines-kinases : voir **Phosphokinases** et **PKC.**

Protéines de choc thermique : *Heat Shock Protein*, HSP en anglais, protéines dont la synthèse augmente sous le stress et qui peuvent protéger d'autres protéines, y compris au cours de leur synthèse, et leur servir de « chaperons ».

Protéines-phosphatases : enzymes capables d'hydrolyser (cliver à l'aide d'introduction d'une molécule d'eau) le groupement acide phosphorique fixé sur des protéines (sur des aminoacides hydroxylés : sérine, thréonine, tyrosine) par les protéines-kinases*. Leur action arrête (inactive) le processus médié par les protéines phosphorylées.

Protéine régulatrice : protéine intervenant dans la régulation des mécanismes cellulaires.

Protéoglycannes : macromolécules de la matrice extracellulaire composées d'une protéine sur laquelle sont greffés des polysaccharides, des glycosaminoglycannes* (GAG*) en nombre variable, de un à plusieurs centaines.

Protéomique : nouvelle branche de la science des protéines étudiant leur interaction en utilisant les données génétiques (voir **Génomique**).

Proto-oncogène : voir **Oncogène.**

Pyrosomes : *deuterosomiens epineuriens* appartenant aux urocordés car pouvant posséder une corde dorsale. Certaines variantes peuvent former des colonies par apposition de leurs tuniques. Une des classes de thaliacés est représentée par les pyrosomes dont les colonies géantes sont mentionnées dans le texte. Pour plus de détails, voir *Zoologie I. Invertébrés, (dir.)* P.P. Grassé, R.A. Poisson, O. Tuzet, Masson, 1961, p. 815.

R

Racémisation : modification de la conformation stérique (chiralité*) de molécules pour en faire un mélange de dextrogyres* et lévogyres* en quantités égales.

Rachis : colonne vertébrale, vertèbre.

Radicaux libres : atomes avec perte d'égalité entre électrons et protons devenant ainsi très réactifs.

Rappel différé : test d'apprentissage au cours du quel un intervalle de temps déterminé sépare l'apprentissage et le test (la question).

Rafelson Max E. : biochimiste américain (1921), professeur émérite du Département de biochimie de l'école de médecine Rush au Centre médical presbytérien de Chicago. Éminent enseignant, auteur de traités de biochimie, chercheur ayant formé plusieurs générations de biochimistes. Il a notamment initié la recherche sur les plaquettes sanguines et la culture des cellules endothéliales vasculaires, aux États-Unis.

Raphae **ou Raphae nuclei :** contient des cellules sérotonerigiques, plus ou moins continues, près de la partie médiane du cerveau. Hormis la sérotonine, de nombreux autres neuromédiateurs comme le GABA, la dopamine et des neuropeptides sont aussi présents.

Réceptérologie : science des récepteurs.

Récepteurs : protéines ou glycoprotéines réagissant sélectivement avec certaines molécules, les agonistes et déclenchant des réactions cellulaires caractéristiques. Leur action peut être inhibée par des antagonistes.

Récepteur de l'élastine : récepteur reconnaissant des séquences d'aminoacides présentées dans l'élastine*.

Récepteur ionotrope : récepteurs comportant le site de reconnaissance de l'agoniste (par exemple acétylcholine) ainsi que le canal ionique permettant le passage d'un ion (calcium par exemple) selon l'état d'occupation du récepteur.

Récepteur métabotrope : comporte le site actif reconnaissant l'agoniste et déclenchant ensuite une série de réactions comportant souvent un grand nombre d'intermédiaires et aboutissant à l'ouverture ou à la fermeture d'un canal ionique distinct du récepteur.

Régions associatives polymodales : régions du cortex cérébral coordonnant une variété de fonctions cognitives, comme la région du lobe temporal.

Renouvellement (métabolique) ou *turnover* : au cours du métabolisme cellulaire, tous les composants sont renouvelés à des vitesses variables, caractérisés par leur demie-vie (t $^1/_2$).

Réticulum endoplasmique : système membranaire intracellulaire où s'effectuent certaines réactions, dont la synthèse des protéines, sur des membranes rugueuses (réticulum endoplasmique rugueux, RER) comportant les ribosomes* (polysomes).

Rétinol : dérivé de la vitamine A.

Rétinopathie diabétique : une des manifestations vasculaires du diabète au niveau des vaisseaux irriguant la rétine, pouvant conduire à la cécité.

Ribosomes : particules subcellulaires composées de protéines et d'acide ribonucléique (ARN*) pouvant effectuer la synthèse des protéines. Le plus souvent alignés en polysomes* sur des membranes intracellulaires (le réticulum endoplasmique rugeux*). l'ARN-messager se fixe sur les polysomes suivi par l'ARN de transfert (tARN) qui y dépose les aminoacides* correspondant aux codons* spécifiés par la séquence de l'ARNm.

ROS (*Reactive Oxygen Species*) : espèces réactives d'oxygène, comprenant les radicaux libres (radical hydroxyle, $OH^{\bullet}$, superoxide O_2^-) le peroxyde d'hydrogène H_2O_2, le peroxynitrite, $ONOO^-$ et d'autres encore, souvent nuisibles aux cellules et tissus.

S

Saprophyte : micro-organisme vivant à l'intérieur d'un autre organisme qui le « nourrit » sans en souffrir (contraire de micro-organisme pathogène).

Seconds messagers : substances synthétisées ou libérées à la suite de l'activation d'un récepteur par son agoniste, comme les nucléotides cycliques, cAMP, cGMP et les dérivés de l'inositol phosphate, le plus souvent mis en jeu.

Self : terme utilisé en biologie, notamment en immunologie, pour désigner un organisme unique et spécifique, « soi-même ». Les cellules du système immunitaire doivent être « éduquées » dès le début du développement de l'individu pour ne s'attaquer qu'aux envahisseurs (bactéries, par exemple), et non au « self ». La perte de la capacité de distinction entre le « self » et le « non-self » est à la base des maladies autoimmunes.

Séquençage : manipulation chimique en vue de déterminer l'ordre d'enchaînement des aminoacides dans les protéines ou des nucléotides dans l'ADN* et ARN*.

Sérine : aminoacide hydroxylé, $OH\text{-}CH_2\text{-}CH_2\text{-}CH\text{-}NH_2\text{-}COOH$ et dont la fonction -OH peut servir pour y fixer soit une chaîne glucidique (des glycosaminoglycannes* par exemple) soit des résidus d'acide phosphorique (**voir Protéines-kinases***).

Serpine : famille des inhibiteurs des protéases dont le site actif* comporte un résidu de sérine*, un aminoacide hydroxylé.

Signes pyramidaux : troubles des mouvements volontaires médiés par les faisceaux pyramidaux.

Significatif : désigne une différence statistique significative entre deux valeurs, calculée d'après des équations définies en statistique.

Site actif : désigne la partie d'une enzyme directement responsable de l'acte catalytique comme le clivage d'une liaison peptidique, entre deux aminoacides. Ce site comporte en juxtaposition à la suite de la conformation de la protéine – 3 à 6 aminoacides.

SOD ou superoxyde dismutase : enzyme catalysant la dismutation du radical superoxyde O_2^- en peroxyde d'hydrogène (H_2O_2) et oxygène (O_2). Il en existe deux sortes, à cuivre et zinc extracellulaire et à manganèse présent dans les mitochondries (intracellulaire).

Somatostatine : hormone hypothalamo-hypophysaire inhibant la sécrétion de l'hormone de croissance.

Somites : segments de l'embryon définis par les cellules en voie de différenciation qui les composent et à partir desquelles va se développer un « segment » de l'organisme.

Sothis : nom égyptien de Sirius. Son apparition juste avant le lever du soleil annonce l'inondation annuelle du Nil.

SPECT (*Single Photon Emission Computerised Tomography*) : méthode d'imagerie cérébrale. Consiste à injecter dans la circulation sanguine une molécule marquée au Technétium-99 (l'hexaméthyl-propylène-amine-oxime ou d,l-HMPAO marquée au 99Tc) que l'on détecte dans les régions du cerveau mises à contribution par des tâches mentales spécifiques. Permet de détecter des anomalies lors de l'atteinte de certaines parties du cerveau au cours des démences.

Spectre d'absorption : absorption de la lumière visible et UV par une molécule en fonction de la longueur d'onde.

Spectrophotométrie : mesure de l'absorption de la lumière (visible ou UV, IR) à des longueurs d'ondes précises.

Spermine et spermidine : voir **Polyamines.**

Spiromètre : appareil permettant de mesurer le volume d'air inspiré.

Sporange : organe des plantes, formé d'une partie centrale fertile où les spores* sont élaborées et qui, après dispersion, assurent la fécondation.

Spore : forme réduite et résistante de bactéries, de champignon ou de plantes pouvant survivre dans des conditions difficiles et redonner l'organisme dans des conditions favorables.

Statines : classe de médicaments utilisés contre l'athérosclérose (l'hyperlipidémie) pouvant faire baisser le cholestérol.

Streptocoques : microbes en forme de petits globules associés en chapelet et dont de nombreuses variétés sont causes de maladies graves chez l'homme.

Stromatolytes : résidus calcaires d'algues coloniales (antérieurs à un demi-milliard d'années) préservées dans des roches du précambrien.

Stéréotaxique : introduction d'une aiguille, d'une sonde ou d'une électrode après repérage tridimensionnel préalable, à l'aide d'un appareil dit stéréotaxique permettant la localisation exacte d'une région précise du cerveau.

Stéthoscope : appareil permettant d'écouter les bruits de l'organisme (cœur, poumon) en les amplifiant, inventé par Laennec.

Structures dissipatives : terme utilisé par I. Prigogine dans sa thermodynamique des processus irréversibles appliquée aux organismes vivants. Loin de l'état d'équilibre (condition d'application de la thermodynamique classique), les structures vivantes créent de l'« ordre » au cours de leur développement, par un processus qui implique la dissipation d'une fraction importante de l'énergie créée (par oxydation des nutriments). Le « désordre » (augmentation de l'entropie) ainsi généré « paie » pour la création de l'ordre (diminution de l'entropie), qui accompagne le développement des structures sophistiquées du vivant [voir 36].

Substance blanche : partie plus profonde du cerveau, contenant les fibres nerveuses entourées de leur gaine de myéline* (qui lui confèrent sa couleur blanche).

Substance noire : désigne les cellules du cerveau regroupées en noyau, contenant un pigment noir, la mélanine*. Les cellules de la substance noire sont progressivement détruites au cours du vieillissement, cause de la maladie de Parkinson [voir 189].

Sucre réducteur : sucre réduisant le cuivre cuprique (Cu^{++}) en cupreux (Cu^{+}) au cours d'une des méthodes de dosage, preuve de la présence d'une fonction réductrice.

Superoxyde : molécule d'oxygène ayant perdu un électron, O_2^-.

Symbiose : différents organismes coexistant au sein du même corps avec des activités biologiques complémentaires, profitant mutuellement de leur coexistence.

Synapse : désigne la jonction entre deux cellules nerveuses, impliquant le prolongement d'une des cellules (neurones*) et le corps ou des prolongements (dendrites*) de l'autre neurone, mais sans continuité entre les deux cellules. La face présynaptique du premier neurone, et la face postsynaptique du deuxième neurone sont séparées par la fente synaptique.

Synchroniser les cellules en cultures : pour les inciter à se diviser en même temps, par exemple par privation de sérum.

Syncope vaso-vagale : évanouissement par baisse soudaine de la tension artérielle due à l'activation inapproprié du nerf vague.

Syncytium : assemblage de cellules, plus ou moins désordonné, réunies et consolidées par des prolongements cellulaires sans séparation membranaire, formant une cellule géante avec de nombreux noyaux.

Syndrome (ou signe) pyramidal : altération de la voie motrice volontaire principale, assurée par des fibres partant de grandes cellules de forme pyramidale du cortex cérébral et se terminant dans la corne antérieure médullaire controlatérale, se traduisant par des paralysies (mono- ou hémiplégie) des muscles volontaires.

Syndrome extrapyramidal : provoqué par la lésion du système extrapyramidal : modification du tonus musculaire, de la régulation des mouvements involontaires, automatiques comme dans le syndrome de Parkinson, spasmes, torsions, myoclonies…

Système nerveux : comprend le cerveau ou système nerveux central, avec le cervelet et le « pont » qui le relie à la moelle épinière, d'où sortent des nerfs qui se prolongent et arborisent pour atteindre tous les tissus et organes de l'organisme, le système nerveux périphérique.

Système nerveux autonome ou sympathique : non soumis à la volonté, les systèmes sympathique et parasympathique chargés de la régulation des fonctions végétatives, mouvements intestinaux, contractions cardiaques, sécrétions digestives et autres.

T

Tegmentum : partie du cerveau comportant la matière grise autour de l'aqueduc, le noyau rouge et la substance noire (*substantia nigra*).

Télomère : séquence monotone d'ADN au bout de chaque chromosome qui raccourcit à chaque division, limitant ainsi la capacité de division des cellules. *Télomérase*, enzyme capable de synthétiser les télomères, réprimé dans la plupart des cellules somatiques*, mais actif dans les cellules transformées, cancéreuses.

Tension artérielle : exprimée en mm de mercure, mesurée en systole, contraction du ventricule gauche du cœur et en diastole, lors de sa dilatation et son remplissage.

TGF β (*Transforming Growth Factor* β) : facteur de croissance* agissant aussi sur la régulation de la synthèse des constituants de la matrice extracellulaire.

Thalamus : noyau* gris important, situé à la base du cerveau, relié au cortex cérébral et transmettant (entre autres) des « messages » sensitifs.

Thermodynamique : science de l'effet des variations des forces physiques – pression, température –, sur l'équilibre des corps et étudiant les conditions d'interconversion des différentes formes d'énergie.

Thréonine : aminoacide hydroxylé, CH_3-CHOH-CH-NH_2-COOH, dont la fonction hydroxyle peut être couplée avec un résidu d'acide phosphorique (voir protéines-kinases*) ou encore avec des chaînes osidiques (voir glycosaminoglycannes*).

Thrombine : enzyme protéolytique clivant le fibrinogène pour former la fibrine qui se polymérise au cours de la coagulation du sang.

Thymidine : composé d'une base pyrimidique, la thymine, de déoxyribose et d'acide phosphorique, la thymidine est un composant de l'ADN*.

Tissu : terme proposé par Bichat pour classifier des parties d'organes contenant des cellules différenciées entourées de leur matrice extracellulaire (MEC)*.

Tissu conjonctif : tissu riche en matrice extracellulaire* (MEC), chargé de la protection de l'organisme (peau) ou assurant des fonctions mécaniques (tendon, os, cartilage, paroi vasculaire). Longtemps considérés comme « inertes », on sait depuis une vingtaine d'années que ces constituants font passer des « messages » aux cellules par des récepteurs membranaires (intégrines* et autres).

Transcription : de la séquence de nucléotides* d'un gène (ADN*) en ARN* par un ARN-polymérase, première étape de la synthèse des protéines, la transcription d'une séquence ADN en ARN, permettant ensuite la traduction de l'ARN-messager en protéine*.

Transfert latéral de gènes : communication d'une bactérie à l'autre de segments d'ADN contenant un ou plusieurs gènes. Acquisition de gènes* en dehors des mécanismes génétiques habituels au cours de la division cellulaire.

Tréhalose : composé glucidique (« sucre ») formé par deux molécules de glucose* liées par leur fonction réductrice, remplace le glucose dans la circulation et tissus de nombreux invertébrés, clivé par la *tréhalase* en deux molécules de glucose.

Tremblement d'origine cérébelleuse : désordre (tremblement) du mouvement, causé par des modifications pathologiques au niveau du cervelet.

Trisomie 21 : ou syndrome de Down d'après le médecin anglais qui l'a décrit. Appelé communément « mongolisme ». Dû à une anomalie chromosomique caractérisée par la présence de chromosome 21 en 3 copies (au lieu de 2).

Trypsine : enzyme digestive sécrétée par le pancréas* dans l'intestin, pouvant cliver (hydrolyser) les protéines. Largement utilisée au laboratoire pour dissocier les cellules.

Tryptophane : aminoacide* polycyclique (noyau indole) essentiel (non synthétisé dans l'organisme) dont sont formés des neuromédiateurs.

Tubuline : protéine en forme de bâtonnet constituant majeur du cytosquelette*.

Tyrosine : aminoacide aromatique hydroxylé comportant un noyau benzénique (C_6H_6) portant une fonction OH – pouvant être phosphorylé par des protéines-kinases* et servant de précurseurs à des neuromédiateurs*, les catécholamines.

V

Valvules cardiaques : fins lambeaux de tissu conjonctif s'ouvrant pour laisser passer le sang et se fermant pour empêcher son reflux.

Variations circadiennes : modifications quantitatives d'un paramètre au cours d'une journée. Voir **Chronobiologie.**

Vasodilatation : dilatation des vaisseaux sanguins, qui entraîne une baisse de la tension artérielle.

Ventricules cardiaques : gauche d'où sort l'aorte qui amène le sang vers la périphérie et droit, d'où sort l'aorte pulmonaire qui amène le sang usé vers les poumons pour être réoxygéné.

Ventricules du cerveau : cavités tapissées par des cellules spécialisées élaborant et contenant le liquide céphalo-rachidien, il existe deux ventricules latéraux dans les deux hémisphères cérébraux, le troisième ventricule dans le diencéphale et le quatrième dans le tronc cérébral et le cervelet.

Voltage dépendant : voir **Potentiel d'action.**

W

Wais (*Wais Revised Adult Intelligence Scale*) : une des échelles d'évaluation de l'intelligence utilisée en psychiatrie.

Wechsler : test de (ou de Wechsler-Bellevue) : épreuves utilisées pour déterminer le niveau d'intelligence chez l'adulte.

Werner : syndrome de, médecin allemand ayant décrit le syndrome qui porte son nom, comportant de nombreuses modifications rappelant un vieillissement (segmentaire) accéléré avec décès vers ou avant la cinquantaine.

X

Xanthine déshydrogénase (XD) : enzyme présente dans le cytosol de certaines cellules (foie, intestin grêle, endothélium vasculaire chez l'homme) catalysant l'oxydation de l'hypoxanthine en xanthine et de la xanthine en acide urique. Dans des tissus normaux l'enzyme utilise une coenzyme (la nicotine-adénine-nucléotide, NAD*) comme accepteur d'électrons :
xanthine + H_2O + NAD $\rightarrow$ acide urique + NADH + H^+.
Cependant, une faible proportion de l'enzyme est sous une forme différente, la xanthine oxydase* ou XO, qui utilise non pas le NAD comme accepteur d'électrons mais l'oxygène et produit des radicaux libres :
xanthine + H_2O + O_2^- $\rightarrow$ acide urique + $2O_2^{\cdot-}$ + $2H^+$.

Dans des conditions pathologiques (anoxie-reperfusion lors d'accidents vasculaires cérébraux), la forme XO peut devenir prédominante avec comme conséquence une forte augmentation de la production de radicaux libres (superoxyde, $O_2^{\cdot -}$).

Xanthine oxydase (Xo) : forme modifiée de la xanthine déshydrogénase*, enzyme pouvant oxyder l'hypoxanthine en xanthine et la xanthine en acide urique. La xanthine oxydase (contrairement à la xanthine déshydrogénase) produit au cours de son action des radicaux libres.

BIBLIOGRAPHIE

Introduction

1. *Science*, 290 : 2000, p. 2222 et 291 ; 2001, p. 1721 sq.

Chapitre premier

2. BAROCAS C., *Égypte*, 1970, Fernand Nathan.
3. BRAUN M., *Picturing Time*, 1992, University of Chicago Press, Chicago.
4. CAUVILLE S., *Le Zodiaque d'Osiris*, 1997, Peeters.
5. FREUD S., *L'Homme Moïse et la religion monothéiste*, 1950, 1986, Gallimard.
6. GLASSNER J.-J., *Chroniques mésopotamiennes*, 1993, Les Belles Lettres.
7. GLASSNER J.-J., « Les temps de l'histoire en Mésopotamie », in : *Israël construit son histoire*, De Pury A., Römer T., Machhi J.D. éds., 1996 ; 167-189, Labor et Fides, Genève.
8. GLASSNER J.-J., *Écrire à Sumer. L'invention du cunéiforme*, 2000, Éditions du Seuil.
9. GOLDBERG S.A., *La Clepsydre. Essai sur la pluralité des temps dans le judaïsme*, 2000, Albin Michel.
10. GOULD S.J., *Aux racines du temps*, 1987, Grasset.
11. GRANET M., *La Pensée chinoise*, 1934, 1999, Albin Michel.
12. GUILHOU N., *La Vieillesse des dieux*, 1989, Publications de la Recherche, université de Montpellier.
13. HART G., *Mythes égyptiens*, 1993, Éditions du Seuil.
14. HELCK W., OTTO E., HELCK H.W., WESTENDORF W., *Lexikon der ägyptologie*, 1977, II : Otto Harrassowitz, Wiesbaden.

15. HELCK W., OTTO E., HELCK H.W., WESTENDORF W., *Lexikon der ägyptologie*, 1986, VI : Otto Harrassowitz, Wiesbaden.
16. HORNUNG E., *Les Dieux de l'Égypte. L'Un et le Multiple*, 1971, 1986, Flammarion.
17. LANDES D.S., *L'heure qu'il est*, 1983, Gallimard.
18. LEROI-GOURHAN A., *Le Fil du temps*, 1983, Fayard.
19. LEVERGEOIS B., *Giordano Bruno*, 1995, Fayard.
20. NEEDHAM J., *La Science chinoise et l'Occident*, 1969, Éditions du Seuil.
21. *La Naissance de l'art*, *La Recherche*, Hors série n° 4, novembre 2000.
22. *Science et Avenir*, décembre-janvier 2000.

Chapitre II

23. BARROW J., *Les Origines de l'Univers*, 1994, 1997, Hachette.
24. BRACK A., RAULIN F., *L'Évolution chimique et les origines de la vie*, 1991, Masson.
25. De DUVE C., *Poussière de vie*, 1995, 1996, Fayard.
26. DEMARET J., LAMBERT D., *Le Principe anthropique*, 1994, Armand Colin.
27. EVIN J., FERDIÈRE A., LAMBERT G.N., LANGOUET L., LANOS P., OBERLIN C., *Les Méthodes de datation en laboratoire*, 1998, Éditions Errance.
28. FRÖHLICH F., SCHUBNEL H.J., *Les Âges de la Terre*, 1999, Galerie de minéralogie et de géologie, Jardin des Plantes.
29. LEROI-GOURHAN A., *Le Geste et la parole. Technique et langage*, 1965, Albin Michel.
30. LEROI-GOURHAN A., *Le Geste et la parole. La mémoire et les rythmes*, 1965, Albin Michel.
31. LE ROY LADURIE E, *Histoire du climat depuis l'an mille*, 1967, Flammarion.
32. LESTIENNE R., *Les Fils du temps. Causalité, entropie, devenir*, 1990, Presses du CNRS.
33. LEYELL Ch., *L'Ancienneté de l'homme*, 1864, J.B. Baillère.
34. LYELL C., *Principes de géologie ou illustrations de cette science*, 1866, Garnier Frères.
35. MAYNARD SMITH J., SZATHMARY E., *The Origins of Life*, 1999, University Press, Oxford.
36. PRIGOGINE I., STENGERS I., *Entre le temps et l'éternité*, 1988, Fayard.

37. RICHET P., *L'Âge du monde*, 1999, Éditions du Seuil.
38. SAGAN C., *Billions and Billions*, 1998, Headline.
39. SCHOPF J.W., *Cradle of Life, Discovery of Earth's Earliest Fossils*, 1999, Princeton University Press, Princeton.
40. *La Recherche*, « Le temps », hors série n° 5, avril 2001.

Chapitre III

41. BRIGGS D.E.G., ERWIN D.G., COLLIER F.J., *The Fossils of the Burgess Shale*, 1994, Smithsonian Institution Press, Washington.
42. BURNET M., *Cellular Immunology*, 1969, Melbourne University Press, Londres.
43. DENNETT D.C., *Darwin est-il dangereux ?* 1995, Odile Jacob.
44. FRISHA G., *Nature*, 2000, **406** : 230.
45. GRIFFIN D.J.G., YALDWYN J.C., « Giant colonies of pelagic tunicates (*pyrosoma spinosum*) from SE Australia and New Zealand », *Nature*, 1970, 226 : 464-465.
46. GURA T., *Nature*, **406** : 2000, p. 230-233.
47. HOWLAND J.L., *The Surprising Archaea*, 2000, Oxford University Press, Oxford.
48. JACOB F., *Le Jeu des possibles*, 1981, Fayard.
49. LE GUYADER H., « L'évolution », 1998, *Pour La Science*.
50. *Le Monde*, 12-13 avril 1998.
51. LECOINTRE G., LE GUYADER H., *Classification phylogénétique du vivant*, 2001, Belin.
52. LUO Z., *Nature*, **404** : 235-237, 2000.
53. MORIMOTO R.I., TISSIERES A., GEORGOPOULOS C., *Stress Proteins in Biology and Medicine*, 1990, Cold Spring Harbor Laboratory Press, New York.
54. *Nature*, 2000, **406** : 230 : Trisha Gura, « Bones, molecules or both ».
55. *Nature*, 1998, **396** : 336 : S.L. Rutherford, S. Lindquist, « HSP90 as a capacitor for morphological evolution ».
56. OCHMAN et al., *Nature*, **405** : 299 : « Lateral gene transfer and the nature of bacterial innovation ».
57. PATTHY L., *Protein Evolution by Exon-Shuffling*, 1995, Springer Verlag, New York.
58. *Pour la science*, hors série, juillet 2000.
59. RICHARDS M., MACAULAY V., HICKEY E., VEGA E., SYKES B. et al., « Tracing european founder lineages in the near eastern mtDNA pool », *Am. J. Hum. Genet.*, 2000, 67 : 1251-1276.

60. *Science*, 1999, **285** : 1025 : A.H. Knoll, « A new molecular window on early life ».
61. SYKES B., *Les Sept Filles d'Ève*, 2001, Albin Michel.
62. TASSY P., *L'Arbre à remonter le temps*, 1998, Diderot éditeur.
63. TASSY P., *Le Paléontologue et l'évolution*, 2000, Quatre à Quatre, Le Pommier.
64. WILLMER E.N., « The origins of collagen », in : *Structure and Function of Connective and Skeletal Tissue*, Fitton Jackson S., Harkness R.D., Partridge S.M., Tristram G.R., éds., 1965, 196-206, Butterworths, Londres.

Chapitre IV

65. ACKERMAN M., *Science*, 18 août 2000, 289 : 1131.
66. ADAMS K.J., WEILER C.S., EDMUNDS L.N., « Photoperiodic control of cell division in euglena and ceratium », in : *Cell Cycle Clocks*, Edmunds L.N. éd., 1984, p. 395, Marcel Dekker, Inc, New York.
67. BOISSIN J., CANGUILHEM B., *Les Rythmes du vivant*, 1998, Nathan, CNRS éditions.
68. BRANS J.P., STENGERS I., VINCKE P., *Temps et devenir*, Colloque de Cerisy, 1988, Patino.
69. DANØ S., *Glycolytic Oscillations of Yeast Cells*, Thèse de sciences, 1999, université de Copenhague, Danemark.
70. DANO S., SORENSEN P.G., HYNNE F., « Sustained oscillations in living cells », *Nature*, 1999, **402** : 320.
71. DELAY J., VERDEAUX G., GACHES J., *Électroencéphalographie clinique*, 1978, Masson.
72. EDMUNDS L.N., LAVAL-MARTIN D.L., « Cell division cycles and circadian oscillators », in : *Cell Cycle Clocks*, Edmunds L.N. ed., 1984, p. 295, Marcel Dekker, Inc, New York.
73. FISCHGOLD H., DREYFUS-BRISAC C., PRUVOT PH. eds., *Problèmes de base en électroencéphalographie*, 1963, Masson.
74. GOLDBETER A., *Rythmes et chaos dans les systèmes biochimiques et cellulaires*, 1990, Masson.
75. HARRIS H., *The Birth of the Cell*, 1999, Yale University Press, New Haven.
76. HAYFLICK L., *Pathologie biologie*, 1999, **47** : p. 1094.
77. HUTCHISON C., GLOVER D.M., *Cell Cycle Control*, 1995, Irl Press, Oxford.

78. KIPLING D., *The Telomeres*, 1995, Oxford University Press, Oxford.
79. KLEVECZ R.R., « Cellular oscillators as vestiges of a primitive circadian clock », in : *Cell Cycle Clocks*, Edmunds L.N. ed., 1984, p. 47, Marcel Dekker, Inc, New York.
80. LLOYD D., EDWARDS S.W., « Epigenetic oscillations during the cell cycles of lower eukaryotes are coupled to a clock », in : *Cell Cycle Clocks*, Edmunds L.N. ed., 1984, Marcel Dekker Inc, New York.
81. MACIEIRA-COELHO A., *Biology of Normal Proliferating Cells in vitro Relevance for in vivo Aging*, 1988, Karger, Basel.
82. MAUREL M.C., *Les Origines de la vie*, 1994, Syros.
83. MILLER J.H., REZNIKOFF W.S., *The Operon*, 1978, Cold Spring Harbor Laboratory, New York.
84. MOLLER U., « Diurnal rythmicity used in experimental cancer research », in : *Cell Cycle Clocks*, Edmunds L.N. ed., 1984, p. 501, Marcel Dekker, Inc, New York.
85. MONOD J., *Recherches sur la croissance des cultures bactériennes*, Hermann, 1942.
86. *Nature*, **412**, 2001, p. 352 et 291.
87. PAINTER P.R., TYSON J.J., « Periodic enzyme synthesis and the cell division cycle », in : *Cell Cycle Clocks,* Edmunds L.N. ed., 1984, p. 173, Marcel Dekker, Inc, New York.
88. PALMEIRIM I., « La segmentation chez les vertébrés : une horloge moléculaire liée à la formation périodique des somites », *J. Soc. Biol.*, 1999, **193** : 243-256.
89. PALMEIRIM I., DUBRULLE J., HENRIQUE D., ISH-HOROWICZ D., POURQUIE O., « Coupling segmentation and somitogenesis in the chick presomitic mesoderm », *Developmental Genetics*, 1998, **23** : 77-85.
90. PALMEIRIM I., HENRIQUE D., ISH-HOROWICZ D., POURQUIE O., « Avian hairy gene expression identifies a molecular clock linked to vertebrate segmentation and somitogenesis », *Cell*, 1997, **91** : 639-648.
91. PETROVIC A.G., OUDET C.L., STUTZMANN J.J., « Temporal organization of rat and human skeletal cells », in : *Cell Cycle Clocks* Edmunds L.N. ed., 1984, p. 325, Marcel Dekker, Inc, New York.
92. PIERPAOLI W., REGELSON W., FABRIS N. eds., « The aging clock », *Annals of the New York Academy of Science*, 1994, 719 : New York Academy of Sciences, New York.

93. PREVOST, DUMAS, Bibliothèque universelle des sciences, belles-lettres et arts, 1821, **17**, p. 215.
94. PRIGOGINE I., *From Being to Becoming*, 1980, W.H. Freeman and Company, New York.
95. RASPAIL F.V., *Annales des sciences naturelles*, **6** : 1825, p. 224 et 384.
96. ROBERT L., *Les Horloges biologiques*, 1996, Flammarion.
97. RUELLE D., *Hasard et Chaos*, 1991, Éditions Odile Jacob.
98. SANO A., KIMURA F., *Neuroendocrinology*, 2000, 72, p. 199.
99. SCHEVING L.E., « Chronobiology of cell proliferation in mammals », in : *Cell Cycle Clocks* Edmunds L.N. ed., 1984, p. 455, Marcel Dekker, Inc, New York.
100. SCOLNICK D.M., HAZALONETIS T.D., « Chfr defines a mitoticstress checkpoint that delays entry into metaphase », *Nature*, 2000, **406** : 430.
101. TYSON J.J., SACHSENMAIER W., « The control of nuclear division in physarum polycephalum », in : *Cell Cycle Clocks*, Edmunds L.N. ed., 1984, p. 253, Marcel Dekker, Inc, New York.
102. VENIERATORS D., GOLDBETER A., « Allosteric oscillatory enzymes : influence of the number of protomers on metabolic periodicities », *Biochimie*, 1979, **61** : 1247-1256.
103. WEINBERG R.A., *One Renegade Cell*, 1999, Basic Books, New York.

Chapitre V

104. ASTON JONES et al., « A neural circuit for circadian regulation of arousal », *Nature Neurosciences*, 2001, **4**, 732.
105. BOISSIN J., CANGUILHEM B., *Les Rythmes du vivant*, 1998, Nathan, Presses du CNRS.
106. CASTIGLIONE MORELLI M.A. et al., « Conformational study of the Thr-Gly repeat in the Drosophila clock protein », *Proc. Roy. Soc.*, Londres, B, 1995, **260** : 155 et GUANTIERI V. et al., « Different period gene repeats take "turns" at fine tuning the circadian clock », *ibid.*, 1999, **266** : 2283.
107. COSTA et al., « A habitude cline in a Drosophila clock gene », 1992, *Proc. Roy. Soc.*, Londres, B 250 : 43.
108. HANAWAY J, WOOLSEY T. A, GADO M. H, ROBERTS M.P. Jr, *Atlas du cerveau*, DeBoeck Université, 2001.
109. HARDELAND R. et al., « La physiologie de la mélatonine », *Journal of Pineal Research*, 1995, **18** : 104.

110. KLARFELD A., ROMYER F., *J. Biol. Rythms*, **13** : 1998, 471.
111. KONOPKA R.J., BENZER S., « Clocks mutants of drosophila melanogaster », *Proc. Natl. Acad. Sci.,* 1971, **69** : 2112-2116.
112. *Le Monde*, 29 mai 2001.
113. MANNONI L., *Étienne Jules Marey. La mémoire de l'œil*, 1999, Mazzotta, Cinémathèque française.
114. MAREY E. J., *Physiologie médicale de la circulation du sang*, Delahaye, 1863, p. 9.
115. MILLET B., MANACHERE G., *Introduction à l'étude des rythmes biologiques*, 1983, Vuibert.
116. *Nature Genetics*, 1999, **23** : 433 : M. Horwitzeld, « Mutations in E4A2 encoding neutrophil chastase, define a 21-day biological clock in cyclic haematopoiesis ».
117. NIELSEN L., SORENSEN P.G., HYNNE F., « Chaos in glycolysis », *J. Theor. Biol.*, 1997, **186** : 303-306.
118. NISWANATHAN N., DAVIS F.C., *Brain Research*, 1995, **686** : 10-16.
119. PIERPAOLI W., REGELSON W., FABRIS N., « The aging clock », 1994, **719** : *Annals of the New York Academy of Sciences*, New York.
120. ROBERT L., *Les Horloges biologiques*, 1996, Flammarion.
121. SCHIBLER U. et al., « Chronobiology reducing time », *Science*, 2001, **293**, p. 293 et SIO, BROWN S.A., *ibid.*, p. 437. RUTTER et al., « Regulation of clock and NPAS2 DNA binding by the redos state of NAD cofactor », *ibid.*, p. 510.
122. *Science*, 2001, **292** : 278 : K. Yagita et al., « Molecular mechanisms of the biological clock in cultured fibroplasts ».
123. TOH K.L. et al., « Per 2 phosphorydation site mutation in familial advanced sleep phase syndrom », *Science*, 2001, **291**, p. 1040.
124. TOUITOU Y., HAUSS E., *Biologic Rythmes and Laboratory Medicine*, 1992, Springer-Verlag, Basel.
125. YAMAGUCHI S. et al., « Gene expression : view of a mouse clock gene ticking », *Nature*, 2001, **409** : 684.
126. YOUNG M.W., « The tick-tock of the biological clock », *Scientific American*, 2000, **282** : 46-53.

Chapitre VI

127. DUBIN D., *Lecture accélérée de l'ECG*, 1999, Maloine.
128. DUFFIN J., *To See with a Better Eye*, 1998, Princeton University Press, Princeton.

129. GERSTENBLITH G., FREDERICKSEN J., YIN F.C.P., et al., « Echocardiographic assessment of a normal aging population », *Circulation*, 1977, **56** : 273-278.
130. GOLDBERGER A.L., « Fractal mechanisms in the electrophysiology of the heart », IEEE Engineering in Medicine and Biology, 1992, 47.
131. GOLDBERGER A.L., « Is the normal heartbeat chaotic or homeostatic ? » *NIPS*, 1991, **6** : 87.
132. GOLDBERGER A.L., RIGNEY D.R., WEST B.J., « Chaos and fractals in human physiology », *Scientific American*, 1990, **262** : 43.
133. Groupe de rythmologie de la société française de cardiologie, *Les Troubles du rythme cardiaque*, 1978, Publications Laboratoire Roussel.
134. HAMPTON J.R., *L'ECG facile*, 1999, Maloine.
135. HOUDAS Y., *Physiologie cardio-vasculaire*, 1990, Éditions Vigot.
136. HUIZINGA J.D., *Pacemaker Activity and Intercellular Communication*, 1995, CRC Press, Boca Raton.
137. IVANOV P. Ch., AMARAL L.A.N., GOLDDBERGER A.L., HAVLIN S., ROSENBLUM M.G., STRUZIK Z.R., STANLEY H.E., « Multifractality in human heartbeat dynamics », *Nature*, 1999, **399** : 461.
138. KAPLAN D.T., FURMAN M.I., PINCUS S.M., RYAN S.M., LIPSITZ L.A., GOLDBERGER A.L., « Aging and the complexity of cardiovascular dynamics », *Biophys. J.*, 1991, **59** : 945-949.
139. KITZMAN D.W., SCHOLZ D.G., HAGEN P.T., et al., « Age-related changes in normal human hearts during the first 10 decades of life. Part II (Maturity) : a quantitative anatomic study of 765 specimens from subjects 20 to 99 years old », *Mayo Clin. Proc.*, 1988, **63** : 137-146.
140. KOSHIYA N., SMITH J.C., « Neuronal pacemaker for breathing visualized in vitro », *Nature*, 1999, **400** : 360-363.
141. LIBERSA C., CARON J., *Médicaments en pathologie cardio-vasculaire*, 1992, Masson.
142. LIPSITZ L.A., GOLDBERGER A.L., « Loss of complexity and aging », *J. Am. Med. Assoc.*, 1992, **267** : 1806-1809.
143. LIPSITZ L.A., MIETUS J., MOODY G.B., GOLDBERGER A.L., « Spectral characteristics of heart rate variability before and during postural tilt », *Circulation*, 1990, **81** : 1803-1810.

144. MOESS B. et al., « Musical syntax is processed in Broca's area : an MEG study », *Nature Neuroscience*, 2001, **4** : 540.
145. PEARSON A.C., GUDIPATI C.V., LABOVITZ A.J. et al., « Effects of aging on left ventricular structure and function », *Am. Heart J.*, 1991, **121** : 871.
146. PIKKUJAMSA S.M., MAKIKALLIO T.H., SOURANDER L.B., RAIHA I.J., PUUKKA P., SKYTTA J., PENG C.K., GOLDBERGER A.L., HUIKURI H.V., « Cardiac interbeat interval dynamics from childhood to senescence », *Circulation*, 1999, **100** : 393.
147. POCOCK G., RICHARDS C.D., BURGH DALY M., *Human Physiology*, 1999, Oxford University Press, Oxford.
148. PUECH P., GROLLEAU R., *L'Activité du faisceau de His Normal et pathologique*, 1972, Éditions Sandoz.
149. RYAN S.M., GOLDBERGER A.L., RUTHAZER R., MIETUS J., LIPSITZ L.A., « Spectral analysis of heart rate dynamics in elderly persons with postprandial hypotension », *The American Journal of Cardiology*, 1992, **69** : 201.
150. SAVAGE D.D., GARRISON R.J., KANNEL W.B. et al., « The spectrum of left ventricular hypertrophy in a general population sample : the Framingham study », *Circulation*, 1987, **1** : 126.
151. TAN H.L. et al., « A sodium cleannel mutation causes isolated cardiac conduction disease », *Nature*, 2001, **409**, p. 1043.
152. WALLER B.F., ROBERTS W.C., « Cardiovascular disease in the very elderly : analysis of 40 necropsy patients aged 90 years or older », *Am. J. Cardiol.*, 1983, **51** : 403.
153. WICHMANN T., DELONG M.R., « Oscillations in the basal ganglia », *Nature*, 1999, **400** : 621.
154. WINFREE A., « Les horloges de la vie », 1987, 1994, *Pour La Science*.

Chapitre VII

155. « La rationalisation du temps au XIIe siècle. Musique et mentalité », Colloque de Royaumont, présenté par M. Peres.
156. APARTIS E., POINDESSOUS-JAZAT F., EPELBAUM J., BASSANT M.H., « Age-related changes in rhythmically bursting activity in the medial septum of rats », *Brain Res.*, 2000, **876** : 37.
157. APARTIS E., POINDESSOUS-JAZAT F.R., LAMOUR Y.A., BASSANT M.H., « Loss of rhythmically bursting

neurons in rat medial septum following selective lesion of septohippocampal cholinergic system », *J. Neurophysiol.*, 1998, **79** : 1633.

158. ARRHENIUS S., *L'Évolution des mondes*, 1910, Librairie Polytechnique Ch. Béranger.
159. BOSSY J., *Neuroanatomie*, 1990, Springer-Verlag, Berlin.
160. BUSER P., « Mécanismes fondamentaux de l'activité électroencéphalographique ; de l'EEG à la cartographie EEG », In : *Cartographie EEG*, Rondot P., Gaches J., Sebban C. Eds., 1987, **3**, Éditions Médicales Frison-Roche.
161. CROZIER W.J., *Déterminisme et variabilité dans le comportement des organismes*, 1935, Hermann & Cie.
162. DAVIDSON D., MALMSTROM T., BURDEN M.J., LUO Z., « Younger and older adult's recall of typical and atypical actions from script-based text : evidence for interruption and bizarre-imagery effects », *Exper. Aging Res.*, 2000, **26** : 409.
163. DHEM A., *Atlas du cerveau*, 2001, De Boeck Université.
164. DIANA G. et al., « Reduced hippocampal CA1 Ca^{2+} induced long term potentiation is associated with age-dependent impairment of spatial learning », *Brain Res.*, 1995, **686** : 107.
165. DUBIN D., *Lecture accélérée de l'ECG*, 1999, Maloine.
166. DUVERMAY H.M., *Le Cerveau humain, surface, compas, séries tridimensionnelles et IRM*, 1992, Springer-Verlag, Berlin.
167. GRAY P.M. ET TRANO M.J., *Science*, 2001, **291** : 54.
168. HANAWAY J., WOOLSEY T.A., GADO M.H., ROBERTS M.P., *Atlas du cerveau*, 2001, De Boeck Université.
169. HARDELAND R. et al., « On the primary functions of melatonin in evolution », *J. Pineal Res.*, 1995, **18** : 104.
170. HIRSCH M.C., KRAMER T., *Neuroanatomy*, 1999, Springer-Verlag, Berlin.
171. ISENMANN P., *Le Merle noir*, 2000, Éveil Nature.
172. JOUVET M., *Le Sommeil et le rêve*, 1992, Odile Jacob.
173. KOESTLER A., SMYTHIES J.R., *Beyond Reductionism*, The Alpbach Symposium 1968, 1969, The Macmillan Company.
174. LEJEUNE H., MAQUET P., BONNET M., CASINI L., FERRARA A., MACAR F., POUTHAS V., TINSIT-BERTHIER M., VIDAL F., « The basic pattern of activation in motor and sensory temporal tasks : positron emission tomography data », *Neurosciences Letters*, 1997, **235** : 21-24.

175. MAQUET P., LEJEUNE H., POUTHAS V., BONNET M., CASINI L., MACAR F., TIMSIT-BERTHIER M., VIDAL F., FERRARA A., DEGUELDRE C., QUAGLIA L., DELFIORE G., LUXEN A., WOODS R., MAZZIOTTA J.C., COMAR D., « Brain activation induced by estimation of duration : a PET study », *Neuromage*, 1996, **3** : 119.
176. MEYER C., *Jean de Murs*, 2000, CNRS Éditions.
177. MOUNTCASTLE V.B., *Perceptual Neuroscience, The Cerebral Cortex*, 1998, Harvard University Press, Cambridge.
178. *Nature*, 2001 : **411**, XI : « The langage of music ».
179. *Nature Neurosciences*, 2001, **4** : 540 : B. Maess et al., « Musical syntax is processed in Broca's area : on MEG study ».
180. PACAULT A., VIDAL C., *À chacun son temps*, 1975, Flammarion.
181. PAGER J., « Neural correlates of odor-guided behaviors », *Experientia*, 1986, **42** : 250.
182. PAGER J., « Unit responses changing with behavioural outcome in the olfactory bulb of unrestrained rats », *Brain Res.*, 1983, **209** : 87-9.
183. PETCHE H., ETLINGER S.C., « EEG and thinking : power and coherence analysis of cognitive processes », 1998, Austrian Academy of Sciences, Vienne.
184. PETSCHE H., RICHTER P., VON STEIN A., ETLINGER S., FILZ O., EEG « Coherence and musical thinking », *Music Perception* 1993, **11** : 117-151.
185. POPPER K.R., *La Logique de la découverte scientifique*, 1959, 1968, 1973, Bibliothèque Scientifique Payot.
186. POUTHAS V., FERRANDEZ A.M., GARNERO L., RENAULT B., « What do combined PET and ERP measures tell us about the specificity of the neural bases of time processing ? » *NeuroImage*, 1998, **7** : 279.
187. RAULT C., *Instruments à corde du Moyen Âge*, 1999, Collection Rencontres à Royaumont, Créaphis Éditions.
188. REMOND A., « Analyse topologique intégrée de l'électroencéphalogramme », *Rev. Neurol.*, 1958, **99** : 179.
189. ROBERT L., *Vieillissement du cerveau et démences*, 1998, Flammarion.
190. SEBBAN C., « Apport de la quantification des signaux EEG », In : *La Maladie d'Alzheimer*, Guard O., Michel B. Eds., 1989, 109, MEDSI/Mac Graw Hill.

191. SHAW G.L., *Keeping Mozart in Mind*, 2000, Academic Press, New York.
192. STERIADE M., GLOOR P., LLINAS R.R., LOPES DA SILVA F.H., MESULAM M.M., « Basic mechanisms of cerebral rhythmic activities, electroencephalography and clinical neurophysiology », 1990, **76** : 481-508.
193. TCHERNICHOVSKI O., MITRA P.P., LINTS T., NOTTEBOHM F., « Dynamics of the vocal imitation process : how a zebra finch learns its song », *Science*, 2001, **291** : 2564-2569.
194. TOVEE M.J., *The Speed of Thought : Information Processing in the Cerebral Cortex*, 1998, Springer-Verlag, Berlin.
195. VANNESTE S., « Évolution des conduites temporelles au cours du vieillissement normal », Doctorat de psychologie, 1996, université René Descartes V.
196. VANNESTE S., POUTHAS V., « Timing in aging : the role of attention », *Exper. Aging Res.,* 1999, **25** : 49-67.
197. VANNESTE S., POUTHAS V., WEARDEN J.H., « Temporal control of rhythmic performance : a comparison between young and old adults », *Exper. Aging Res.*, 2001, **27** : 83-102.
198. *Nature*, 1999, **397** : 430 : E. Rodriguez et al., « Perception's shadow : long distance synchronisation of human brain activity ».
199. VISWANATHAN N., DAVIS F.L., « Suprachiasmatic nucleus grafts restore circadian function in aged hamsters », *Brain Res.*, 1995, **686** : 10.
200. YAMAGOUCHI A., « Sex differences in vocal learning in birds », *Nature*, 2001, **471** : 257.

Chapitre VIII

201. ADRIAN J., *Louis Camille Maillard. De la médecine à l'alimentation*, 1999, Éditions Tec & Doc.
202. ALLARD M., ROBINE J.M., *Les Centenaires français*, 2000, Serdi éditions.
203. BALTES P.B., MAYER K.U., *The Berlin Aging Study, Aging from 70 to 100*, 2001, Cambridge University Press, Cambridge.
204. BERR C., « Combien de démences dans 20 ans ? Projections pour 2020 », in *Démences et longévité*, 1997, p. 173, Fondation nationale de gérontologie.
205. DAHLÖF B., LINDHOLM L.H., HANSSON L., SCHERSTEN B., EKBOM T., WESTER P.O., « Morbidity and mor-

tality in the Swedish trial in old patients with hypertension (STOP Hypertension) », *The Lancet*, 1991 (nov. 23), 1281.

206. DOSSEY L., *Space, Time and Medicine*, 1982, New Science Library, Boston.
207. FABRIZIO P. et al., *Science*, 2001, **292** : 288.
208. FAROUKI N., *La Conscience et le temps*, Le Pommier, 2000.
209. LABAT-ROBERT J. et ROBERT L., « Interaction between cells and extracellular matrix : signaling by integrins and the elastin-laminin receptor », In : *Progress in Molecular and Subcellular Biology*, A. Macieira-Coelho (Ed.), 2000, **25** : 57, Springer-Verlag, Berlin.
210. PETERSZEGI G., TEXIER S. and ROBERT L., « Cell death by overload of the elastin-laminin receptor on human activated lymphocytes : protection by lactose and melibiose », *Eur. J. Clin. Invest.,* 1999, **29** : 166.
211. RAO SUBBA K. et al., *Mol. Brain Res.*, 2000, **85** : 251.
212. ROBERT L. et LABAT-ROBERT J., « Aging of connective tissues, from genetic to epigenetic mechanisms », *Biogerontology*, 2000, **1** : 123.
213. ROBERT L., « Aging of the vascular-wall and atherosclerosis », *Experimental Gerontology*, 1999, **34** : 491.
214. ROBERT L., « Interaction between cells and elastin, the elastin-receptor. For the 80th Birthday of Ines Mandl », *Connective Tissue Research*, 1999, **40** : 75.
215. ROBERT L., « Mechanisms of aging of the extracellular matrix. Role of the elastin-laminin receptor », Novartis Price Lecture, *Gerontology*, 1998, **44** : 307.
216. ROBERT L., *Le Vieillissement : faits et théories*, 1995, Dominos, Flammarion.
217. ROBERT L., *Mécanismes cellulaires et moléculaires du vieillissement*, 1983, Masson.

TABLE

Chapitre III

L'ÉVOLUTION, UNE HISTOIRE DISCONTINUE

Chapitre IV

LE TEMPS DE LA CELLULE

Chapitre V

LES RYTHMES DE L'ORGANISME

Chapitre VI

LES HORLOGES DES FONCTIONS VITALES

Chapitre VII

LE CERVEAU ET LE TEMPS

Chapitre VIII

LE TEMPS DE LA VIE VIEILLISSEMENT ET MORT

CET OUVRAGE
A ÉTÉ TRANSCODÉ
ET ACHEVÉ D'IMPRIMER
PAR L'IMPRIMERIE FLOCH
À MAYENNE EN MARS 2002

N° d'éd. FU124701. N° d'impr. 53447.
D.L. : mars 2002.
(Imprimé en France)